KB040846

서른세 개의 희망을 만나다

서른세 개의 희망을 만나다
— 아주 특별한 254일의 대안 세계여행

지은이 | 얀 홀츠아펠 · 팀 레만 · 마티 슈피커
옮긴이 | 김시형
펴낸이 | 김성실
기획편집 | 이소영 · 박성훈 · 김하현 · 김성은 · 김선미
마케팅 | 곽홍규 · 김남숙
인쇄 | 삼광프린팅
제책 | 바다제책

초판 1쇄 | 2011년 8월 10일 펴냄
초판 2쇄 | 2014년 3월 17일 펴냄

펴낸곳 | 시대의창
출판등록 | 제10-1756호(1999. 5. 11.)
주소 | 121-816 서울시 마포구 연희로 19-1 (4층)
전화 | 편집부 (02) 335-6125, 영업부 (02) 335-6121
팩스 | (02) 325-5607
이메일 | sidaebooks@daum.net

ISBN 978-89-5940-285-4 (03980)

책값은 뒤표지에 있습니다.
잘못된 책은 바꾸어드립니다.

서른세 개의 희망을 만나다

아주 특별한 254일의 대안 세계여행

얀 홀츠아펠 | 팀 레만 | 마티 슈피커 지음
김시형 옮김

시대의창

헌 사

아직도 전 세계 수백만 사람들이 가난의 고통에 시달리고 있다. 왜일까? 그것은 우리가 예나 지금이나 인색하리만큼 그런 문제에 관심을 기울이지 않기 때문일 것이다. 우리는 늘 내 한 몸의 안락과 화평에만 신경을 쓰고 물질적인 부를 쌓느라 혈안이 돼 있다. 심지어 사회적 약자, 가난한 사람들, 아픈 사람들, 착취에 시달리는 사람들을 돕는 건 국가나 제도의 책임이지 개인 자격으로는 어차피 아무 문제도 해결하지 못한다는 견해가 지배적이다.

그러나 이것이 얼마나 허술한 논리인지를 매일같이 증명하는 사람들이 세계 곳곳에 존재한다. 바로 온갖 프로젝트를 시도하고 실행에 옮기고 있는 '사회적 기업가들(Social Entrepreneurs)'이다. 이 책을 쓴 세 청년이 직접 찾아가서 만난 서른세 명도 그러한 사람들이다. 세 청년은 나도 만나러 왔다. 꼭 내가 세운 그라민 은행의 소액대출이 어떻게 운영되는지 보기 위해서만은 아니었다. 그보다는 사람이 아무 행동도 하지 않은 채 수수방관하고 체념하는 대신, 스스로의 문제에 능동적으로 대처하는 힘을 갖게끔 하는 것이 대체 무엇인지 알고 싶어 했다. 내 대답은 쉬웠다. 그리고 그것은 사회운동에 몸을 던진 모든 이들에게 해당되는 답이었다. "일단 스스로 능동적인 사람이 되길 원하고 그렇게 하겠다고 결심해야 한다." 그것 말고는 그 어떤 별다른 능력도 필요 없다.

이 책의 여행담을 보면, 사람은 누구나 의지만 있으면 엄청난 능력을 발휘할 수 있다는 것과 살아가는 동안, 아니 시공을 훌쩍 뛰어넘어서까지도 주변 사람들의 운명을 바꿀 수 있다는 사실이 뚜렷이 입증된다.

내가 어떤 길을 갈지, 앞으로 50년간 이 지구가 어떻게 변할지 결정하는 것은 당신과 나, 우리 모두의 몫이다. 우리는 그냥 몸을 싣고서 끌려가기만 하는 승객이 아니라 스스로가 이 별의 조종사이자 항해사이다. 이 책은 한 번이라도 그 일에 대해 진지하게 고민할 것을 권유한다. 특히 이 책은 앞으로 50년, 아니 어쩌면 100년을 살아야 할 지금의 어린 세대들에게 말을 건다. 나는 예나 지금이나, 언젠가 세상은 가난이라곤 눈 씻고 찾아봐도 없는 세상이 될 거라고 확신한다. 물론 그러려면 할 일이 무진장 많다. 그러니 지금 당장 시작해야 마땅하지 않을까?

무함마드 유누스 Muhammad Yunus

2006년 노벨평화상 수상자

이것은 청년운동이다

8개월 반 동안 우리는 스물다섯 곳의 개발도상국을 여행했다. 우리가 움직인 거리는 다 합쳐서 8만 5천 킬로미터다. 비행기, 버스, 지프를 타고 포장도로와 흙길을 번갈아 누볐으며 열대우림과 사막, 마을, 수백만이 사는 대도시를 누볐다. 하지만 색다른 모험을 즐기려는 목적은 처음부터 없었다. 우리 여행의 목적은, 자신의 삶터, 그 사회와 공동체 차원의 문제를 스스로의 힘으로 해결하려 팔을 걷어붙인 서른세 명의 '사회적 기업가'를 만나는 것이다. 이들은 가난에 맞서 싸우고, 질병에 맞서 싸우고, 기회의 불평등에 맞서 싸우고, 착취에 맞서 싸운다. 그리고 더 본질적으로는 사람을 '위해', 더 나은 삶을 '위해' 싸운다. 그래서 이들은 사업가의 자세로 문제에 접근한다. 다만 자신의 금전적 이득은 노리지 않는다.

우리는 이 특별한 사람들의 이야기를 책과 신문, 잡지 혹은 텔레비전과 라디오를 통해 알았다. 그들의 사연은 놀랍기도 했고 우리 마음을 끌어, 더 자세히 그들을 알고 싶게 했다. 무엇이 그들을 움직였고 영향을 줬을까? 어디서 자극을 받았고, 용기와 자신감을 얻었을까? 어린 시절을 어떻게 보냈고, 무슨 장점을 지녔는지, 그리고 사회적 기업을 어떻게 경영하면 되는지도 알고 싶었다.

그러려면 그 사회적 기업가들을 직접 찾아가 듣는 수밖에 없었다. 그래서 우리 셋은 길을 나섰다. 세계 곳곳을 누비는 여정을 꿈꾸며 우리는 2005년, '세계를 만나다(Expedition WELT)—지속가능한 개발을 위한 대화'라는 프로젝트를 시작했다. 그 뒤 1년은 그야말로 숨막힐 듯 몰아치는 많은 준비로 정신없이 보냈다. 만나볼 사회적 기업가를 선별하고, 만나주겠다는 동의를 얻어 약속을 잡고, 여행 경로를 짜고, 인터뷰 질문을 구상하고, 각국의 체류허가와 비행기 티켓 등을 해결하고, 이 긴 여행에 필요한 경비와 장비 등을 후원할 스폰서를 물색했다. 어렵고 피곤한 과정이었다. 하지만 진정으로 원하는 건 꼭 이뤄진다고 한 누군가의 말이 맞았다. 마침내 브로이닝거 재단, 약슈테트 재단, 알프레트 리터, 도이치 은행, 포코 홀딩, 프로젝트 공방 테캄파니에, 셰링, 벨레다, 빌헬름 그릴로 무역상사, '유럽의 500인—성장을 지향하는 기업가들 네트워크' 등에서 각종 후원이 들어왔다.

이런 후원을 받는 데에는, 우리가 추진한 프로젝트가 독일은 물론이고 해외에서도 다음의 여러 상을 받거나 수상 후보로 올랐던 것이 큰 도움이 됐다.

— '아르노-에슈상(Arno-Esch-Preis)' : 자유학술가연맹에서 2년에

한 번씩 특별한 대학생 활동에 수여.

— '고등과정 학생 기업가정신을 위한 오이코스상(oikos Award for Student Entrepreneurship in Higer Education)' 에서 국제교육 경쟁부문 1위.

— '지속가능성 지향상(Facing Sustainability Award)' 에서 독일연방정부의 지속가능성위원회가 주는 '관람객이 뽑은 프로젝트상' 수상.

— '유엔 지속가능발전교육 10년(UN Decade of Education for Sustainable Development)'의 기준에 맞는 공식 프로젝트로서 인증.

— 넷데이즈 오스트리아(Netdays Austria)가 수여하는 '청년창의상(young creativity award)' 후보.

아주 특별한 여행에 대한 설렘이나 독창적인 사람들을 만나 그들의 비전을 엿볼 수 있으리라는 기대도 컸지만, 그보다 우리가 사회적 기업가에 대해 보고 듣고 알게 될 모든 것을 다른 젊은 친구들에게 그대로 전달하려는 단호한 의지가 우리를 한껏 부채질했다.

2006년 2월 1일, 모든 준비는 끝났다. 우리는 프랑크푸르트 공항에서 제일 먼저 인도, 네팔, 방글라데시를 향해 출발했다. 그곳에서 다시 베트남, 라오스, 태국, 인도네시아로 향한다. 다음엔 대양을 훌쩍 뛰어넘어 중남미 대륙으로 간다. 멕시코, 벨리즈, 니카라과, 에콰도르, 페루, 볼리비아, 브라질을 들른 뒤, 마지막으로 아프리카 대륙을 누빈다. 남아프리카공화국(이하 본문에서는 '남아공'), 가나, 부르키나파소, 말리, 세네갈이 우리의 마지막 목적지다.

여행이 끝났을 때, 세 사람이 번갈아가며 일기 형태로 써내려간 여행 일지가 120여 쪽, 거기에 300여 쪽 분량인 36편의 리포트, 9000장의 사진, 65시간 분량의 인터뷰 및 취재 동영상이 여행의 기록으로 남았다. 우리가 찾아간 사회적 기업과 독일의 학교를 실시간으로 연결해 즉석에서 상호 협력 관계를 맺게 한 것도 스물다섯 번에 이른다. 전 세계 사회적 기업가들을 곧장 독일에 있는 교실로 데려다준 셈이었다. 수업 받던 학생들이 직접 질문을 던졌고 사회적 기업가들이 그 궁금증을 풀어주었다.

우리는 여행하며 겪고 느낀 것을 이 책에 담았다. 우리가 사회적 기업가들에게 던진 질문과 그에 대해 받은 중요한 답변은 물론이고, 여행하면서 경험한 소소한 사건과 희로애락, 온갖 욕구와 다양한 시각, 품었던 비전과 고단하고 치열한 현실이 여기에 드러나 있다.

무엇보다도 이 글을 읽는 청소년들이, 때로는 마음을 끌기도 하지만 때로는 기운을 쪽 빼버리게도 하는 저 바깥세상이 과연 어떤 곳인지 스스로 파악하고 구체적으로 상상해보는 계기가 되었으면 한다.

더불어 우리가 방문한 사회적 기업가들의 이야기를 통해 자기신뢰, 용기, 자발적 동기를 가지고 지속가능한 생각과 행동이 무엇인지 가려내는 감각을 벼리면 많은 것을 바꾸고 움직일 수 있다는 걸 보여주고 싶었다. 진심으로 바라기만 하면 어떤 개인이든 사회와 지역의 문제를 해결하는 데 놀랄 만큼 큰 보탬이 될 수 있다는 점도 말하고 싶었다.

곁들여 한 사회적 기업에 대한 소개와 방문기가 끝날 때마다 관련 정보 페이지를 넣어, 좀 더 자세하게 알고 싶거나 직접 활동을 해보려는 친구들에게 도움을 주고자 했다.

"대대적인 청년운동을 일으키자!"

우리가 브라질에서 만난 사회적 기업가 베라 코르데이루Vera Cordeiro의 말로 우리가 하고 싶은 말을 대신하고자 한다.

"이제 막 직장생활을 시작하는 젊은 친구들에게 이 말을 꼭 하고 싶어요. 우리와 함께 일합시다! 전 세계 모든 사회에서 당신을 필요로 합니다. 당신의 심장, 당신의 머리, 당신의 몸, 당신의 영혼이 절실합니다. 나는 우리가 사는 이 별이 너무나 걱정됩니다. 기후는 날로 나빠지고, 서서히 한계가 보입니다. 내 손녀 가브리엘라가 나보다 훨씬 더 끔찍한 세상에서 살게 될까 봐 너무 두렵습니다.

인류의 미래는 바로 여러분의 손에 달렸습니다. 여러분은 앞으로 50년, 60년은 더 살 겁니다. 어쩌면 100살까지 장수하는 게 유별난 일이 아니게 될지도 모르죠. 그러니 좀 더 지혜롭게 삽시다. 자기 혼자만 잘살려고 하지 말고 남들도 보살펴가며 사세요. 혼자만 행복하게 잘사는 건 처음부터 가능하지도 않습니다.

대대적인 청년운동을 일으키세요! 나는 더는 청년이 아니라서 못합

니다. 여러분처럼 교육도 잘 받고 많은 것을 누리며 자란 세대는, 많은 것을 다시 베풀 줄 알아야 합니다. 그것은 우주의 섭리입니다. 내가 딱 그런 경우예요. 나야말로 사랑도 많이 받고, 배경도 좋고 교육도 잘 받았죠. 그런데 여러분도 그렇잖아요!

나는 젊었을 때 환경운동과 여성운동을 직접 체험했어요. 이제 한시 바삐 지구 곳곳, 모든 문화권에서 청년운동을 일으킬 때입니다. 도구와 방법은 얼마든지 있습니다. 인터넷, 신기술, 지성, 교육, 따뜻한 심장을 가진 당신들이 세상 곳곳에 있습니다. 우리가 씨앗을 땅에 심었으니, 그것을 키우고 보호하는 것은 여러분 손에 달렸습니다.

사회적 기업가가 되는 것은 행복해지는 더없이 좋은 기회입니다. 결코 지루할 틈이 없고, 그리 힘든 일도 아니에요. 거기서 여러분은 자신을 발견할 뿐만 아니라 진정한 가족을 만나게 될 겁니다."

이 책을 읽는 모두가 기쁨을 느끼길 바라며

얀 홀츠아펠, 팀 레만, 마티 슈피커

세계를 만나다 프로젝트 – 여행 경로

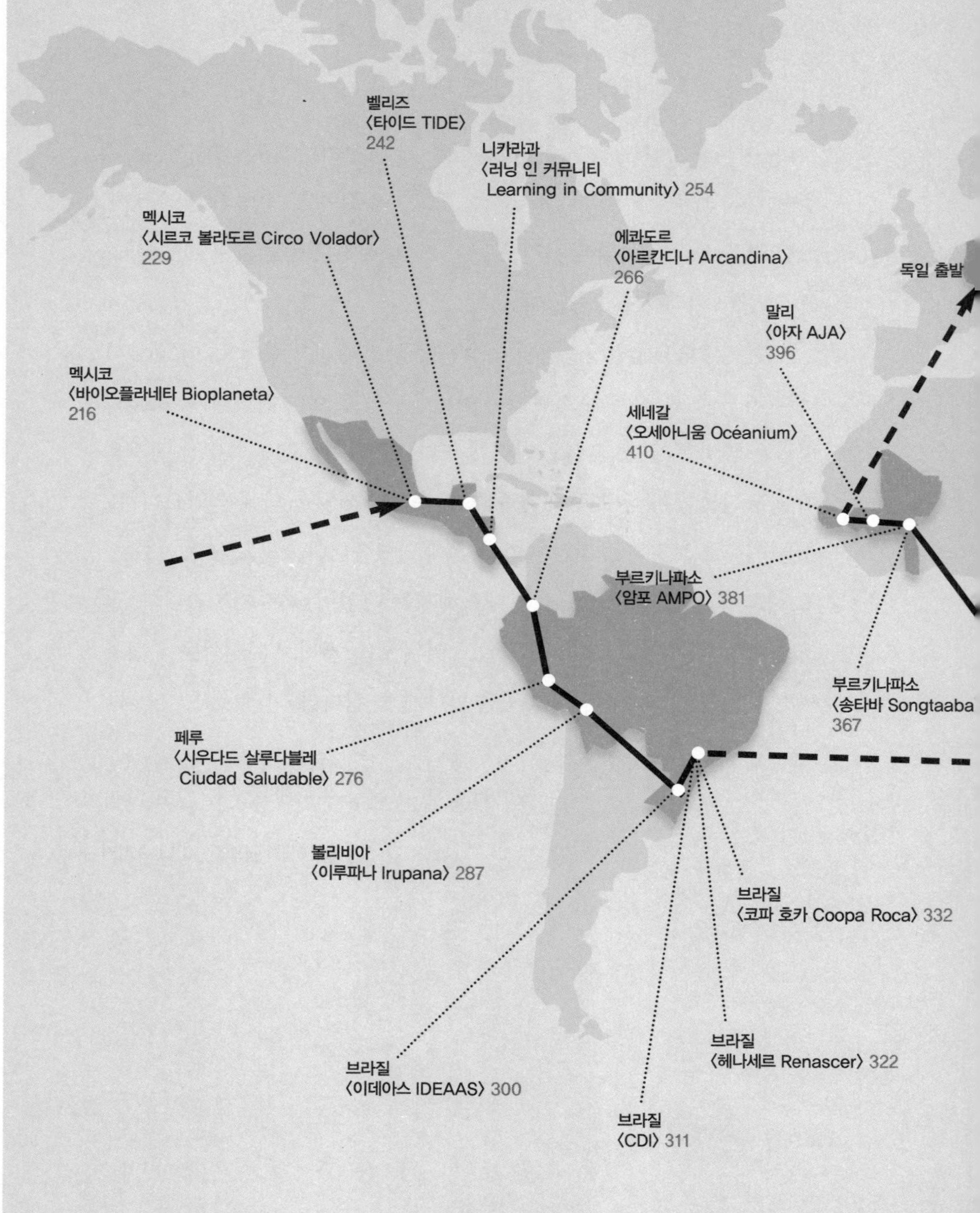

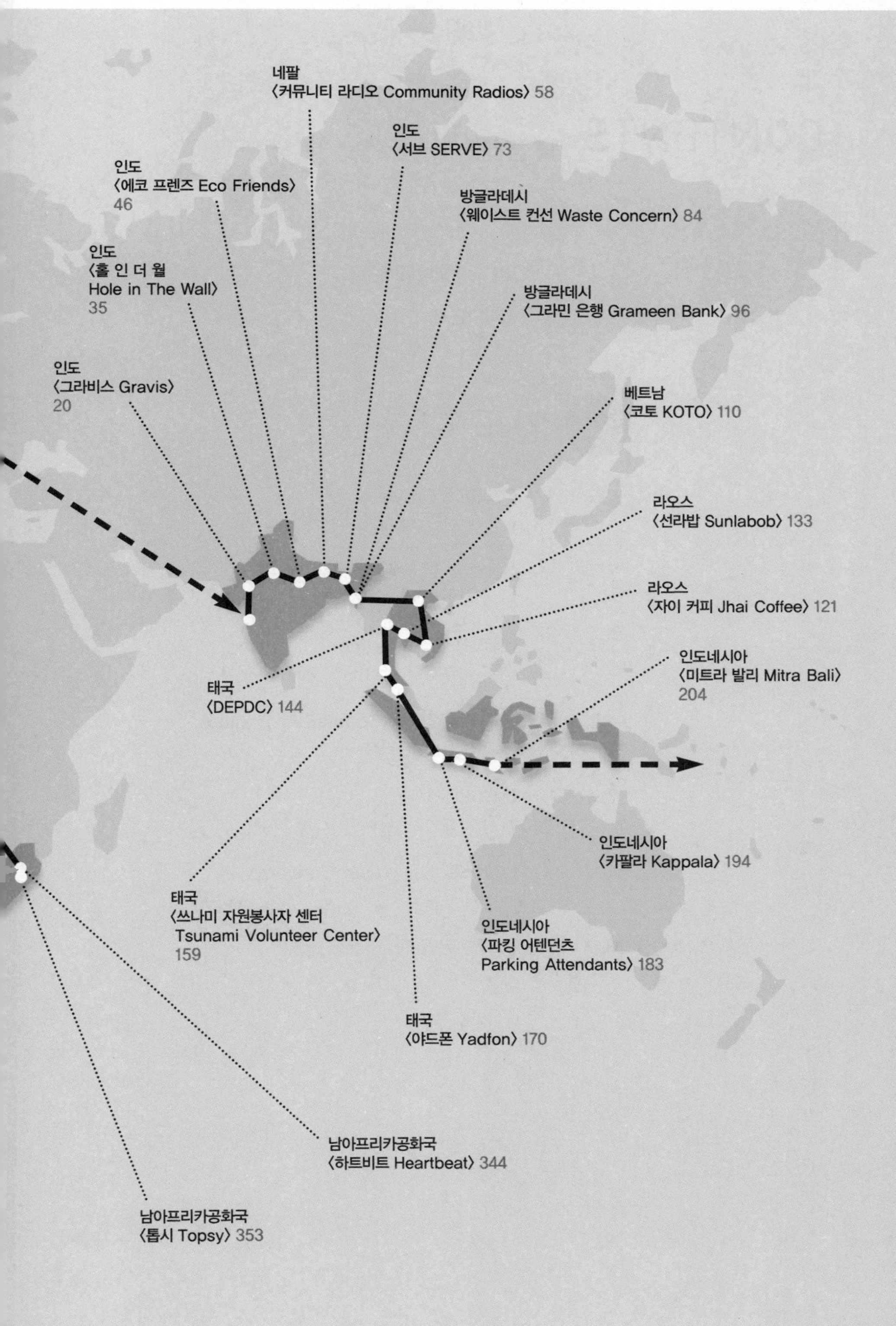

네팔
〈커뮤니티 라디오 Community Radios〉 58
인도
〈서브 SERVE〉 73
인도
〈에코 프렌즈 Eco Friends〉
46
방글라데시
〈웨이스트 컨선 Waste Concern〉 84
인도
〈홀 인 더 월
Hole in The Wall〉
35
방글라데시
〈그라민 은행 Grameen Bank〉 96
인도
〈그라비스 Gravis〉
20
베트남
〈코토 KOTO〉 110
라오스
〈선라밥 Sunlabob〉 133
라오스
〈자이 커피 Jhai Coffee〉 121
태국
〈DEPDC〉 144
인도네시아
〈미트라 발리 Mitra Bali〉
204
인도네시아
〈카팔라 Kappala〉 194
태국
〈쓰나미 자원봉사자 센터
Tsunami Volunteer Center〉
159
인도네시아
〈파킹 어텐던츠
Parking Attendants〉 183
태국
〈야드폰 Yadfon〉 170
남아프리카공화국
〈하트비트 Heartbeat〉 344
남아프리카공화국
〈톱시 Topsy〉 353

CONTENTS

서른세 개의 희망을 만나다 _ 아주 특별한 254일의 대안 세계여행

PART_ 01 인도 대륙

PART_02 동남아시아

PART_03 중앙아메리카

PART_04 남아메리카

PART_ 05 아프리카

〈그라비스 Gravis〉
인도, 조드푸르

〈홀 인 더 월 Hole in The Wall〉
인도, 뉴델리

〈에코 프렌즈 Eco Friends〉
인도, 칸푸르

PART___ **01**

인도 대륙

DER INDISCHE SUBKONTINENT

〈그라민 은행 Grameen Bank〉
방글라데시, 다카

〈웨이스트 컨선 Waste Concern〉
방글라데시, 다카

〈커뮤니티 라디오 Community Radios〉
네팔, 카트만두

〈서브 SERVE〉
인도, 다르질링

인도 **그라비스** Gravis

타르 사막을 더 나은 생활 터전으로

Jan
얀의 이야기

뭄바이 시내를 지나 한차례의 지옥행을

"맙소사, 내가 여기서 성한 몸으로 살아나간다면, 내가 정말 맹세컨대……."

그 뒤에 이어진 마티의 탄식은 우리가 탄 지프의 차체가 내는 덜커덩 소리, 바퀴 삐걱이는 소리, 요란한 엔진 소음에 파묻혀 더 들리지 않았다. 우리는 지금, 이 지프에 몸을 싣고 예전엔 봄베이라고 불리던 뭄바이 Mumbai의 반트라Bantra 역으로 돌진하는 중이다.

모든 게 잘 굴러가면 마티가 뭘 하고 싶은지 꼭 알고 싶었다. 모르긴 해도 분명 뭔가 의미 있고 중요한 일임에 틀림없다. 그냥 맥주를 큰 잔으로 원샷 한다든지 하는 그런 시시한 건 아닐 거다. 지금 우리가 역으로 가기 위해 체험하고 있는 자동차 주행은 지금껏 경험한 어떤 순간보다 가장 위험하고 미친 주행이기 때문이다.

우린 무슨 절차인지 형식인지 때문에 한참 발이 묶여 있었다. 우리를 데려다 준 기사는 직업적 공명심에 불타올랐고, 그 때문에 역까지 가는 길은 영화의 한 장면처럼 돌변하여 제임스 본드식 추격전을 방불케 했

메랑가르 성채에서 본 광경.

다. 영화 제목은 이름하여 '뭄바이의 저주'다. 우리는 인구 1200만의 대도시에서 탈출하여 조드푸르Jodhpur 행 야간열차를 잡아타고 인도 북서부 라자스탄Rajasthan으로 갈 것이다.

우리가 탄 차는 출발하자마자 두 대의 택시와 충돌할 뻔했다. 몇몇 사람들은 난폭하게 질주하는 지프를 놀란 눈으로 쳐다보았다. 내내 침착하게 운전대를 잡고 있던 운전사 역시 식은땀을 흘렸다. 대로가 엇갈리는 교차로에 다다랐을 때, 녹색 신호로 바뀌기까지 앞으로 몇 초 남았다는 걸 알려주는 전광판이 눈에 들어왔다. 아직 신호는 빨간불이었고 '10'이라는 숫자가 깜박였지만 우리 운전기사는 전혀 개의치 않는 것 같았다. 우리 차는 양옆으로 물밀듯이 오가는 수많은 오토바이며 자동차의 흐름 한가운데를 뚫고 무작정 돌진해 들어갔다. 기차 출발시각까진 이제 겨우 몇 분밖에 남지 않았다. 난 벌써 기차를 놓친 채로 뭄바이에서 하루를 더 보낼 각오를 했다. 하지만 우리 운전기사에게 결코 포기란 없었다. 길 폭이 한층 좁아졌다. 가속 페달을 밟는 소리가 불안하게 울려댔고 끊임없이 울리는 경적 때문에 사람들이 혼비백산해서 도로 가장자리로 피해다니는 모습이 줄을 이었다. 드디어 기차역에 도착한 순간 우리는 용수철처럼 차에서 튀어나와 미친듯이 플랫폼을 내달려 우리가 탈 열차칸에 도달했다. 지옥같은 질주에 혼과 넋이 나가고 완전히 지친 상태긴 했지만, 좌석에 털썩 내려앉고 나자 안도감과 쾌활한 마음이 확 밀려들었다. 조드푸르 행 야간열차에 몸을 싣기까지 누구도 다치거나 다치게 하지 않았다. 그래도 우리가 탔던 지프는 아마 약간 찰과상을 입지 않았을까?

열차 안에서 ____ 인도의 열차는 단순한 교통수단 이상이다. 여기서는 기차가 생활공간이자, 숙소이자, 창고이자 수다를 떠는 집합소다. 이런 열차 안에서 푹 잠자기란 애초에 그른 일이다. 어찌됐든 "어디서 왔어요?" "이름이 뭐예요?" "인도는 어때요?" 같은 질문이 던져질 때마다 성심성의껏 대답해야 한다.

아침에 도착한 조드푸르 역에서 지프 한 대가 우리를 기다리고 있었다. 그라비스 본부로 데려가줄 차다. 군데군데 녹슨 흰색 오프로드를 몰고 온 기사는 영어라곤 한마디도 할 줄 모른다. 그가 자기 손목시계를 가리키며 대강 목적지까지 걸리는 시간을 알려준 것만은 이해했다. 그 뒤부턴, 운전사는 복잡하게 뒤엉킨 도로를 뚫어져라 쳐다보며 운전에만 몰두했다.

겨우 몇 분 지나지 않아 공기가 무척 건조한 게 느껴졌다. 지나가는 차들이 피워올리는 미세한 먼지며 모래가 시야를 뿌옇게 가로막았다. 열린 차창으로 불어닥치는 공기 때문에 숨 쉬기 괴로울 지경이다. 먼지가 목구멍을 꽉 틀어막는 기분이었다. 사막이 가까워진 것이다. 이런 상황 속에서 마티와 팀에게 그라비스가 어떤 기업인지 물었다.

그라비스 – 사막의 조력자

"그라비스란 말야," 하고 운을 뗀 마티가 강의하듯 입을 열었다. 평소에도 마티는 이런 설명을 썩 잘하는 편이다. "일종의 NGO(비정부기구)야. 전체 명칭은 그라민 비카스 비기안 사미티Gramin Vikas Vigyan Samiti, 즉 지역개발 연구 센터(Center of People's Science for Rural Development)야. 그라비스는 1983년 락스미 찬드 티야기Laxmi Chand Tyagi 씨와 부인인 샤시 티야기Shashi Tyagi 씨가 창립했어." 우리가 인터뷰할 사람이 이 부인인가 보다. "기억해둬. 남편 티야기 씨는 작년 8월에 돌아가셨어." 그 뒤로도 이 단체는 타르Thar 사막의 생활여건을 개선하기 위해 온 힘을 기울이고 있다. 타르는 2200만이 사는, 세계에서 주거인구가 가장 많은 사막이다.

"그라비스는 마을 개발 지원이 목표지만 주민들 스스로 책임을 지는 자립자족을 원칙으로 해." 팀이 덧붙였다. "주민들이 이겨내야 할 문제는 하나같이 무시무시한 것들이야. 물은 늘 부족하고, 사람들은 배고픔에 허덕이지. 문맹률은 치명적이고, 의료 혜택은 거의 꿈도 못 꿔. 여자들은 인간 이하의 대우를 받고 살고. 그 밖에도 문제가 산더미 같아." 그래서 그라비스는 여러 가지 활동범위를 정해 부단히 개선 작업을 펼친다. 식수 공급, 농경, 보건의료, 교육, 광부들의 권익 찾기까지.

"광부들의 권익?"

"그러게, 나도 그게 왜 들어가는지는 자세히 알아보지 못했어." 팀이 대답했다.

그 이유를 생각해 볼 겨를도 없이 차가 멈췄다. 조드푸르 시 외곽의 작은 주택에 자리한 이 단체에서 우리를 맞는 분위기는 그저 그랬다. 사실 난 좀 더 따스하고 정감어린 환대 같은 걸 기대했다. 하지만 그저 조용히 선풍기 한 대와 화장실이 딸린 작은 방으로 안내되었을 뿐이다. 거기 가만히 앉아 있을 수 없어, 결국 방 바깥으로 뛰쳐나왔다. 아무나 찾아내면 그 사람을 붙들고 이제부터 우리에게 뭘 보여줄 거냐고 닦달을 할 참이었다.

건물 지하로 내려가자 드디어 여섯 명이나 되는 활동가들과 마주쳤다. 놀랍게도 창문도 환기시설도 없이 창백한 네온 불빛 아래서 일하는 중이었다. 초록빛 벽에서는 벽지가 떨어져 나풀거리고 컴퓨터는 비닐커버로 덮여 있었다. 꼭 영화에서 무슨 비밀 지하조직이 몰래 아지트에서 일하는 장면처럼 보였다.

다행히 사만타 차타라지Samantha Chattaraj를 만나 인사를 나누면서부터 암울했던 기분이 싹 가셨다. 젊고 활기찬 이 여성 활동가는 유창한 영어로 정감어린 환영 인사를 건넸다. 사만타는 우리가 곧 여기 조드푸르에서 60킬로미터쯤 떨어진 사막에 있는 가가디Gagaadi 필드 센터로 가서 3일을 지내며 여러 가지 둘러볼 것이라고 알려준다. 창립자인 사시티야기와도 오늘 느지막이 만나 얘기할 수 있을 거라고 했다. 사막으로 가는 건 내일 아침 일찍이다. 그러니 오늘은 인터넷을 점검하고 조드푸르 시내를 돌아볼 시간이 얼마간 있다.

잠시 관광객처럼 ____ 오후가 되어서 메헤랑가르Mehrangarh 성채를 관광하는 여행 팀에 합류할 기회를 얻었다. 그다지 내키는 걸음은 아니었다. 우리가 이런 관광이나 하자고 여행을 떠나온 건 아니었으니까. 그렇더라도 이토록 중요한 볼거리를 굳이 무시하고 지나칠 이유도 없다.

성채 안쪽을 질릴 만큼 둘러보고 나자 해설사 한 사람이 다가와, 도시가 한눈에 내려다보이는 높은 사암절벽 위에 이 웅장한 건축물이 세워진 유래를 설명해주었다. 성채를 지은 건 1459년 즈음, 조드푸르 시가 막 조성될 때와 일치한다. 성채가 완성되고 난 뒤엔 인도를 주름잡은 여러 가문 출신의 대大호족들이 이곳을 점유했다. 그 후손들은 20세기에 들어서까지도 이곳에 살았다고 한다.

문득 신비로운 피리 음색이 귀를 유혹했다. 가부좌를 튼 채 나무 받침대 위에 올라앉은 흰 옷차림의 한 노인이 부는 소리였다. 텅 빈 공간 덕분인지 피리 소리는 더욱 크게 멀리 울려퍼졌다. 오렌지색 터번과 라즈푸트Rajput족 특유의 배배 꼬인 수염을 보고 있자니 뱀 묘기를 부리는 마술사가 연상되었다. 기다란 나무 피리에서 흘러나오는 가락은 멀고 먼 옛날부터 전해 내려온 음색 같다. 마하라자Maharaja 왕과 라즈푸트족의 시대로 간 느낌이었다. 라즈푸트족 남자들은 잔혹한 싸움터에서 매서운 용맹을 떨치는 것이 지상 최대의 과제였고, 혹시나 그들이 죽음을 맞게 되면 그 아내들 또한 함께 불타는 장작 더미에 올라 세상을 뜬 남편의 뒤를 따라야 했다. 이제 이 잔인한 관습을 따르는 사람은 없지만, 여전히 이곳 라자스탄 주의 여자 대부분은 보잘 것 없는 지위를 감수하고 늘 천대를 받으며 산다.

성채를 둘러본 다음엔 방벽 위 높은 곳에 올라 해 지는 광경을 만끽했다. 우리 발밑에는 조드푸르의 푸른 지붕들이 내려다보였다. 그쯤 되니 오늘 오후만큼은 우리도 틀에 박힌 관광객들과 다를 바가 없다는 생각이 들었다. 내가 방금 보고 들은 건 이 지역의 현실과 하등 무관한 것들뿐이었다. 어디서 들었던 말이 생각났다. "'놓쳐서는 안 될 볼거리'를 찾아다니면 정작 가장 중요한 것을 지나치고 만다. 바로 거기 사는 사람들을."

정말 오늘 오후 우리는 그 사람들을 그냥 지나쳤다. 길에 앉은 거지들, 돈 깡통을 앞에 놓고 연주하는 길거리 악사들, 길바닥에 깐 헝겊 조각 위에 과일 몇 개와 과자 부스러기를 올려놓고 어떻게든 헐값에라도 팔아보려 애쓰던 볼이 움푹 파인 여자들, 엽서며 조잡한 기념품 따위를 들이밀던 누더기 차림의 꼬마들. 그 사람들을 우리는 남들처럼 간단히 외면해버렸다. 그래, 내일부터는 꼭 그들 모두를 두 눈으로 똑똑히 보리라, 반드시. 나에게 약속한다.

밤이 되어서야 예고된 대로 샤시 티야기 여사를 만났다. 중노동도 그런 중노동이 없을 듯한 강도 높은 일들을 해내는 힘과 근성이 어디서 나올까 싶을 만큼 조용하고 내성적인 분이었다. 우리는 일단 침착하고 조심스러운 태도로 남편 분의 작고를 애도했다. 티야기는 아무 대답이 없었다.

interview 샤시 티야기

"불가능을 꿈꾸세요!"

맨 처음 이 일을 어떻게 시작하게 됐나요?

"딱 100루피(2500원 남짓 – 이하 환산한 원화 금액 병기는 모두 옮긴이의 주석)와 남편의 비전으로 모든 게 시작됐죠. 남편은 간디의 철학에 깊은 영향을 받았습니다."

그 100루피와 비전은 지금 어떻게 되었습니까?

"현재 그라비스에는 140명 남짓의 상근 활동가를 비롯해, 비상근 활동가와 자원 활동가로 일하는 사람들도 3백 명 넘게 있습니다. 내일 여러분이 가볼 가가디 필드 센터가 바로 우리의 첫 활동무대였죠. 단체가 점점 커져서 시내에 이 센터를 마련하고 정책 문제나 자금 조달 등을 폭넓게 해결할 생각을 했어요. 지금 라자스탄 내 다섯 개 지역에 그라비스 필드 센터가 열 군데나 있습니다. 그 밖에 우리가 건립한 안과전문병원은 환자 40명이 입원할 수 있고 수술실 여러 개가 딸려 있죠. 함께 일하는 마을만 해도 5백여 곳, 5만 가구가 넘어요. 그라비스의 도움으로 설립된 광부 노조에는 적어도 4천 명이 가입했습니다. 물론 조드푸르 일대에 있는 광부가 전체 17만 명이니 턱없이 적은 비율이긴 하죠."

왜 하필 사막 지역 주민들을 위해 일하십니까?

"남편과 난 이곳에서 자랐고 이곳 사람들이 지독한 가난과 곤경, 배고픔을 견디는 걸 수없이 봐왔습니다. 남편은 대학을 마치자 돈이 아닌 사회를 위해 일하겠다고 결심했어요. 그라비스가 생기기 전에는 누구도 사막 사람들을 거들떠보지 않았어요. 누구도 이들 문제에 관심을 갖거나 조금이라도 바꿔보려는 시도조차 안 했죠."

티야기는 잠깐 말을 멈추고 생각에 잠기는 듯했다. 그러고는 다시 이렇게 말을 이었다.

"일을 시작한 첫해에는 여기 주민들이 시달리는 진짜 문제가 뭔지 알아내는 데 시간을 보냈어요. 그뿐 아니라 이들의 관습과 실제로 농사짓는 법도 조사했

“ 우리 일로 인해 사람들 마음속에서 깨어나는 인생의 기쁨, 에너지, 긍지, 자기 존중이 내게는 곧 힘입니다. 아이들 얼굴에 피어오르는 웃음꽃도 그렇구요. ”

어요. 그런 다음 해법이 뭔지 찾았죠. 처음엔 주민들이 우리가 자기들보다 카스트(caste, 인도의 옛 신분제도 – 옮긴이)가 한 단계 높은 지역 공무원들과 함께 일하는 걸 보고 퉁명스럽고 무뚝뚝한 반응을 보였어요.

하지만 처음부터 우린 계급과 종교 간 평등, 화목을 지향했고, 어떤 갈등도 일어나지 않게 하려고 애썼죠. 사람들이 센터에 찾아와서 돌을 던지기도 했어요. 우리가 마을 사람들을 무시하고 지역사회와 관습을 뭉개버리려 한다고 믿었던 거예요. 상황은 점차 꼬여갔어요. 하지만 결국엔 우리가 그냥 도우려는 마음뿐이라는 걸 주민들에게 납득시켰죠. 마침내 주민들도 배척하는 마음을 접고 우리를 믿기 시작했어요.”

이 일을 끈기 있게 계속할 힘이 어디서 나오나요?

“매일 마을에서 마주치고, 얘기를 나누고 함께 생활하는 주민들이 힘을 주죠. 그라비스 활동가들은 시내에 있어야 하는 부득이한 경우를 제외하고는 모두 마을에서 함께 살아요.

우리 일로 인해 사람들 마음속에서 깨어나는 인생의 기쁨, 에너지, 긍지, 자기 존중이 내게는 곧 힘입니다. 아이들 얼굴에 피어오르는 웃음꽃도 그렇구요.

여성 자활모임을 한번 보세요. 거기 모인 여자들은 자기 문제에 스스로 해답을 찾아내요. 그분들이 자립적이고 당당하며 스스로를 뿌듯해하는 이유가 거기 있습니다. 예를 들면 여자 여럿이 힘을 합치고 약간의 도움을 받아 은행에서 1만 루피를 빌리는 데 성공했어요. 그런 게 얼마나 좋은 선례가 되는지

관개시설을 갖춘 사막의 주거지역.

몰라요. 그 돈으로 암염소를 사고, 그 젖을 팔죠. 새끼가 태어나면 역시 팔아서 돈을 만들고요. 대출금 갚는 건 아직 꿈도 못 꿀 형편이지만 벌써 그들은 더 큰 꿈을 꾸고 있어요. 다음엔 물소를 사서 똑같은 방식으로 돈을 불리는 거예요. 정말 대단하죠, 안 그래요?"

우리와 얘기를 시작한 뒤 처음으로 티야기의 얼굴에 잔잔한 웃음이 떠올랐다. 얼마간 냉담해 보이던 이분의 얼굴이 전혀 달라 보인다. 그제야, 사람들에게 스스로 해답을 찾을 수 있음을 확인하게 해주는 것만큼 흡족하고 행복한 일은 없다고 한 그녀의 말이 이해가 됐다. 이윽고 우리의 마지막 질문이 이어졌다.

이제 막 사회에 나가는 젊은이들에게 해주고 싶은 말씀이 있다면요?

"불가능을 현실로 만들 수 있다는 신념으로 계속 전진하세요! 그저 마음을 먹기만 하면 됩니다. 그리고 그것을 진정으로 바라고 갈구하세요!"

사암광산에서 먼지를 마시며 ____ 다음 날 아침, 드디어 사막으로 출발했다. 무엇이 우리를 기다리고 있을까? 쩍쩍 말라비틀어진 땅, 더위, 물 부족? 하지만 시내를 벗어나자마자 우리가 맨 먼저 들른 곳은 도

시 안에 있는 사암광산이었다. 전날 우리가 궁금했던, 그라비스 사업 중 하나가 어째서 광산 노동자들과 관련이 있는가에 대한 답을 여기서 발견했다. 사막 주민의 90퍼센트가 밀이나 고추 같은 작물을 재배하여 생계를 잇고 싶어 한다. 하지만 1년 중 비가 오는 날이 손에 꼽을 정도고 어떤 해에는 아예 비가 안 내리기도 한다. 사막에 사는 대다수 사람들은 당연히 살아남기 힘들다. 우기 동안 건기를 대비한 물을 저장해둘 수 있다 해도 마찬가지다. 그것조차 못하는 경우라면 대부분 1년 중 여섯 달에서 여덟 달 동안 인간 이하의 대접을 받으며 사암광산이나 섬유공장에서 일해 식구들을 먹여살려야 한다. 그리고 대개 그런 것이 반복되다 보면 빈민가에서 허무하게 삶이 끝나고 만다.

광산에서 우리는 소규모 노동조합을 이끌고 있는 칸 람 바티Khan Ram Bhati 조합장을 만났다. 광산 노동자들의 권리와 노동여건 개선을 위해 싸우고 있단다. 그라비스는 그 일이 사막 출신 주민들의 삶과 직결되기 때문에 당연히 그들을 지원한다.

"광산 노동자들이 겪는 가장 큰 문제점은 건강입니다. 채굴하면서 나오는 돌먼지, 하루 열두 시간 넘는 노동, 식수 부족, 잦은 현장 사고 등 너

●● 타르 사막에서 단체사진을 찍다.
●● 탕카는 바닥에 시멘트로 설치한 식수용 물받이다.

무 열악한 작업여건 탓에 몸이 성할 날이 없어요." 람 바티 조합장이 설명했다.

광산을 돌아보는데 조그만 아이들이 눈에 띄었다. 머리에 광주리를 이고 돌조각을 나르는 엄마들 옆에서 노는 아이들은 반쯤 헐벗은 채로 돌먼지 속에서 뒹굴다시피 한다. 게다가 두 사내 녀석은 놀이랍시고 등을 잔뜩 구부린 채 무거운 돌짐을 나르는 흉내를 낸다. 노는 모습조차 머지 않아 맞닥뜨릴 운명을 미리부터 연습하는 것 같다.

특히 여자들이 일하는 환경은 더더욱 가혹해 보인다. 이 타는 듯한 무더위에도 복식 전통을 어길 수 없어 온몸에 천을 둘둘 감싸고 중노동을 견딘다. 그것도 임금이라 부르기도 민망한 액수를 위해.

나는 아주 조심스레 그곳 사람들에게 말을 붙여보았다. 1유로(1500원 남짓)도 안 되는 돈으로 하루를 살고, 위협적인 환경에 건강을 내맡긴 채 일해야 하는 사람들과 처음으로 직접 대면하는 순간이다. 그런데 그들의 솔직하고 순수하며 호기심 어린 태도가 나를 압도한다. 사진을 몇 장 찍고 나니 사방에서 사람들이 몰려든다. 너 나 할 것 없이 사진기 화면에 비친 자신을 보고 싶어 한다. 야릇한 느낌이다. 나한테는 이런 기술이 별반

영어 수업 시간.

새로울 것도 신기할 것도 없는데 이들은 자기가 찍힌 사진을 본 일이 한 두 번 될까 말까다. 천으로 얼굴을 가린 여인들조차 조심스레 부탁을 해 온다. 어디 담벼락 같은 데 숨어 사진을 찍고는 화면을 보고 서로 웃으며 즐거워한다.

가가디 필드 센터 ____ 조드푸르를 뒤로 하고 60킬로미터를 더 가자 비로소 가가디 필드 센터가 나왔다. 사막 한가운데서 잿빛 머리를 한 남자 카시얍Kashyap이 우리를 반갑게 맞는다. 사막에서의 첫날 밤, 뚝 떨어진 기온이 정신을 번쩍 나게 했다. 어찌나 추운지 모포를 덮고도 몸이 한없이 떨린다.

이튿날, 사막의 주민들이 어떤 어려움과 싸우며 사는지 눈으로 확인할 기회가 왔다. 한 마을에서 다른 마을로 이동하는 중간에 차를 멈췄다. 스무 명 남짓한 여자, 남자, 아이들이 함께 어마어마한 구덩이를 파고 있다. 피부를 찌르는 듯한 햇살 아래 모든 일을 직접 손과 발로 해결한다. 그라비스에서 나온 기술자의 지침대로 '나디Naadi'를 만드는 중이다. 나디는 일종의 인공 저수지인데, 그라비스의 아주 중요한 사업이다. 우기가 되면 여기에 150명을 먹여 살릴 식수와 농업용수가 모일 것이다. 나디의 물은 생존을 위한 식수 이상의 의미가 있다. 여기서 물을 해결하면 여자들이 수 킬로미터씩 걸어서 물을 길어올 필요가 없다. 그렇게 얻은 시간에 농사에 더 힘을 쏟거나 다른 집안일을 해결하는 등 더 생산적인 일을 할 수 있다.

나디와 함께 이곳 사람들에게 필요한 것이 바로 폐쇄형 식수 수조인 '탕카Taanka'다. 그라비스가 바닥에 시멘트로 만든 시설인데 원칙적으로 한 가구가 한 탕카씩을 소유하고 관리 책임도 진다. 어떤 가족에게 탕카가 주어질지는 각 마을마다 있는 개발위원회가 결정한다.

저녁 때 한 마을에 가서 그곳 위원장을 만났다. 키가 크고 마른 남자였는데 인상부터 존경심을 불러일으키는 그런 사람이었다. 그의 진흙집 옆에 놓인 탁자에 자리를 잡고 앉자, 허리가 굽고 나이든 아주머니가 뜨거운 차와 물을 양철컵에 담아 내오셨다. 우리는 이야기하는 내내 귀찮게 달려드는 수백 마리 파리를 쫓으면서도, 한편으론 서로 걱정스런 눈짓을 교환하느라 바빴다. 셋 다 속으로 이 물을 마셔도 될지 고민이 됐다. 이 물은 나디 아니면 탕카에서 나온 것이리라. 그래도 어쨌든 자신들에게 가장 귀한 것을 손님에게 대접했는데 감히 모른 체 할 수 없다. 팀이 용감하게 첫발을 내디뎠다. 그러고는 우리에게 고개를 끄덕여 보인다. 눈 딱 감고 물을 마셔봤는데 깜짝 놀랐다. 얼마나 깨끗하고 신선한 맛이었는지 모른다!

좀 더 알고 싶으세요?

그라비스 Gravis

1983년 창설된 그라비스는 라자스탄 주 타르 사막 주민들의 생활여건 개선이 주목적이다. 이곳 주민들은 혹독한 환경 속에서도 대부분 농사에 의존해 살아간다. 이들은 우기에 내리는 소량의 빗물로 장기간의 건기를 견디기 위해 그라비스 소속 전문가들에게 배워가며 인공 저수지와 폐쇄형 수조를 마련한다. 그 밖에도 농법 개선, 보건, 교육, 여성과 광산 노동자의 권익 찾기 등도 그라비스의 중요한 사명이다.

● 홈페이지	www.gravis.org.in
● 위치	인도 라자스탄 주, 조드푸르(본부) 및 타르 사막 일대의 현장 사무소(필드 센터) 다수
● 활동가 현황	상근 활동가 144명, 시간제 활동가 300명. 당시, 프랑스와 핀란드에서 온 두 명의 자원 활동가도 있었음.
● 도움이 필요한 일	웹디자인, 언론 및 홍보, 문서관리, 출판, 일반 조사업무.
● 숙박 및 식사	본부 숙소 이용, 생활 경비는 자비 부담, 인도 전통음식(렌즈 콩으로 만든 달 등).
● 사용 언어	영어, 힌디어
● 이메일	email@gravis.org.in

인도 ─ **홀 인 더 월** Hole in The Wall

인도 어린이들에게 컴퓨터를 가르쳐라!

Tim
팀의 이야기

뉴델리로 가는 야간열차

뉴델리New Delhi로 갈 때 '에어컨 없는' 침대칸이 워낙 싸서 그걸 타고 이동하기로 마음먹었다. 심각한 더위에 시달릴 것을 미리 각오하고 있었는데 정작 에어컨 없는 침대칸을 타보니 진짜 차이는 단순한 객실 온도가 아니었다. 이번엔 차창을 활짝 열어젖히고 시원한 바람과 바깥풍경을 마음껏 음미할 수 있었다. 한마디로 딴 세상에 있는 느낌이다. 더욱이 요금 차이가 크다 보니 이번엔 전혀 다른 관객들에 둘러싸이게 됐다. 저번 기차에서 만난 도회지 풍의 유복하고 교육 잘 받은 엘리트들과는 딴판으로, 최소한 기차표는 살 수 있는 형편의 하층민과 최하위 중류층이다. 기차를 이용하는 모양새도 사뭇 다르다. 열차칸은 단순한 교통수단을 넘어 거실이자, 침실, 응접실, 창고(그것도 온갖 잡다한 물건을 쌓아둔!)로 쓰인다. 거지들이 통로 바닥에 착 붙어 앉은 채 여기저기서 날아오는 것을 마다하는 법 없이 죄다 주워모은다. 돈, 감자칩, 사탕……. 우리가 탄 칸은 우락부락한 젊은 군인들이 대거 올라탄 바람에 금방이라도 터져나갈 것 같다. 힌두식 터번에 헐렁한 제복을 걸친 모습이 꼭 할리

우드 영화에 나오는 갱스터들 같다. 우리는 행여나 그들이 우리 전자기기를 탐낼까 두려워 날이 밝을 때까지 두 시간씩 돌아가며 불침번을 서기로 했다. 다행히 처음 우리가 품은 불안은 아침에 젊은 군인 한 사람이 우정의 표시로 건넨 달콤한 짜이 한 잔에 스르르 풀렸다.

점심 때가 되자 수도 델리에 들어섰다. 앞으로 한 시간만 더 가면 도착이다. 나는 열린 창문으로 도시의 첫인상을 받아들이려 애썼다. 공기는 점점 탁해지고 멀리 뿌연 스모그로 뒤덮인 시내가 보였다. 기찻길 주변엔 마치 방금 전쟁이라도 지나간 것 같다. 오두막 수십 수백 채가 철로를 따라 서로 기대어 서 있고, 사람들은 길 위 아무데서나 용변을 해결한다. 터진 수도관에서 흘러나오는 물줄기는 몸을 씻고 물을 긷기 위한 우물 역할이다. 성스러운 존재로 숭상된다는 소들은 끝도 없이 이어지는 쓰레기 산에 붙어서 배를 채운다. 눈에 들어오는 모든 광경은 충격적이면서도 묘하게 끌리는 면이 있다. 역에 내리면 또 어떤 사람들과 마주치게 될까 기대도 된다.

역에 내리고 나니 이상하게도 '메인 바자Main Basar'로 가는 길을 아무도 모른다. 잠시 후 우리는 이마를 쳤다. 신시가지인 뉴델리에서 내려야 하는데, 모르고 한 정거장 앞선 올드델리에 내려버린 거다. 여기는 오가는 여행자들도 별로 없다 보니, 호객꾼들에게 이리저리 시달릴 일도 없다. 별다른 실랑이를 벌이지 않고도 우리는 곧 택시를 타고 뉴델리로 향할 수 있었다.

메인 바자에서 ____ 뉴델리에 온 세계 여행객들은 모두 메인 바자에서 정보를 얻고, 차를 갈아타고, 쉬기도 한다. 좁고 붐비는 거리에는 배낭여행객, 도보여행자, 아웃사이더, 올드 히피, 영적 충만을 갈구하는 사람들까지 끊임없이 밀려든다. 수백 개나 되는 기념품 판매점이 줄지어 늘어서 있고 눈요기하려는 사람들로 바글바글하다. 사방에서 들리는 오토바이 경적 소리, 온갖 탈것에 달린 바퀴가 내는 삐걱거림, 자전거와 릭샤에서 요란하게 울리는 경종 소리가 내 머릿속에서 쿵쿵 방아를 찧는 것만 같다. 거기에 수많은 호객꾼들이 쉴 새 없이 매달린다. 단 한 걸음을 걸어도 뭔가에 치이거나 부딪히거나 밟히기 십상이다. 걷는 것도 구경하는 것도 도무지 흥이 안 나고, 신경만 잔뜩 곤두섰다. 하긴 며칠간 그토록 조용한 타르 사막의 대자연에 파묻혀 있던 차니 더 그럴 수밖에.

마침내 한 사람당 200루피(약 5천 원)를 내고 조용하고 아늑한 호텔에 짐을 내려놨을 때에야 비로소 날카로워진 신경이 가라앉았다. 밤새 야간열차에서 흘렸던 땀까지 시원하게 샤워로 씻어 내고 나서 얀과 둘이 다음번 프로젝트 방문을 준비하기 시작했다. 마티는 위에 문제가 생긴 것 같다. 미열도 오르는 걸 보니, 사막에서 마신 물이 마티의 위장에는 별로 안 맞았던 듯싶다. 우리가 갖고 다니는 구급약과 비상시를 대비한 휴대폰에 의지한 마티는 우리가 돌아올 때까지 호텔에서 쉬기로 했다.

벽 속의 구멍 – 빈민들을 위한 컴퓨터

우리가 견학하려는 사업은 원칙적으로는 우리가 세운 사회적 기업 선정 기준에 딱 들어맞지 않았다. '홀 인 더 월 프로젝트'를 운영하는 주체는 한두 사람의 사회적 기업가가 아니라 이윤을 추구하는 보통 기업이기 때문이다. 그렇지만 오히려 이번 사례가 일반 기업 역시 사회적 참여를 충분히 이행할 수 있다는 증거가 될 거란 확신이 들었다.

택시를 잡아타고 '벽 속의 구멍'이라는 뜻의 프로젝트 본부로 가는 도중, 나는 얀 옆에 앉아 깜박 잠이 들었다. 야간열차에서 보낸 지난밤의 피로가 밀려온 탓이리라. 얀 말로는 내가 자는 사이 우리를 실은 택시가 아름다운 궁전이며, 웅장한 정부 관청들, 이국적인 가로수가 늘어선 환상적인 거리 등 식민 시대 때 모습이 남아 있는 뉴델리의 또 다른 얼굴 곁을 지나쳐갔단다. 자느라 멋진 풍경을 놓친 거다.

약간 헤맨 끝에 '인도공과대학(Indian Institute of Technology, IIT)' 캠퍼스에 도착했다. 캠퍼스 규모가 어마어마해서 숨이 멎을 정도다.

'홀 인 더 월 프로젝트'는 수가타 미트라Sugata Mitra 박사가 주도하는 연구 프로젝트의 한 분과다. 미트라 박사는 연구가 주목적이지만, 엄연히 사기업이고 해외와 협력사업을 벌이기도 하는 NIIT사의 수석 연구원으로 재직 중이다. 이 회사의 사업 아이디어는 "인간과 컴퓨터가 직관에 근거한 학습을 통해 최대한 서로 원활히 소통하는 것"이라고.

누가 가르쳐 주지 않아도 스스로 배워요 ____ 미트라 박사의 연구는 "아이들은 외부에서 누가 가르치지 않아도, 학교에서나 앞으로 살아갈 때 필요할 단순 컴퓨터 지식을 스스로 익힌다"는 가설에서 출발했다.

이 가설을 입증하기 위해 그는 연구소와 등을 맞대고 있는 델리의 빈민가 쪽으로 구멍을 뚫었다. 그리고 컴퓨터 한 대를 그곳에 설치해 지나는 사람들이 마음껏 만지게 했다. 예상은 적중했다. 벽에 난 구멍과 거기 놓인 컴퓨터는 순식간에 아이들이 가장 좋아하는 놀이기구이자 학습도구가 됐다. 누가 끼어들지 않아도 아이들은 컴퓨터 쓰는 법을 스스로 익혔다. 이 첫 번째 실험에서 회사의 이름도 생겨났다. '벽 속의 구멍 교육회사(Hole in The Wall Education Ltd.)', 줄여서 HiWEL이다.

첫 번째 실험이 성공한 뒤 인도 전역에서 같은 방식으로 실험을 확대했고 모두 비슷한 성과를 얻었다. 지금은 인도 정부 차원에서 HiWEL에 위탁운영하고 있는 비슷한 형태의 컴퓨터 배움터가 30군데가 넘는다. 정부의 위탁을 받아 공적 자금이 들어온 덕분에, 미트라 박사의 프로젝트는 단순한 연구 차원을 넘어 사업으로 확장되었다.

놀이터가 곧 배움터 ____ 연구소에 도착하니 리투 당왈Ritu Dangwal 박사가 우리를 맞았다. 박사의 집무실은 거미줄 모양이다. 집무실 안의 책상들이 모두 방 한가운데에 있는 유리 칸막이 공간을 중심으로 방사상으로 배치되어 있다. '아쿠아리움'이라고 불리는 그 유리방에서 우리의 대화가 시작됐다.

당왈 박사는 지적이고 영어를 유창하게 쓰는 여성 학자다. 박사는 대단한 열정을 보이며 HiWEL과 거기 관련된 연구가 어떤 성과를 내왔는지, 특히 아이들이 배움터에서 어떤 식으로 놀이하듯 컴퓨터를 배우는지

배움터에서 아이들은 놀면서 컴퓨터를 배운다.

“인도는 물론이고 전 세계에 사는 수백만, 수십억 사람들이, 생활여건을 개선할 기회를 털끝만큼도 접해보지 못한 채 생을 마감합니다. 오늘날 생존에 필요한 기술과 능력을 배울 기회가 전혀 없기 때문입니다. 우리는 그걸 바꾸려는 겁니다.”

수가타 미트라 박사

일일이 설명했다. 배움터를 이용하는 아이들은 8세에서 14세 사이가 가장 많다.

“이 연령대의 아이들이 사용하기 쉽게 컴퓨터도 낮은 높이에 설치합니다. 아이들이 컴퓨터와 상호작용하는 모습은 일일이 카메라로 녹화됩니다. 그리고 어린이 이용자의 행동패턴이 10초 단위로 HiWEL에 실시간 전송되죠.”

연구자들은 그런 데이터를 가지고 극빈층의 어린이들이 스스로 컴퓨터에 접근하고, 컴퓨터와 친해지고, 스스로 많은 것을 습득하게 하려면 어떻게 해야 할지 전략을 짜낸다. 당왈 박사는 이 시스템의 장점을 이렇게 설명한다. “아이들은 놀면서 배우고, 여럿이 함께 배우고, 탐구하며 배우고, 효과적으로 학습하는 법을 배웁니다. 학교 교육을 제대로 받지 못하는 것에 대한 보완도 되구요. 그리고 이 시스템은 스스로 목표를 세우고 실천하게 돕습니다.”

그리고 박사는 이 연구 프로젝트에서 ‘스핀 오프Spin-Off’, 즉 또 다른 파급 사업이 생겨났다는 점을 자랑스럽게 덧붙였다. 이 새로운 사업에는 심지어 세계은행(World Bank)도 자금을 대고 있다고 한다. 15명으로 짜인 팀이 지금까지의 HiWEL 연구결과를 바탕으로 시장화하려고 작업 중이라는 것. 이 일이 잘 되기만 하면 이 ‘홀 인 더 월 프로젝트’가 이윤을 생산하는 사업이 되는 것은 물론이고, 유엔이 합의한 새천년 개발목표 중 하나인 "2015년까지 세계인구 전체에게 초등교육을" 이라는 이상을 실현할 수 있으리라는 희망이 있다.

사업 마인드와 복지사업의 만남 ____ 당왈 박사는 실질적인 경영자인 마나스 차크라바티Manas Chakrabarty에게 우리를 소개했다. 그에게서 젊은 남성 사장의 당당하면서도 열린 태도, 진실된 마음이 느껴진다. 사장은 실험에서 출발한 연구사업이 어떤 과정을 통해 하나의 기업으로 발전되었는지 설명하고는, 배움터를 인도의 모든 주마다 설치해서 안정되게 운영하는 것이 목표라고 덧붙인다. 독일처럼, 인도 역시 주州정부가 각 지역의 교육기관들을 운영하고 발전하게 하는 가장 큰 역할을 하기 때문이다. 차크라바티는 말을 돌리지 않고 곧장 이렇게 표현했다.

"HiWEL의 운영 목표는 이윤을 창출하는 겁니다. 그래야 자금을 대는 NIIT사와 세계은행의 투자 조건을 충족할 수 있으니까요." 그러면서도 이 사업의 사회성을 강조하는 것 역시 잊지 않았다. "다만 인도 초등교육 여건을 개선하는 것 역시 이윤 못지않게 중요합니다."

그의 말에 따르면 이 나라의 교육 현실은 그야말로 참혹하다. 취학기에 있는 어린이들은 4억이 넘는데 실제로 학교는 60만 개뿐이다. 모든 아이들이 학교 교육을 받으려면 적어도 3백만 곳의 학교가 세워져야 하고 교사 및 행정인력이 최소 3천만 명은 더 있어야 한다.

사장은 말을 이었다. "그래서 우리는 이윤 말고도 또 하나의 중요한 사명을 좇아 일합니다. 이 사업을 통해 '2015년까지 모든 어린이가 초등교육을 받게 하자' 는 유엔의 목표를 달성하는 데 결정적 역할을 하고 싶은 거죠."

빈민 구역으로 '다운로드' ___ 이튿날 우리는 또 다른 연구원인 쉬폰 차테르지Shiffon Chatterjee와 함께 뉴델리 인근에 있는 칼카지Kalkaji의 배움터 한 곳에 가봤다. 한 간이매점 외벽에 컴퓨터 여러 대가 설치되어 있고 그 위에 나지막한 처마가 내려졌다. 어른들은 몸을 잔뜩 구부려야 해서 그 컴퓨터를 쓰기가 쉽지 않을 듯하다. 더구나 어른들이 컴퓨터를 오용하는 일을 막기 위해 키보드가 작고 조판이 좁으며, 위에도 얇은 덮개가 씌워져 있다. 거기 놓인 컴퓨터 다섯 대 앞에는 아이들이 포도송이처럼 몽실몽실 매달려 있다. 몇몇 아이는 우리가 서서 보는 것에 잠깐 신경을 쓰는 것 같지만, 대부분 아이들에겐 외국인보다 컴퓨터가 훨씬 더 중요한 관심거리다. 다섯 대 모두 다른 프로그램과 게임이 돌아가고 있다. 컴퓨터로 무엇을 하겠다고 정하는 건 오로지 아이들 몫이다. 어떤 것을 해도 제지당하지 않는다. 몇몇 녀석은 일부러 우리에게 보여주려고 인터넷에서 방금 내려받은 노래를 틀어보인다. 그런 모든 조작과 과정을 아이들은 스스로 배웠다.

루비나, 시궁창에서 컴퓨터로 ___ 칼카지를 떠나기 전 우리는 루비나Rubina와 이야기를 나누게 됐다. 열네 살 먹은 이 소녀는 5년 전 '벽 속의 구멍'이 처음 생겼을 때 여기서 컴퓨터 사용법을 배운 아이들 중 하나다. 루비나는 겉보기에도 무척 똑똑해 보였고 우리가 묻는 말에 전혀 부끄럼 없이 또박또박 대답했다. 어느 날 갑자기 집 옆에 생전 처음 보는 물건들이 놓여 있어 기절할 만큼 놀랐단다. 컴퓨터를 보기는커녕 그런 것이 있다는 말도 들어본 적이 없었던 거다. 그렇게 컴퓨터와 처음으로 만나 친해졌고, 이제는 영어를 조금 읽을 줄 알고 뜻도 이해하게 됐다. 요즘엔 여기 있는 컴퓨터를 직접 사용하는 건 어쩌다 한 번씩이고 그 대

루비나와의 대화(오른쪽 니트 입은 소녀가 루비나다).

신 다른 아이들에게 컴퓨터 쓰는 법을 가르쳐주는 일에 더 열심이다. 나중에 커서 IT 전문가가 되고 싶단다.

이 프로젝트가 적어도 아이들에게 꿈을 꾸게 해주나 보다. 우리가 루비나에게 그 꿈을 이루기 위해 앞으로 어떻게 할 작정이냐고 묻자 소녀는 천진하게 웃으며 말한다.

"그렇게 정확히는 저도 아직 생각 안 해봤어요. 그렇지만 엄마도 도와주신대요. 제가 정말 자랑스럽다고 하시고 가끔 여기서 컴퓨터 하는 걸 어깨너머로 구경하기도 하셨어요."

왜 다른 여자아이들은 여기 별로 없냐고 묻자, 안타까운 대답이 돌아온다. "아마 부모님들이 다들 딸이 이 배움터에서 노는 걸 허락하지 않아서일 거예요."

또 다른 프로젝트를 향해 ____ 그 사이 마티도 많이 나아져서, 점심 무렵 우리 셋은 둘러 앉아 향후 계획에 대해 길고 진지한 토론을 펼쳤다. 시간표를 하염없이 이리 밀고 저리 당기고 한 끝에 결국 네팔로 넘어가기 전에 프로젝트를 한 곳 더 견학하기로 결정했다. 이런 소모전과 치열한 논쟁을 거쳐 만나는 사회적 기업가 한 사람, 한 사람이 전부 '세계를 만나다' 프로젝트를 살찌운다는 점에서는 생각이 일치하니까 말이다.

오늘은 수요일, 한적한 인터넷 카페 한 구석이 즉석에서 우리 사무실이 됐다. 다음 방문지인 칸푸르Kanpur 시의 '에코 프렌즈Eco Friends' 견학을 준비하는 게 관건이다. 오늘 저녁에는 느긋하게 다른 배낭여행자들 행렬에 섞여서 밤거리를 돌아다녀볼 생각이다. 그리고 호텔에 돌아와서는 테라스 난간에 기대어 뉴델리의 수많은 지붕이 자아내는 광경을 즐겨 보고 싶다.

좀 더 알고 싶으세요?

홀인더월 Hole in The Wall

HiWEL은 인도 전역에 배움터(Learning Station)를 설치해 이 나라의 부족한 교육 여건을 획기적으로 개선하고자 노력한다. 인도에는 현재 240만 곳의 학교, 3천만 명의 교육인력이 더 필요한 상태. 배움터에 있는 컴퓨터는 8~14세의 어린이들이 조그만 손으로 사용할 수 있는 낮고 좁은 자판이 딸려 있다. 주로 빈민가 어린이들이 신기술과 친해지고 스스로 그것을 다루는 법을 익히게 하기 위해서다. 현재 30여 곳의 배움터에는 도우미들이 배치되어 관리를 맡으며, 아이들의 행동양식이 연구소로 실시간 전송되고 기록된다.

● 홈페이지	www.hole-in-the-wall.com
● 위치	인도 뉴델리, 인도공과대학(IIT) 캠퍼스 내
● 활동가 현황	인도 현지인 상근 활동가 16명
● 도움이 필요한 일	독자적 연구 프로젝트나 HiWEL과 연계한 연구계획을 구상한 대학생이나 석 · 박사 준비생은 지원해볼 만하다.
● 숙박 및 식사	델리의 숙박업소 이용, 인도전통 식단.
● 사용 언어	영어, 힌디어
● 이메일	reachus@hiwel.in

인도 에코 프렌즈 Eco Friends

다시 깨끗해질 갠지스를 위한 투쟁

Matti 마티의 이야기

성스러운 강, 더러운 강

다음 날 아침 뉴델리에서의 마지막 시간 동안, 독일로 부칠 여러 물건을 싸고, 우리 홈페이지를 업데이트한 뒤 앞으로 얼마 안 남은 인도 체류 기간에 쓸 루피를 조금 더 환전했다. 오후가 시작될 즈음 칸푸르로 가는 기차에 몸을 실었다. 칸푸르는 뉴델리에서 4백 킬로미터 남동쪽에 위치한 공업도시다. 인도에 도착한 뒤로 지금까지 꽤 건조했던 풍경이 이번에야 비로소 조금 달라졌다. 푸르른 들판이며 윤기가 자르르 흐르는 황토빛 마을이 기차를 타고 가는 여섯 시간 내내 첩첩이 이어졌다.

칸푸르에서 만날 사람은 라케쉬 자이스왈Rakesh Jaiswal이다. 우리가 뉴델리를 떠나기 조금 전에야 급하게 방문하기로 결정한 사회적 기업가다. 그는 1993년에 '에코 프렌즈'라는 모임을 조직해서 갠지스 강물을 정화하는 일을 시작했다. 갠지스Ganges. 히말라야 산맥에서 발원하여 북인도를 누비고 마지막에는 방글라데시를 거쳐 벵골 만으로 흘러들어가는 바로 그 '성스러운' 강이다.

강 근처의 오염된 마을에서.

죽음의 강가에서 ___ 칸푸르에 도착하자마자 라케쉬 자이스왈의 초대를 받아 그의 집으로 갔다. 식구들이 인도 전통음식을 대접해주었다. 사실 며칠 전부터 인도 음식은 쳐다보기도 싫어졌다. 늘 달Dal(렌즈콩으로 만든 요리 - 옮긴이)과 쌀밥뿐이다. 팀과 얀은 나보다 덜 힘들어하는 것 같지만, 이번에도 역시 우리 앞에 고기라곤 한 점 없는 양철 접시가 놓이자 살짝 실망하는 눈치였다. 식사를 마치고 소화도 시킬 겸 갠지스 강가로 내려갔다. 강 둔치로 몇 계단 내려가서 앉아 있자니 묵직하게 흘러가는 회갈색의 넓은 물줄기에 압도당할 듯하다. 눈앞에서 이런저런 의식을 마친 남녀노소가 각자 강물에 목욕을 하거나 빨래를 하거나 물을 떠 마신다. 사실 모두, 보는 내 눈이 의심되는 광경이다.

그렇지만 한편으론 마음을 끄는 참 신비한 강이기도 하다. 갠지스는 힌두교 신자들에게 더없이 성스러운 물이라서 탄생, 결혼, 죽음 같은 큰 의식에서 가장 중심이 되는 구실을 한다. 힌두교 교리에 다르면, 다음 생에서 더 나은 삶을 살 것인가 말 것인가를 결정하는 것은 지금 생에서 지은 죄와 업보다. 그리고 모두가 바라는 궁극의 목표는 그 어떤 카르마(karma, 업業. 중생이 몸과 입과 뜻으로 짓는 선악의 소행 – 옮긴이)도 없이 니르바나(nirvāna, 열반涅槃. 일체의 속박에서 해탈한 최고의 경지 – 옮긴이)에 도달하는 것이다. 갠지스 강에서 몸을 씻으면 죄가 씻겨나간다. 그러니 갠지스 강에 와서 죄를 씻고 죽은 뒤 화장을 하면 그 목표에 한층 가까이 다가서는 셈이다. 그 때문에 죽음을 앞둔 사람들이 매년 수천 명씩 이곳에 와서 죽을 때까지 시간을 보낸다. 그런 사람들로 가장 붐비는 곳은 물론 성지 바라나시Varanasi다. 사람들은 죽은 이가 남긴 '껍데기'를 태우고 남은 재를 갠지스 강에 뿌린다.

독성폐기물 속에 떠다니는 시체들 ____ 갠지스 강을 따라 수백만의 인도인이 삶의 터전을 꾸린다. 그리고 당연히 강물은 그들의 식수원이자 농업용수다. 강의 수질이 유역 주민들의 생활여건을 결정한다고 해도 과언이 아니다. 하지만 강물은 심하게 오염되어 이 물을 마시거나 관개용수로 쓰는 사람들에게 엄청난 건강 문제를 일으키고 있다. 거기에 화장된 유해까지 한몫을 더한다. 엎친 데 덮친 격으로, 죽은 이의 가족이 화장에 쓰일 땔감마저 사지 못할 만큼 가난한 경우가 많아 시신이 그대로 갠지스 강물에 수장되는 일이 허다하다.

심각한 건, 공장과 대도시에서 흘러나오는 독성 폐수까지 가세한다는 점이다. 칸푸르는 북인도에서 델리 다음으로 큰 산업도시다. 수백 개에 달하는 피혁공장을 비롯해 독성 하수를 쏟아내는 각종 공장이 칸푸르에 몰려 있다. 여과장치에 대한 제재나 감시가 거의 이루어지지 않아, 중금

속까지 섞여 더욱 정화하기 힘든 최악의 폐수도 갠지스 강으로 곧장 흘러든다. 더욱이 칸푸르 시 인구는 폭발적으로 늘고 있어 거기서 생겨나는 환경문제도 만만치 않다.

에코 프렌즈 – 다시 깨끗해질 갠지스 강을 위해 싸우다

1993년, 오염된 갠지스를 다시 깨끗이 만들겠다는 일념으로 라케쉬 자이스왈은 칸푸르 대학 내 몇몇 동지들을 모아 '자연의 친구들'이란 뜻의 '에코 프렌즈'를 결성했다. 그가 에코 프렌즈를 만들기로 결심한 데는 1992년에 브라질의 리우데자네이루Rio de Janeiro에서 열린 유엔환경개발회의(UNCED)의 영향이 컸다. 전 세계적인 차원에서 환경문제를 논의한 것이 그때가 처음이었고, 이때 라케쉬 자이스왈도 갠지스의 심각한 오염 문제를 공공의 관심에 노출시킬 기회를 얻었다.

그러자 인도 정부는 실제로 '강가Ganga(갠지스 강) 액션 플랜 I'이라는 이름하에 갠지스 정화 작업에 나섰고 국민들에게 그것의 성과를 대대적으로 홍보하는 데 열을 올렸다. 정부는 폐수량이 70퍼센트나 감소했다며 법석을 떨었지만, 에코 프렌즈가 이 사업을 면밀히 감사한 결과, 막대한 투자에 비해 효과는 말할 수 없이 부실했다는 점이 드러났다. 엄청난 시간과 자본이 이미 정부 내의 조직적인 부패 라인으로 빠져나간 뒤였다.

50미터마다 시체 한 구 ____ 에코 프렌즈는 정부 사업의 허구와 부실성을 폭로하는 데 성공하고 난 뒤, 대중이 체감할 수 있는 활동을 전개하기로 결심했다. 제일 먼저 한 일은 수백 명의 자원 활동가들과 힘을 합쳐 직접 강물을 청소한 것이다. 이때 겨우 10킬로미터 정도 구간에서 건져낸 시신만도 180구에 이르렀다.

이 정화 작업이 대중들에게 엄청난 반향을 일으켰고, 그제야 사람들은 갠지스의 상태가 얼마나 자신들의 생활에 직접적인 영향을 주는지 깨달았다.

뒤이어 인도 정부가 다시 '강가 액션 플랜 II'를 시행할 때 에코 프렌즈는 감시단 역할을 맡았고 법무부와 협력하여 정치권에서 관련위원회를 구성하는 데 개입하기도 했다. 그 과정에서 하수처리 법규 제정을 관철했고, 일련의 사법 절차를 거쳐 이 법규를 어긴 회사들을 처벌받도록 만들었다.

농지로 흘러들어가는 오염 폐수 ____ 에코 프렌즈는 '강가 액션 플랜 II'도 역시 사업 자체가 별다른 효과가 없었음을 입증했다. 하수와 산업폐수를 새로 준설한 정화시설로 유도해 배출하는 변화는 있었다. 그리고 그렇게 여과된 물은 역시 새로 건설한 관개용 수로를 통해 농민들에게 공급되었고, 일정한 이용요금이 부과되었다. 그런데 하루 8시간에서 길게는 14시간 동안이나 매일 정전이 반복되다 보니 그동안은 정화

●● 칸푸르에서 곧장 갠지스 강으로 흘러드는 하수.
●● 칸푸르의 하수처리장.

처리장치가 제대로 작동하지 않았고 자연히 미처 여과되지 않은 오폐수가 농지로, 그리고 다시 갠지스 강으로 곧바로 흘러들었다.

피부병과 각종 기형 질환 ____그 폐단이 어떤 결과를 낳았는지 이튿날 백여 가구가 사는 마을에서 확인할 수 있었다. 라케쉬 자이스왈과 함께 마을에 들어서자마자 충격을 받을 수밖에 없었다. 사람들은 갖가지 피부병에 시달리고 있었고 몇몇 신체 기형도 목격됐다. 위생여건은 참혹할 만큼 최악이었다. 길가에 조성된 도랑에는 심한 악취가 풍기는 물이 흘렀다. 거기서 마을 사람들에게 젖을 공급하는 물소들이 목을 축이고 있다. 실개천, 웅덩이, 가축의 배설물이 한데 어우러져 파리와 모기가 살기에 최고로 적합한 환경을 만들어내고, 이 해충들은 다시 인간에게 온갖 질병을 전염시킨다.

마침 마을 대표자와 만나 이야기를 나누게 됐는데 우리가 받은 인상이 사실로 확인됐다. 이 마을의 가장 큰 문제는 수질오염과 거기서 발생하는 심각한 질병이다. 그나마 식수는 30미터 땅 밑에서 수동식 펌프로퍼 올리는 지하수를 아껴 쓰면서 해결하지만 농사지을 물까지는 어림도 없다. 그러니 새로 만든 수로에서 농지로 스며드는 오염된 하수 때문에 병이 생기고, 또 농작물 역시 중독에 노출된다. 이것은 당연히 지역공동체만의 문제로 남지 않는다. 오염된 농산물은 칸푸르 전역의 시장으로 팔려나가고 도시 인구 전체의 건강을 위협한다.

그렇게 마을 상황을 한참 둘러보고 나서, 다시 시내로 돌아와 우울한 기분을 좀 떨쳐보려고 붐비는 거리를 다 같이 어슬렁거려본다. 하지만 무겁게 가라앉은 마음을 전환할 만한 이야기도, 분위기를 바꿀 아이디어도 좀체 떠오르지 않는다. 여느 때 같았으면 꽤 먹혀들었을 짓궂은 놀림이나 농담을 한두 번 서로에게 던져보지만, 돌아오는 반응도 시덥잖고 흥이 안 난다. 결국 각자 생각에 잠긴 채로 묵묵히 숙소로 돌아와 각자 할 일에 매달린다. 한 명은 쪽잠을 청하고, 한 명은 뭔가 읽는다. 나는 인터넷 카페에 앉아 집으로 보낼 이메일을 써보려 했지만 도무지 마음 정리가 안 돼 글이 안 써진다. 저녁에 우리 셋은 약속도 안 했는데 노상에 차려진 술집에 마주앉았다. 맥주 한 잔씩이 앞에 놓이자 우리 입에서는 에코 프렌즈의 설립자인 자이스왈과, 그가 감당해야 할 수많은 난관에 대한 걱정이 쏟아져 나왔다.

라케쉬 자이스왈 – 세계의 구원자에서 현실주의자로 ____ 라케쉬 자이스왈은 칸푸르에서 동쪽으로 3백 킬로미터 떨어진 미르자푸르 Mirzapur의 가난한 가정에서 자랐다. 그의 고향 도시에서 처음으로 영문 수료시험에 합격해 중등교육과정을 마쳤고, 일찍부터 선생님들의 기대를 한 몸에 받았다. 1979년 칸푸르 대학에 입학해 정치학과를 수료했다. 그리고 환경학 박사학위 논문을 집필하기 시작했지만, 에코 프렌즈를 설럽하고 맹렬히 활동하느라 아직까지 마치지 못했다.

학창 시절에는 환경보호 같은 데 한 번도 관심을 둔 적이 없었다. 그러다 1992년 열린 리우 회의가 그의 인생을 바꿔놓았다. 처음엔 지구 온난화 같은 지구 전체의 환경문제에 관심이 끌렸지만, 지금은 그런 이상주의적 시각을 벗어나 실용주의적인 정치-커뮤니케이션 전략으로 방향을 선회했다. 그리고 아직도 에코 프렌즈를 이끌고 있는 가장 큰 추진력은 자이스왈이라는 인물에서 나온다. 그는 이 단체에 상근 활동가로 일하며, 갠지스 보호를 목적으로 정부에서 만든 수많은 위원회마다 적을 두고 있다. 또한 갠지스 오염과 관련한 거의 모든 환경보호 활동에 관여하는 가장 중요한 전문가이자 자문이다. 전 세계 사회적 기업가 협회인 아쇼카Ashoka에서는 2002년 그를 회원으로 초빙했고, 달라이 라마Dalai Lama도 라케쉬 자이스왈의 눈물겨운 노력에 대해 개인적인 경의를 표하기도 했다.

그날 저녁 우리끼리 이야기를 나누며 가장 신기하게 여겼던 점은 그토록 좋은 학력과 성공의 조건을 가진 사람이 재계나 정계에 나가 커리어를 쌓을 생각을 전혀 하지 않고, 대신 상상을 초월하는 격무와 잘해봤자 단순소박한 생활에 만족해야 하는 사회운동가로서의 삶을 택했다는 사실이었다. 셋 다 말은 안 했지만 똑같은 질문을 머릿속에 품은 것 같았다. '우리가 같은 입장이 되어도 그렇게 할 수 있을까?'

다음 날 아침 다시 라케쉬 자이스왈을 만날 기회를 얻었다. 유럽인의 어설픈 시각이긴 해도, 자이스왈은 암만 봐도 흔히 느껴지는 인도인의 인상이 아닌 듯했다. 키도 훤칠하고 피부는 흰 편이며 상당히 유럽 쪽 외모와 비슷해 보였다. 그래서 우리 인터뷰 역시 아예 그의 출신을 묻는 질문으로 시작했다.

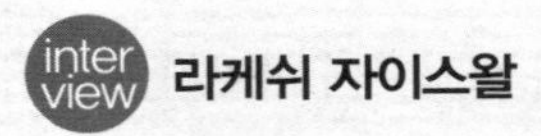

"세상을 모두 다 바꿀 수는 없어요"

어디서 어떤 어린 시절을 보내셨나요?

"미르자푸르라는 작은 촌락에서 나고 자랐어요. 부모님, 할머니, 나, 형제 세 명, 누이 두 명이 우리 가족이었죠. 거기선 깨끗한 물, 맑은 공기 속에서 단순 소박하게 살았어요. 물이 병들고 썩는다는 건 상상도 못할 일이었죠. 어린 나로서는, 병에 든 물을 10루피나 15루피라는 돈을 주고 사 마실 날이 오리라고는 꿈도 꾸지 못했어요."

살면서 누가 가장 큰 영향을 주었나요?

"제일 많은 영향을 준 건 아버지였어요. 아주 엄하고 권위적이셨어요. 자식들 모두 대학교육을 받아 박사가 되길 원하셨지만, 전 아직 그 소원을 이뤄드리지 못했네요. 선생님들도 많이 영향을 미쳤어요. 난 모범생이었고 선생님들도 나를 많이 뒷받침하셨죠. 행정공무원이 될 예정으로 정치학과를 마치고 난 다음 생물공학 박사과정을 시작했습니다."

에코 프렌즈 일을 어떻게 시작하게 됐는지 설명해주세요.

"음, 원래 난 이상주의에 빠져 이 세상을 바꾸겠다고 마음먹었어요. 환경에 관한 거라면 닥치는 대로 읽고 지구온난화, 생물 멸종, 천재지변에 대해 가리지 않고 알아보고 다녔죠. 앨 고어Al Gore가 쓴, 지구 위에서 벌어지는 불평등에 관한 책도 읽었어요. 어쨌든 자연이 위험이 처한 것은 사실이었고 거기 맞서 내가 뭔가 해야 한다고 믿었습니다.

하지만 얼마 안 가서, 우리가 세상 전체만 보고 있으면 거의 할 일이 없지만, 자기가 사는 조그만 마을에서부터라면 많은 걸 바꾸고 움직일 수 있다는 걸 깨달았습니다. 그렇게 한 사람의 행정공무원은 갠지스 강의 어마어마한 오염 문제에 맞서는 환경운동가가 되었어요.

그렇게 된 계기가 있습니다. 제 여동생이 어느 날 수도꼭지를 틀었는데 물에서 역겨운 냄새가 났어요. 그 뒤로도 비슷한 일이 반복되더니, 얼마 안 가서는 수도를 틀면 거의 매일 탁하고 나쁜 물만 쏟아졌습니다. 왜 그런지 원인을 알아보러 다녔죠. 단순했어요. 상·하수 시설이 서로 교차하는 지점에서 양쪽 수도관이 손상돼, 두 물이 뒤섞여버린 겁니다. 더 황당했던 건, 갠지스 강물이 우리가 마시는 주 식수원인데, 식수 공급원 자체부터 오염되고 중독되어 있었던 겁니다. 우리는 즉시 지역 언론에 이 심각한 문제를 알리고 위기의식을 일깨우는 캠페인을 시작했습니다. 그것이 바로 에코 프렌즈의 첫 활동이었죠."

일할 때 도움을 주는 사람이 있나요?

"에코 프렌즈에는 다섯 명의 상근 활동가가 있습니다. 여기에 여러 마을과 학교 등에서 활동하는 많은 인턴 활동가들도 있고요. 심지어 해외에서 도움을 주는 이들도 있습니다. 그리고 항상 자원 활동가들이 끊임없이 오갑니다. 포드Ford 재단에서 후원을 받고 있고 아쇼카에서 저를 후원대상 회원으로 선정하기도 했습니다."

에코 프렌즈가 일련의 성과를 얻은 이유는 뭐라고 보세요?

"우리가 쉽게 지치지도, 겁을 먹지도 않고 그야말로 땀 흘리며 항상 정직하게

“우리가 세상 전체만 보고 있으면 거의 할 일이 없지만, 자기가 사는 조그만 마을에서부터라면 많은 걸 바꾸고 움직일 수 있다는 걸 깨달았습니다. 그렇게 한 사람의 행정공무원은 갠지스 강의 어마어마한 오염 문제에 맞서는 환경운동가가 되었어요.”

일하기 때문이죠. 물론 성공이냐 아니냐를 측정하는 건 어려운 일입니다. 다만 몇 가지 징후를 확인할 뿐이죠. 여러분 같은 사람들이 독일에서 여기까지 우리를 보러 찾아왔다는 게 바로 성공이죠. 우리를 아는 사람들이 벌써 여기저기 생기고 지금껏 해온 일들이 인정을 받기 시작한 겁니다. 이곳에서는 물론 국제적으로도요.”

향후 10년간을 위한 비전이 있다면?

“뭐라 말하기 힘들군요. 이 일은 앞으로도 여전히 힘든 싸움이 될 겁니다. 하지만 우리가 결코 포기하지 않을 테니 이 싸움은 계속되겠죠. 한 가지 내가 피하고 싶은 것이 있다면, 큰 조직으로 확대되는 겁니다. 반면 영어를 조금 할 줄 알고, 단순 소박한 삶과 채식식단을 기꺼이 감내할 준비가 된 연수생과 자원활동가라면 언제든 환영입니다.”

좀 더 알 고 싶 으 세 요 ?

에코 프렌즈 Eco Friends

인도인의 성수聖水 갠지스 강은 수백만 인도인의 생활 터전이자 식수원, 농사지을 물의 원천이기도 하다. 특히 칸푸르를 지나는 갠지스 강물은 맹독성 산업폐수와 도시 생활하수 등으로 심하게 오염되었다. 때문에 시민들의 건강이 크게 위협받는다. 정부와 관청의 방치에 맞서 라케쉬 자이스왈은 1993년 에코 프렌즈 발기인 모임을 결성했다. 그때부터 라케쉬 자이스왈은 깨끗한 강물을 되찾기 위해 많은 일을 해왔지만, 아직도 갠지스 유역의 환경보호를 위해서 해야 할 일은 훨씬 더 많다.

● 홈페이지	www.ecofriends.org
● 위치	인도 우타르프라데시Uttar Pradesh 주, 칸푸르 시 (갠지스 강 인근)
● 활동가 현황	상근 활동가 3명, 시간제 활동가 2명, 외국인 자원 활동가 다수.
● 도움이 필요한 일	다양한 분야에서 도움을 줄 수 있는 제너럴리스트, 환경보호나 쓰레기 관리 등에 대해 기초지식을 가진 사람을 우대. 최소 2개월에서 4개월 정도 도움 줄 수 있는 사람을 원함.
● 숙박 및 식사	라케쉬 자이스왈 자택, 호스텔 등. 채식 인도 식단.
● 사용 언어	영어, 힌디어
● 이메일	info@ecofriends.org

네팔 커뮤니티 라디오 Community Radios

농민들을 위한 언론

Jan 얀의 이야기

네팔로 가는 기차 안

밖은 칠흑같이 깜깜하다. 반대로 우리가 탄 객실 안은 네온 불빛으로 눈이 부실 지경이다. 객실은 큰 소리로 떠드는 승객들로 소란스럽다. 그에 질세라 여기저기 코고는 소리까지 합세해 더 귀청이 따갑다. 인도 칸푸르를 출발해 바라나시로 가는 여섯 시간의 기차 여행은 앞으로 네팔에서 우리가 겪을 일들을 미리 체험하게 해주는 기회였던 듯싶다. 기름때가 좔좔 흐르는 파란색 인조가죽 침상 위에 몸을 누인 나는, 누가 가져갈까 싶어 다리 밑에 내 배낭과 짐을 전부 밀어넣고 다리로 꽉 눌러놨다. 내 머리 높이에는 두 인도 남자의 엉덩이가 둥실 떠 있다. 내 머리맡 침대 한 구석에 조그만 빈 공간이 보이자 당연하다는 듯 자기 좌석으로 삼아 느긋하게 휴식을 취하고 있다. 그런데 그게 다가 아니다. 내 건너편 침상에 앉은 승객 여러 명이 땀에 절은 발을 뻗어 내 침상 위에 떡하니 걸쳐놓은 상태다. 새벽 여섯 시가 되자 드디어 이 고문도 끝나가는 듯하다. 우리는 완전히 지쳤지만 동시에 안도감에 젖은 채로 인도에서의 마지막 기차 여행을 마쳤고, 드디어 바라나시에 도착했다. 그때만 해도

네팔의 마을 풍경.

우린, 이후 며칠 동안 이 기차여행이 오히려 굉장히 편한 사치였다며 그리워할 거라는 사실을 꿈에도 상상하지 못했다.

열반으로 가는 문 ___ 바라나시는 시바 비슈와나트Shiva Vishwanat 신의 도시, 그래서 인도에서 가장 성스러운 도시다. 우리를 안내한 열일곱 살의 가이드는 "여기서 죽는 사람은 제일 복 받은 사람이에요"라고 증언한다. 땀에 절은 분홍색 셔츠가 소년의 투실투실한 몸에 딱 달라붙어 있다. 소년은 미로처럼 얽힌 옛 시가지의 어둡고 좁은 뒷골목에 잠복해 있다가 순식간에 우리 앞에 나타났다. 그는 우리를 가츠Ghats, 그러니까 갠지스 강 둔치를 이루는 계단으로 데려갔다. 곳곳에서 많은 화장식이 거행되는 가운데, 우리는 우연히 한 장례를 목격하는 증인이 됐다. 그토록 진지하고 중요한 의식을 외국인 구경꾼 입장에서 팔자 좋게 쳐다봐도 되나 하는 생각이 들어 기분이 별로였다. 하지만 억누르기 힘든 호기심이 그 기분을 이기고 말았다. 나는 보고 싶었다. 땔감에 불이 붙는 과정, 연기가 피어오르는 모양, 유족들의 태도와 표정을. 그리고 시체를 태울 때 어떤 냄새가 나며, 시신이 다 소실되어 갠지스 강에 유골을 뿌릴 때까지 시간이 얼마나 걸리는지 알고 싶었다. 그런데 아무리 기다려도 화장을 준비하는 과정이 좀체 끝날 줄을 모른다. 한참을 기다렸다 싶었을 때 드디어 땔나무에 불이 붙었다. 이미 해는 서산으로 뉘엿뉘엿 지고 있다. 우리도 이동할 시간이다. 마지막으로 한 번 더 강쪽을 쳐다봤다. 시신을 태우는 불꽃이 갠지스 강물에 일렁이며 한껏 춤을 춘다. 근처 버스터미널으로 가는 길은 저녁 무렵 늘어난 교통량으로 빽빽하고 복잡하기만 하다.

콩나물시루 속에서 국경 통과하기 ____네팔이 코앞이다. 수천 년 역사와 문화를 가진, 세계의 지붕으로 불리는 고산지대를 품은 신비한 나라. 그러나 네팔은 불행히도 오래전부터 심각한 정치 불안을 겪고 있다.

네팔로 가는 버스가 떠나기 직전 가까스로 터미널에 닿았다. 그런데 버스에 빈 구석이라고는 단 한 곳도 없다. 대체 어디에 이 큰 짐과 내 몸을 집어넣어야 할지 모를 지경이다. 그래도 반드시 이 버스를 타야 한다. 안 그러면 하릴없이 하루를 그냥 날려야 한다. 몸 앞, 뒤, 옆, 위, 아래 할 것 없이 둘러메고 걸쳐 멘 가방과 짐을 가지고 꽉꽉 들어찬 좌석 사이 통로로 내 몸을 우겨넣었다. 젖 먹던 힘까지 동원해서 앞으로, 더 앞으로 나아갔다. 갑자기 눈이 번쩍 뜨였다. 운전사 바로 옆 자리에 웬일로 아직 자리가 남았다. 이제 1, 2미터만 더 가면 된다. 드디어 휙 하고 배낭 하나를 빈 자리로 던져 내려놓았다. 그러자 등골을 오싹하게 하는 외침이 들려왔다. "Nooooo, this is my place, I am sitting there!!!(안 돼애애애! 거긴 내가 맡았어요. 내가 앉을 거예요!!!)" 파란색 사이클 팬츠와 너무 꽉 조이는 흰 셔츠를 입은 통통한 금발머리 여성 여행객 하나가 나를 향해 위협적인 태도로 검지손가락을 치켜든다. 자기 남자친구 앉으라고 맡아둔 자리에 엉덩이를 들이밀다니 파렴치하다는 거다. 우리도 지지 않고, 혼자서 자리를 네 개나 차지한 당신 쪽이 더 파렴치한 것 아니냐, 그중에 하나 정도는 우리도 권리가 있다면서 맞받아치자 여자는 더 흥분했다. 나는 더 이상 대꾸하지 않고 남아 있던 두 빈자리 중 하나를 향해 몸을 움직였다. 여자는 내 뒤통수에 대고 계속 뭐라고 쫑알거렸지만, 재밌다는 표정으로 이 장면을 구경하고 있는 다른 승객들에 비해 자기가 너무 많은 자리를 차지했다는 걸 느꼈는지 곧 입을 다물었다.

네팔 영토로 들어서자 숨이 멎을 듯 아름다운 카트만두Kathmandu 계곡의 좁고 구불구불한 산길을 수없이 지나쳐간다. 그 와중에도 파란색 군복을 입은 군인들이 몇 번이고 버스를 세웠다. 잠깐의 검문이 끝나면 버스는 다시 움직였다. 그럴 때마다, 우리가 지금 왕정주의 진영과 마오쩌둥주의 진영 간 교전이 하루가 멀다하고 벌어지는 곳에 들어와 있다는 사실이 생생하게 실감됐다. 그렇다고 불안하진 않았지만, 총기를 든 군사들에게 검문을 받을 때마다 가히 기분이 좋지 않은 건 사실이다.

그렇게 스무 시간을 달린 다음에야 목적지 카트만두 시에 닿았다. 고지대의 서늘한 공기를 만나자 부르르 몸이 떨린다. 북인도보다 해발이 1500미터나 차이가 나니 많은 것이 다르게 느껴진다. 지난 3주간 인도 대도시의 분주함에 시달렸던 우리에게 카트만두는 일종의 구원과 해방이었다. 오랜만에 느끼는 영적인 고요를 마음껏 누려본다. 가끔씩 거리의 자동차들이 내는 경적 소리가 그 정적을 깨뜨리긴 했지만.

히말라야에서 우리를 안내한 수빈과 함께 안나푸르나 앞에서.

비나야 카사주 - 언론운동가 ____ 비나야 카사주Vinaya Kasajoo는 창문으로 햇살 가득 쏟아지는 네팔 FM 라디오 사무실에서 우리를 반겨주었다. 네팔 인사말인 "나마스떼"를 읊으며 가슴 앞에 공손히 합장을 한다.

언론인이자 작가, 시민운동가인 카사주는 뛰어난 말솜씨로 그의 조국 네팔이 겪어온 정치변천사를 강의하기 시작했다. 우리는 금세 그의 언변에 사로잡혀 한마디 한마디를 놓칠 세라 귀를 쫑긋 세우고 듣는다.

"지금 네팔은 옛날처럼 다시 절대왕정이 다스립니다. 이 나라에서 정치적 자유란 아주 잠깐씩만 피어올랐다 사라지곤 했죠. 1959년 우리에게도 입헌군주제를 표방한 헌법이 제정되었습니다. 하지만 겨우 1년 뒤에 마헨드라Mahendra 왕은 다시 권력을 휘어잡았어요. 내각을 해산하고 모든 정당 활동을 금지시켰죠. 1990년이 되어서야 네팔 사람들은 정당을 만들고 국회의원을 선거로 뽑을 수 있었어요. 그렇다고 다양성이 인정된 건 아니었습니다. 네팔엔 수많은 민족이 공존하지만 소수의 높은 카스트 계급 출신 정치 엘리트들에 의해 힌두 국가로서의 성격만 인정되고 있죠. 그러다 보니 정당 민주주의 체제에 수많은 허점이 생기고 고위 정치인들이 무분별한 암투와 부정부패를 일삼았습니다. 몇십 년만에 얻은 민주화의 결실이 겨우 12년 만에 허사가 된 것도 이상할 게 없었습니다.

민주화를 더욱 더디게 만든 것이 또 있습니다. 1996년부터 한시도 끊이지 않고 이어진 내전이죠. 갸넨드라스Gyanendras 왕의 갖은 야욕에 맞서 마오쩌둥주의자들이 반군을 형성해 내란을 일으킨 거예요. 2001년 왕궁에서 끔찍한 학살이 자행됐는데 그 이듬해인 2002년 10월 4일 진상이 제대로 밝혀지지 않은 채 갸넨드라스가 왕위에 올랐죠. 2005년 2월 1일에는 집권을 확실시 하고 국가비상사태를 선포하면서 쿠데타에 성공했습니다.

갸넨드라스 왕에게는 자신에게 충성을 바치는 막강한 군대가 있었습니다. 그들이 행하는 엄격한 언론검열 때문에 2005년 2월 1일 일어난 쿠데타 사건은 네팔 신문에서 완전히 왜곡되어 다뤄졌고, 다른 주제의 기사조차 거의 읽을 수준이 안 되었습니다. 다만 몇 년 사이 다시 용기를 얻은 일부 언론이 수많은 장애를 넘어서 조금씩 비판적인 기사를 싣기 시작했습니다. 물론 지금 내가 하는 일은 그런 것과는 조금 거리가 먼 것입니다만."

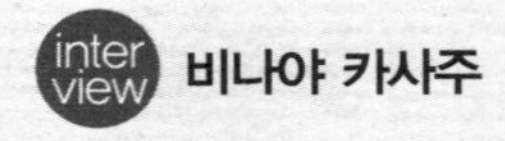

"확성기 방송, 연극, 커뮤니티 라디오"

"일단 알아두실 점은, 네팔의 농촌·산촌 지역 주민들이 활자를 볼 기회가 거의 없다는 점입니다. 기껏해야 구입한 상품에 찍힌 상표나 마오쩌둥주의자들 혹은 정부 쪽의 정치선전물이 전부죠. 하지만 지식과 정보를 누리지 못한다면 농촌 지역이 경제적으로 잘살 수 있는 가능성도 희박합니다. 지금 우리는 아주 조금씩 변화를 추구하고 있습니다. 신문이라는 활자 기반의 정보를 제공하는 것도 중요하지만, 주민 반 이상이 글을 못 읽기 때문에 다른 방식으로 정보에 접근하고 공유할 수 있도록 도모합니다. 그래서 확성기 마을 방송, 연극, 특히 커뮤니티 라디오(동네·지역 방송) 같은 대안적 매체를 적극 활용합니다.

국가가 운영하는 대중매체는 농민들의 필요와 동떨어져 있습니다. 주민들에겐 여기 농촌에서 더 잘 살게 도와주는 진짜 정보들이 더 요긴한데 말이죠."

커뮤니티 라디오가 지역사회에 어떤 공헌을 하고 있습니까?

"커뮤니티 라디오는 전문가가 만드는 게 아닙니다. 그 고장의 농부, 기술자, 예술가, 교사, 마을대표들이 모여 무슨 프로그램을 어떤 내용으로 편성해서 방송할지 직접 결정하고 만들죠. 그러니 각 지역에서 당장 관심 있는 내용을 다루게 되지요. 라디오에서 모집행사를 하면 많은 사람들이 응모하고 프로그램 편성에 직접 참여하기도 합니다. 고장의 생활여건을 개선하는 데 도움이 되는 다양한 내용도 방송해요. 동네 소식이라든지, 그 지역에 관련된 수질 문제, 해

> 라디오 방송국이나 신문을 만들어 우리 지역 주민들이 직접 자기 동네 주민들에게 전할 뉴스를 생산해보게 합시다. 주민들의 관심을 끌고 그들에게 정말 필요할 만한 뉴스와 정보를 말이죠. 그때의 뉴스는 단순한 소통을 넘어선 것이 되며, 직접적이고 눈으로 뚜렷하게 확인할 수 있는 최고의 개발 프로그램이 됩니다.

충 박멸, 작황, 재배하기 좋은 채소 종류, 괜찮은 경작법 등 생생한 최신 정보가 그런 것들이죠."

어디서 태어나 어떤 성장기를 거쳤는지 알려주세요.

"1947년 팔파Pallpa에서 태어났어요. 누이 셋과 형제 둘이 있습니다. 어머니가 워낙 종교적이셔서 저도 그 영향을 받았습니다. 아주 어릴 적부터 현자나 요기가 우리 마을을 찾을 때면 빠짐없이 만날 정도였습니다. 나는 이타심이란 무엇인지, 어떻게 하면 선한 사람이 되는지, 사람으로 태어나서 해야 할 일이 무엇인지에 대해 그분들과 이야기를 나눴습니다. 천국과 지옥, 종교에 대해서도 묻고 답했지요. 그러다 보니 나 자신이 아닌 남을 위해 사는 것이 좋은 일이라는 신념이 자리 잡았습니다.

나중에 대학을 다니려고 카트만두에 와서도 늘 남들에게 봉사하라고 강조하신 스승이 계셔서 큰 영향을 받았습니다. 인도 바라나시에 가기도 했습니다. 거기 가면 경건하게 사는 이들을 많이 만나서 힌두 철학을 논할 수 있을 거라 생각했죠. 그땐 심지어 뭔가 음식을 먹을 일이 생기면 그 전에 꼭 사원에 가서 기도를 올렸어요. 철저한 채식주의를 지켰고 통틀어 12년 동안 고기는커녕 달걀도 입에 대지 않았습니다.

그렇게 정치학을 전공해서 대학을 마치자, 이번엔 교사 입장에서 정치를

비나야 카사주와 이야기를 나누며

가르치게 되었습니다. 그러자 내 모든 관점이 180도 달라졌습니다. 그토록 강했던 종교적 태도를 버리게 된 겁니다."

어떤 계기로 언론운동가가 되셨습니까?

"정치에 참여하고 목소리를 내는 일이 점차 위험한 일이 되자 고향 팔파로 돌아와서 책방을 열었습니다. 이때 언론과 정보가 사회를 바꾸는 유용한 방도라는 걸 알았죠. 고심 끝에, 친구들을 모아 신문을 펴내기로 하고 준비를 시작했습니다. 그러던 중 누군가 농민들이 읽을 신문, 그것도 그 지역사회 사람들이 기자가 되어 만드는 신문을 펴내면 어떻겠냐고 물었어요. 이거다 싶었지만 생각만큼 일이 잘 진척되지 않았죠.

한데, 어느 날 팔파 지역장께서 우리한테 시찰을 나오더니 3년간의 지원금을 약속했어요. 그 덕에 비로소 〈팔파 농촌 발전〉이라는 제호로 신문을 창간했죠."

이 신문만의 특징과 취지가 있다면요?

"제대로 신문을 만들려고 농민들을 직접 만나고 다녔어요. 뭐가 문제고 뭐가 고민인지, 뭘 가장 관심 있어 하는지 물어봤지요. 그렇게 해서 네팔 최초로 제1면에 왕도 정치가도 아닌 농민에 대한 기사가 나오는 신문이 발간된 겁니다.

그야말로 센세이션이었죠. 네팔 신문 90퍼센트가 정치 주제만 다룰 뿐, 농민이라는 사람들을 다룬 기사는 말할 것도 없고 그들이 무슨 고민을 하고 어떻게 살고 있는가는 전혀 신경 쓰지 않기 때문입니다. 그런데 우리 신문은 농민들에게 중요한 것이라면 뭐든 기사로 실었습니다. 특히 농촌 수입이 늘어날 수 있는 방법을 비중 있게 다뤘죠.

그러다 보니 카트만두, 즉 대도시 출신 기자가 아닌 전혀 새로운 기자들이 있어야겠다는 결론이 나왔죠. 마을 출신 기자들, 혹은 스스로가 농민인 기자들 말입니다. 그때부터 본격적으로 마을 주민들을 교육하기 시작했습니다. 교사, 주부, 공무원도 거기 포함되었습니다. 지금까지 7백 명 넘게 교육을 받았고 지금의 '맨발 기자단'으로 탈바꿈했습니다."

카사주 씨에게 '성공'은 어떤 말입니까?

"나는 우리 신문의 발행 부수나 라디오 청취율로 성공을 재지 않습니다. 시작한 지 얼마 지나지 않아 변화가 분명히 감지됐어요. 농민들이 자기 일에 자부심을 갖기 시작한 겁니다. 친구들, 가족들, 낯모르는 사람들에게도 자기 직업에 대해 말했습니다. 갈수록 자신감이 붙고 용기가 생겼습니다. 요구할 건 요구하고, 대안을 찾고, 스스로 판단하고 결정했습니다. 우리가 한 일로 농민들이 더 능력 있고 더 강해졌습니다. 이게 진짜 성공이죠. 미디어와 통신수단이 사회를 바꾼 겁니다. 더욱이 우리 농민들에겐 그런 것들이 정보 제공에 그치는 게 아니라 눈으로 확인되는 직접적인 발전 과정이기도 합니다."

앞으로의 계획에 대해 얘기해주세요.

"나의 꿈이자 비전은, 언젠가는 누구든 이 나라에서 국가에 검열 받지 않고 글을 쓰고 출판할 기회를 가질 수 있는 때가 오는 겁니다. 또한 네팔에 민주 정부가 들어서길, 소외받는 농촌 주민들에게 더 많은 기회가 가기를 원합니다. 그리고 앞서도 말했듯, 나는 나 자신이 아닌 남을 위해 살고 싶습니다."

이 대목에서 우리는 한동안 숙연해졌다. 내가 너무 부끄러웠고 한없이 작게 느껴졌다. 지금 내 삶의 태도는 카사주의 그것과는 몇억 광년쯤 떨어진 것 같다. 나중에 얘기해보니 친구들도 똑같은 생각에 부끄러움을 느꼈다고 고백했다. 우리를 쳐다보는 카사주의 눈빛이 마치 우리가 어떤 기분인지 꿰뚫어보는 것 같다. 얼마간의 침묵을 깨고 그가 와락 웃음을 터뜨리며 말한다.

"얘긴 이 정도 했으면 됐고, 우리집으로 갑시다. 아내와 인사도 하시고, 카트만두에 있는 동안 우리집에서 묵으세요."

'맨발 기자들'과 만나다 ____ 이튿날 직접 견학하러 나섰다. 카트만두에서 좁은 산간도로를 지나 세 시간쯤 차를 타고 팔룽Palung에 도착했다. 멀리서도 붉은색과 흰색 줄무늬의 송출탑이 보인다. 이 송출탑에서 나오는 정보는 인근 30만여 주민의 삶과 직접 맞닿아 있으며, 주민들이 다른 일을 도모하고 계획하는 데 쓰인다. 예컨대 갖가지 식료품의 시장여건, 작물재배 정보는 물론이고 농촌의 일상과 가정생활을 돕는 흥미로운 내용도 있다.

방송국의 직원들이 다정하게 맞아준다. 통틀어 서른 명이 매일 방송제작에 참여하는데, 그중 여섯은 상근직으로 임금을 받고 나머지는 자원활동가라서 따로 급여를 받지 않는다. 라디오 방송국 운영에 드는 비용은 대개 광고 수입으로 충당한다. 농민들이 한참 들에 나가 일하는 시간

온 에어 – 라디오 팔룽의 PD와 함께.

에는 어차피 방송해도 들을 사람이 없으니까 오전 다섯 시간, 저녁 다섯 시간만 방송한다.

부처와 함께 열반에 들다 ___ 다음 날 다른 라디오 방송국을 또 들르고 싶은 욕심이 들었다. 카트만두에서 포카라Pokhara로 가는 605편 비행기의 승무원들은 스무 명의 승객을 안심하게 하려고 사탕을 나눠준다. 승무원들이 두 갈래의 좌석 구간 사이로 난 좁은 통로를 지나려면 허리를 푹 숙여서 종종걸음을 쳐야 한다. 딱 20분만 이렇게 날아가면, 히말라야 산맥을 누비며 현기증 나는 버스여행을 하지 않아도 된다. 게다가 말이 여덟 시간이지, 2백 킬로미터가 넘는 구간 곳곳에서 쉼 없이 군인들의 검문검색에 시달려야 한다.

조종석이 훤히 뚫려 있어 이륙 과정이 더 생생히 느껴졌다. 살 떨리는 몇 분이 지난 뒤 정신을 차리고 보니 카트만두가 발밑으로 쑥 내려가 있고 멀리 북쪽으로 구름 뒤에서 히말라야의 웅장한 봉우리들이 보인다. 만년설을 머리에 얹고 구름 양탄자에 둘러싸인 산봉우리들의 위용을 보고 있자니 꿈꾸는 듯한 기분이다. 저 차가운 빙벽에서 에드먼드 힐러리 경부터 시작해 라인홀트 메스너에 이르는 온갖 용맹무쌍한 등반기가 탄생했구나. 어릴 적 수많은 셰르파Sherpa와 등반가들이 낳은 비극과 무용담에 감동받은 게 한두 번이 아니었는데. 지금은 해외 관광객들의 등반 체험 열기가 갈수록 늘어나다 보니 그들이 와서 뿌리고 가는 많은 돈으로 셰르파 주민 전체가 먹고 산단다. 때론 돈뿐 아니라 생명을 뿌리고 가는 사람들도 있다지만.

해발 850미터 높이의 전원도시 포카라는 1970년대 히피들이 찾아와 세상에 알려진 도시다. 지금은 히피들의 모습이 거의 보이지 않는다. 부드럽게 내리쬐는 햇살과 근사하고 차분한 분위기를 지닌 이 낙원 같은 도시를 보고 마음이 들뜬 것은 잠시뿐, 다시 현실로 눈을 돌리기로 한다.

도시 경계를 이루는 호숫가 주변에는 주민들이 운영하는 관광시설이 늘어서 있다. 독일을 비롯한 서구 대사관들이 네팔에 대해 여행 경보령을 내린 뒤라(개인적으로는 과잉조치라고 생각하지만) 그런지 오가는 관광객들에 비해 호텔, 술집, 기념품점이 너무 많은 상황이다. 가게 주인들이 특히 안됐다는 생각이 든다. 저들 중 대부분이 오늘도 아무 매상 없이 문을 닫아야 할 뿐더러, 산더미 같은 대출금은커녕 이자 일부 갚는 것조차 꿈도 꾸지 못할 테니까.

라디오 힘출리 FM ____ 우리가 묵은 호텔은 한 친절한 가족이 운영하는 곳이었다. 짐을 챙겨 체크아웃을 하고는 네팔에서 가장 큰 커뮤니티 라디오 방송국을 찾아 나섰다. 도심에 위치한 라디오 힘출리Himchuli FM은 삐죽 솟은 안테나 때문에 멀리서도 쉽게 알아볼 수 있었다. 두 명의 PD 중 한 사람인 카말 파라줄리Kamal Parajuli가 우리를 반갑게 맞아주었다.

방송국에서 일하는 유급 직원은 40명, 하루 16시간의 프로그램을 제작해 백만 명쯤 되는 청취자에게 전달한다. 카말은 2000년 창립 당시 방송허가를 얻기가 얼마나 힘들었는지 이야기해줬다. 네팔의 이런 커뮤니티 라디오들은 항상 정부의 감시와 통제를 받았고, 정치적 성향이 다르다는 이유로 방송금지를 받는 일이 허다했다. 그렇게 말하는 제작진들 눈에서 투지가 넘쳐나는 걸 보니, 앞으로도 카트만두 권력자들의 탄압을 너끈히 이겨낼 거라는 생각이 저절로 든다.

다시 수도로 ____ 저녁 무렵 다시 비나야 카사주의 집을 찾았다. 반갑게 맞아주는 언론운동가의 얼굴이 밝다. 우리 얼굴도 한층 밝아졌다나. 사실 지난 3일간 산도 타고, 자연을 누빌 시간이 있었는데 그때가 우리에겐 귀중한 휴가였던 셈이다. 다음 목적지로 떠나기 위한 원기도 충전하고, 인터뷰나 보고문 작성을 떠나 많은 이야기를 하면서 하나의 팀이라는 소속감도 나눴다. 헤어질 때 카사주가 한 가지 귀띔을 한다. 우리와 얘기를 나눈 것이 많은 영감을 줬다면서, 자신의 자서전에 "장사꾼에서 커뮤니티 라디오로"라는 한 대목을 새로 써 넣겠다고 한다.

뿌듯한 마음을 안고 카사주에게, 그리고 우리가 무척 좋아하게 된 그의 부인에게 작별인사를 했다. 계속 연락을 서로 주고받자는 약속도 잊지 않았다. 네팔에서 보낸 한 주는 너무나 좋고 흥미진진해서 이 나라를 떠나기가 무척 아쉬웠다. 마음속으로 되뇌어 본다. "꼭 다시 올게요!"

좀 더 알고 싶으세요?

커뮤니티 라디오 Community Radios

비나야 카사주는 네팔 농촌 벽지의 주민들을 위해 특별한 형태의 통신수단을 마련했다. 그의 모토는, 지식과 정보 없이는 어떤 경제적 발전도 없다는 것. 그래서 그와 동료들은 지역 방송국, 신문, 확성기 마을 방송, 연극공연 등으로 그 고장사람들이 당장 필요로 하는 뉴스와 정보를 부지런히 전한다. 물 문제, 해충관리, 수확기법, 채소품종과 재배방법 등이 중요한 기사거리. 이런 각종 미디어를 전문기자들이 아닌 지역 주민 스스로 제작하기 때문에 더욱 생동감이 넘친다.

● 홈페이지	www.kasajoo.com
● 위치	네팔, 카트만두
● 활동가 현황	비나야 카사주는 현재 혼자 일하며, 자원 활동가가 일할 여건이 안 된다고 함.
● 숙박 및 식사	카트만두에는 여행자와 자원봉사자들이 묵을 만한 숙소가 많다. 네팔식 식단(쇠불고기 등)과 서구 식단이 공존함.
● 이메일	vinaya@wlink.com.np

인도 서브 SERVE

지역 전체가 다 같이 잘 사는 길

Matti
마티의 이야기

국경 가는 길에 일어난 깜짝 사고

"때르릉, 때르릉, 때르르르릉!" 오전 3시 30분. 자명종이 울린다. 게스트하우스의 침대에서 억지로 몸을 일으켜 주섬주섬 서둘러 배낭을 챙긴 우리는 총알같이 내닫는 택시를 타고 카트만두 버스터미널로 향한다. 히말라야 등산 때 만나 친구가 된 수빈과 작별인사를 하고, 인도 북동부로 통하는 국경까지 타고 갈 버스에 올라 열다섯 시간의 여행을 시작했다.

몇 시간 뒤, 불편하기 짝이 없는 버스 좌석에 웅크린 채 정신없이 잠에 빠졌던 우리는 뻣뻣해진 목을 들고 깨어났다. 차 안에 있는 대부분의 네팔 사람 역시 꾸벅꾸벅 졸기는 마찬가지다. 그러나 차창 밖에 떠오르는 해가 하나둘 승객을 깨웠고, 버스는 어느새 산악 지대를 벗어나 열대 평야를 가로질러 국경을 향하고 있다.

그렇잖아도 인도에서부터 계속된 기차와 버스 여행에 지친 우리에게, 네팔 승객들의 입담이며, 왔다갔다 덜컹대며 흔들리는 버스 소음이 거의 진정제 효과를 발휘했던 차였다. 그런데 갑자기 귀청이 떨어져나갈 듯한 굉음에 모두가 기절초풍하며 일어났다. 버스가 튕겨져나갈 듯 심하게 흔들렸다. 숨이 콱 막혔다. 나는 앞 좌석 손잡이를 꽉 움켜쥐면서, 순간 이대로 죽을지도 모르겠구나 싶었다. 다행히 운전기사가 가까스로 차를 통제한 모양인지 백 미터쯤 더 가서 겨우 버스가 멈췄다.

다들 무슨 일인가 싶어 버스에서 우르르 내렸다. 멀찌감치 반대편 차선에 완전히 찌그러진 트랙터 한 대가 나뒹굴고, 트레일러 바퀴 하나가 길가 풀밭에 놓여 있다. 이 바퀴가 우리 버스 뒷바퀴에 걸려든 모양이다. 버스 타이어 외륜이 심하게 찌그러졌지만 교체하면 큰 지장이 없을 정도다. 모두가 안도의 숨을 내쉰다. 다행히 다친 사람은 아무도 없다.

불행 중 다행이지만, 어쨌든 트랙터를 몰던 농부와 버스기사 간에 누구한테 잘못이 있는지, 누가 손해를 책임질 것인지를 놓고 격한 말다툼이 오간다. 두 사람 주변으로 점점 많은 사람들이 구름처럼 몰려든다. 수리비용이 꽤 많이 나올 거라는 건 누가 봐도 뻔하다. 둘 중 한 사람은 보험이 있겠지. 어쨌든 버스와 트레일러를 수리하려면 양쪽 당사자의 몇 달치 수입이 날아갈 것 같다. 두 시간쯤 지나고 나서야 겨우 시비가 마무리되고 버스는 다시 출발했다.

버스 주변의 소동. 사고는 누구 탓?

정말 중요한 건 진짜 돕기로 마음먹느냐 아니냐죠. 돕기로 결심하면 현실적인 개념을 세워야 하고, 그 개념을 제대로 실천할 사람들이 필요해지죠. 그리고 가능한 많은 돈을 구해서 믿을 만한 단체 손에 맡겨야죠. 이번엔 이 단체가 WWF였습니다.

권터 팔틴 교수

예정보다 조금 늦은 저녁, 국경 근처 숙소에 도착했다. 이튿날 아침 아무 문제없이 국경을 통과해 다시 인도로 입국했다. 지프를 타고 다섯 시간을 달려 평야에서 인도 북동부의 히말라야 끝자락 쪽으로 올라갔다. 여기가 바로 향기로운 차가 나기로 유명한 다르질링Darjeeling이다. 그리고 이 명품 차가 우리가 이곳을 찾은 이유다.

테캄파니에 – 다르질링을 위한 '마셜 플랜'

이곳에서 우리가 보게 될 것은 WWF(World Wide Fund For Nature – 세계자연보호기금)이 주관한 프로젝트 중 하나다. 재정적 지원을 맡은 곳은 독일의 차茶 수입업체 중 하나인 '테캄파니에Teekampagne'다. 우리는 생산지 환경과 주민들의 삶을 장기적으로 윤택하게 하기 위해 이 회사가 이윤을 어떤 식으로 재투자하고 있는지 알아보고 싶었다.

다르질링에는 전 세계에서 알아주는 최고급 품질의 차가 생산된다. 테캄파니에는 이 양질의 차를 수입하되, 그 어떤 회사보다 싼 값에 되판다. 가격을 마음대로 조정하는 중간상을 배제하여 생산현장에서 직접 차를 구입하고, 한 가지 품종만 집약적으로 취급하여 저장과 관리에 드는 비용을 최소화한다. 그리고 반드시 대용량으로만 소비자에게 판매하여 포장비용도 한층 절약하는 것이 바로 테캄파니에의 저가전략 비결이다.

그 덕분에 테캄파니에는 독일에서 가장 크고 가장 판매량이 많은 다르질링 차 수입업체가 되었다.

심사숙고가 엿보이는 이 사업 아이디어는 베를린 기술종합대학교 경영전문분과를 이끄는 귄터 팔틴Gunter Faltin 교수의 머리에서 나온 것이다. 팔틴 교수의 아이디어는 상당한 이윤을 불러왔다. 그러나 교수는 개인이 이익을 독차지하지 않고 대부분 WWF가 주관하는 다르질링 지역사회 개발 프로젝트에 환원했다. 이 프로젝트는 '환경을 지키고 삶의 원동력인 일자리를 만들자!(Save the Environment and Regenerate Vital Employment)'는 좀 긴 이름이다. 줄여서 'SERVE'로 불리는 이 사업은 다르질링의 경작지와 생활공간을 더 계획적이고 장기적인 안목으로 활용하는 데 주안점을 둔다. 그래야 다르질링 지역이 앞으로도 내내 최고

딴 찻잎은 일일이 무게를 달아 분류한다.

다르질링의 차밭에서 찻잎을 따는 노동자들.

급 차 원산지로 남을 수 있고 더 많은 인구가 이곳에 정착해서 안정적으로 생계를 꾸릴 수 있기 때문이다.

연약한 차나무의 땅에서 ___ 19세기 인도는 이른바 대영제국에 속하는 식민지였다. 당시 영국의 식민 통치세력은 해발 2500미터인 히말라야 기슭의 땅을 차나무를 심는 데 활용했다. 그러면서 국경 인접 지역의 네팔 농민들이 이곳의 거친 산간 지역 환경을 잘 알고 잘 적응할 것이라 판단하여 몇십 년간 소작할 농지를 나눠주었다. 그렇게 수십 년이 지나면서 차 수확은 나날이 풍년을 이루었고 다르질링 차는 세계 굴지의 고급 차로 인정받았다.

현재 이 지역 면적 중 18퍼센트가 차 재배와 생산에 쓰인다. 그리고 지금 이 1만 8천 헥타르의 농지를 임대하는 주체는 인도 정부로 바뀌어 있다. 가장 큰 5대 임차인 그룹 중 네 명은 인도 기업과 변호사고 이들이 차 경작지의 85퍼센트를 서로 나눠 갖는다. 운영과 관리는 이들이 고용한 농장지배인이 맡아 한다.

하지만 지금 다르질링은 황금기를 지나고 악전고투 중이다. 수확량도 몇십 년 전보다 확 줄었다. 개방된 세계시장에서 경쟁자들이 많이 늘어나서 생산량이 저절로 줄어든 것도 있지만, 근본적인 원인은 지력이 약해지고 찻잎이 훨씬 덜 달리게 된 데 있다. 1960년대부터 화학비료와 살충제를 남용한 뒤끝이 무척이나 안 좋았던 것이다. 게다가 농장주 대부분이 눈앞의 짧은 이익만을 좇다 보니 수명이 다한 늙은 차나무를 뽑아내 싱싱하고 젊은 나무로 바꾸어 심기를 꺼렸다. 그러다 보니 다르질링에는 백 년도 더 된 초고령 나무가 즐비하다.

이런 허점투성이 관리 탓에 5만 명 넘는 정규 임금노동자와 그 가족의 삶이 심각하게 위협받고 있다. 지금은 네팔 출신 농민 제3세대가 여전히 차 재배와 생산에 직접 관여하고 있다. 다르질링의 농민들 사이에는 탄탄했던 그들의 수입원이 날아갈까 하는 근심과 불안이 팽배하다.

생태, 교육, 양봉 ____SERVE를 이끄는 프라바트 라나Pravat Rana는 편안하고 진심어린 태도로 그들이 하는 세 가지 영역의 활동들을 차근차근 알려주었다.

1. 새로운 수입원 : 첫 번째 운동은 차 재배와 직접 맞닿아 있는 영역이다. 이곳 주민 인구가 계속 늘어남에 따라, SERVE는 그들의 수입원을 새로 발굴하는 데 포괄적인 노력을 기울인다. 지금까지 차 농장에서 일하고 거주하는 주민들의 수입은 오로지 찻잎을 따는 일이었는데, 지금은 그 수입이 늘어날 가망은커녕 영구적으로 지속되기도 힘들어진 상황이다.

그래서 나온 아이디어가 이곳의 이국적인 식물과 동물을 활용한 생태관광 사업이다. 또 이곳 주민의 집을 개조해 여행객들에게 민박을 제공하고 지역 사람들 가운데 일부를 생태관광 가이드로 교육하기도 한다.

또 농민들이 선택한 한 가지 방법은 가능하면 차밭을 최대한 친환경농법으로 가꾸는 것이었다. 비싼 화학비료 대신 유기비료를 써서 지력을 회복시키고, 이 고장에서 나는 것으로 만든 거름으로 이 고장 사람들이 직접 땀 흘려 비료를 만든다. 특히 차 농사에 직접 관여하는 주민들에게 강의를 실시해서 생태자원 활용에 대한 뚜렷한 의식을 고양하기도 한다.

2. 다시 숲이다 : SERVE의 두 번째 활동 영역은 헐벗은 자연을 다시 울창한 숲으로 되돌리는 조림사업이다. 거의 나무가 없든지 아니면 대나무

같은 단일종만 무성하던 임야에 이 지역 기후와 일치하는 다양한 나무와 식물을 심었다. 그렇게 1993년부터 쭉 2백 헥타르가 넘는 면적의 조림을 해왔다. 거기 들어간 묘목은 이 지역 20여 곳의 묘목단지에서 키워 가져온 것들이다. SERVE는 이 작업을 창안한 뒤, 진행사항을 확인하고 검사하는 일만 한다. 실제 일의 진행은 지역 주민들이 부업식으로 맡아서 하고 SERVE로부터 임금을 받는다.

3. 모델마을 사업 : 세 번째 사업은 이른바 모델마을 사업이다. 주민들이 마을 발전을 위한 특정 사업에 최대한 자발적이고 적극적으로 참여할 의욕을 충분히 보이는 마을을 찾아서 모델마을로 선정하는 식이다.

이 사업은 예외 없이 자원을 최대한 아껴 운영하면서도 더 많은 수입을 지속적으로 내며 외부나 자본에 의존하지 않게 돕는 프로그램이다. 작게는 벌통을 치는 가내 양봉부터 화학농법이 아닌 유기농법으로의 전환, 그리고 통합 생태관광 도입과 운영까지 여러 스펙트럼이 여기 포함된다.

사냥꾼의 차밭에서

프라바트 라나는 WWF에서 제공한 지프로 우리를 방글라데시로 건너가는 국경까지 데려다주겠다고 했다. 우리로서야 감사한 일이었다. 출발 10분 뒤, 얀은 선글라스를 놓고 온 것을 떠올렸다. 다시 차를 돌려야 했다. 팀은 얀이 물건을 놓고 온 것을 꽤 즐거워하는 듯했다. 얼마 전 팀이 마이크를 안 챙겼을 때 얀한테 꽤 당한 모양이다. 언제부턴가 우리 사이엔 누가 제일 자주 물건을 놓고 오거나 잃어버리는지 가리는 일종의 게임 심리가 생겨났다. 과연 셋 중에 누가 왕관을 차지할지는 두고 볼 일이다. 다행히 나는 아직까지는 그 자리에 오를 가능성이 희박하다.

가는 길에 라나는 우리에게 특별한 선물을 안겨줬다. 바로 차 거래상들과 생산자들 사이에서 상당히 유명세를 타고 있는 바네르지Banerjee를 소개해준 것이다. 바네르지는 다르질링에서 유일하게 자기 소유의 차밭에 집을 짓고 식구들과 살면서 직접 차 농사를 짓는 농장주다. 그래서인지 그는 차밭을 그냥 차밭이라고 하지 않고 '사람과 자연이 함께 사는 생명공동체'라고 부른다.

바네르지 집안은 다르질링에 차 생산지가 생성된 시점부터 4대째 이곳을 지키며 농사를 짓고 있다. 이 농장에서 나는 차는 그야말로 일품이라서 일본과 독일에까지 수출된다.

사무실에서 우리를 맞이한 바네르지는 45분간 혼자서 다류 경제의 세계화를 어떻게 극복하고 지속가능한 생산과 경영을 할 수 있을지에 대해 열정적으로 강의했다. 그에게 가장 중요한 것은 '개인의 책임감'이라고 한다. 농민 한 사람 한 사람이 정당하게 제대로 일해서 이익을 내야 한다는 것이다. 알아듣기 쉽게 비유를 곁들인다. "젖소를 돌보는 것이 돈 받고 일을 하는 심부름꾼이냐 아니면 젖소 주인 자신이냐에 따라 나오는 우유는 두 배나 차이가 납니다." 바네르지는 이 차 농장에서 일하는 소작농들이 열과 성을 다해 능동적으로 일하고, 장기적으로 소득을 올리는 데 주력하게끔 소유 구조를 합리적으로 바꾼 것 같았다. 그러면 소작농은 물론이고 당연히 농장주인 바네르지도 이익을 보게 된다.

바네르지한테서 풍기는 군인 같은 인상 때문에 식민지 시대 영국인 농장주, 아니면 1만 년 전 평야를 누비던 원시 사냥꾼이 생각난다. 사무실에 걸려 있는 박제된 벵골 호랑이 때문이기도 할 거다. 아마도 바네르지 선조가 잡은 놈이 아닐까 싶다. 그런데도 성품이나 태도는 꽤 나긋나

긋해서 그런 첫인상이 쉬이 사라진다. 말할 것도 없이 바네르지도 사회적 기업가였던 거다.

그와 더 이야기를 나누고 싶었지만 국경까지 갈 길이 까마득해서 자리를 정리할 수밖에 없었다. 헤어질 때 그는 자기가 쓴 책을 건넸다. 그는 빙그레 웃으면서 책 안에 사인을 해주었는데, 꼭 방글라데시 다카 Dhaka에 가서 그 사인을 읽으라며 '명령'을 내린다.

다르질링을 요약하며 ____ 다르질링은 의심할 나위 없이 현재 큰 난관에 직면해 있다. 이곳 사람들이 장기적으로 생계 가능한 수입을 확보하는 일이 급선무다. 제일 큰 문제는 농장주들의 태도다. 이들은 다르질링의 생활여건을 장기적으로 안정화하는 것에 관심이 없다. 그저 가능한 오래 차 농장을 운영해 돈을 벌고 싶을 뿐이다. 거기에 지속가능한 차 생산을 위한 투자나 참여 따위는 없다. 이곳 땅이 지력이 완전히 떨어지고 너무 늙어버린 차나무들이 더 이상 소출을 내지 못하면 농장주들은 더 이상 임대차 계약을 연장하지 않을 게 뻔하다.

이곳의 문제에 대처하려면 SERVE 같은 사업이나 프로젝트 단체들이 필수다. 지금 해놓은 결과만 해도 충분히 고무적이다. 테캄파니에 외 다른 회사나 차 농장주들에게도 좋은 모범이 될 수 있다. 그래야 몇십 년 뒤에도 다르질링이 여전히 세계 최고의 차 생산지로 남지 않을까?

이 여행을 떠나기 전 독일에서 테캄파니에의 창업자 권터 팔틴 교수를 만나 이야기를 했을 때, 그는 이렇게 말했다. "다르질링 차 농민들의 생계수단을 새로 만들어주거나 개선하거나, 아니면 새로운 수입원을 창출해 주기 위해 내가 반드시 다르질링에 직접 살아야 하는 건 아닙니다. 정

다르질링 차 농장 85개소 중 한 곳에서 찻잎을 따는 여성 노동자.

말 중요한 건 진짜 돕기로 마음먹느냐 아니냐죠. 돕기로 결심하면 현실적인 개념을 세워야 하고, 그 개념을 제대로 실천할 사람들이 필요해지죠. 그리고 가능한 많은 돈을 구해서 믿을 만한 단체 손에 맡겨야죠. 이번엔 이 단체가 WWF였습니다."

좀 더 알고 싶으세요?

서브 SERVE

독일 베를린 대학 귄터 팔틴 교수가 설립한 차 수입상사 '테캄파니에'는 차 판매에서 얻은 수익으로 WWF, 즉 세계자연보호기금이 진행하는 프로젝트를 후원한다. 프로젝트 목표는 다르질링 차 재배 지역의 주민들의 생계 기반을 개선하는 것이다. 차밭에서의 노동만으로는 더 이상 안정적인 생활이 어려운 것이 현실이다. 몇 안 되는 차 농장주들이 무분별하고 맹목적으로 이윤만 좇다 보니 지난 몇십 년간 땅이 망가지고 소출이 급격히 줄었다. SERVE는 이런 현실을 극복하기 위해 차 생산 외에도 생태관광 등의 새 수입원을 개발하기도 하고, 친환경 생태 농업을 적극 장려한다. 또 교육 프로그램을 추진하고 다양한 수종을 심어 조림사업을 펼치는 등 다각도의 지역 자활을 도모한다.

● 홈페이지	www.wwf.org (WWF) www.wwfindia.org (WWF 인도 지부) 트위터 @wwfindia
● 위치	인도 서벵골 주, 다르질링
● 활동가 현황	상근 활동가 9명, 시간제 활동가 3명. 모두 인도인이다.
● 도움이 필요한 일	참여 가능한 분야가 그때그때 바뀌기 때문에 가까운 WWF 지부에 문의하거나 '테캄파니에'에 문의하는 것이 좋다.
● 숙박 및 식사	호스텔이나 호텔 등에 자비부담으로 숙식해야 함.
● 사용 언어	영어, 힌두어

방글라데시 — 웨이스트 컨선 Waste Concern

다카의 쓰레기 처리소

Tim 팀의 이야기

지프에 몸을 싣고 방글라데시로

다르질링에 대한 기억을 머릿속에서 정리해보려고 애쓰는 중이다. 방금 전까지 봤던 그림 같은 차밭과 둥근 구릉이 어우렁더우렁 초록의 양탄자처럼 펼쳐져 있는 아름다운 풍경이 아직 눈에 선하다. 그 초록 양탄자 위에 눈부실 정도로 화려한 여인들이 꽃무늬처럼 점점이 흩뿌려 있다. 그 색색가지 점들은 가끔 격의 없는 농담을 주고받으며 깔깔 웃음을 터뜨린다. 이 아름다운 차밭 뒤로 웅장한 히말라야가 묵묵히 병풍처럼 버티고 서 있다.

하지만 동시에 쓰러져 가는 오막살이들과 말 없고 소심한 주민들, 웃음과 희망이 사라진 그곳 사람들의 얼굴이 떠오른다. 아이들의 얼굴도 기억난다. SERVE가 온 힘을 기울여 일하고 있긴 하지만 생계를 위해 어쩔 수 없이 고향을 등지고 인도의 대도시로 떠나야 하는 아이들이 얼마나 많을 것인가! 대농장주들에겐 어차피 농민들과 그 가족의 운명은 관심 밖이다. 나는 무한한 감흥과 동시에 무거운 마음을 안고 다르질링을 떠난다. 이 구불구불한 산길처럼 내 마음도 요동을 치며 선회한다. 이 나라와 이 사람들을 위해 내가, 우리가 무얼 할 수 있을까?

프라바트 라나가 모는 지프의 차창 밖으로 머리를 내밀어본다. 복잡한 머릿속을 이 바람으로 싹 씻어내고 싶다. 지난 2주간 히말라야에서 늘 맞았던 그 선선한 산바람이다. 더구나 밤중에는 하도 추워서 알프스의 눈 내리는 겨울이 떠오를 정도였다.

이제 우리 세 사람은 이 굽이치는 도로를 달려 저 숨 막히는 더위의 땅, 벵골 평야로 서서히 내려가고 있다. 1미터씩 고도가 낮아질 때마다 공기는 조금씩 따뜻해지고 초록빛이 확확 늘어난다. 듬성듬성 메말랐던 숲이 점차 야생 대나무와 고사리, 야자수가 우거진 울창한 풍경으로 바뀐다. 드문드문 튀어나오는 말끔하게 정리된 차밭이 무질서해 보이기도 하는 풍경을 툭툭 끊어놓기도 한다.

방글라데시와 접한 국경에 도착해 라나와 작별 인사를 했다. 얀은 다시 우리끼리 험난한 여정을 뚫고 나가야 한다는 점이 영 불안한 눈치다. 라나도 그런 우리가 방글라데시에서 잘 살아남을 수 있을지 염려되나 보다. 그러나 나에게 방글라데시는 여행을 준비할 때부터 마음을 끌었던 나라다.

방글라데시 - 독립, 그러나 불행한 ____ 1971년부터 방글라데시는 서西파키스탄에서 독립해 하나의 국가를 이루었다. 그전까지는 수십 년간 1500킬로미터 떨어진 이슬라마바드Islamabad(파키스탄의 수도)의 통치자들이 시키는 대로 움직여야 했다.

2차대전이 끝나고 영국 식민정부는 시대가 바뀌었음을 깨닫고 이슬람 국가인 파키스탄을 세웠다. 그때 지금의 방글라데시는 '동東파키스탄'이라는 이름으로 지금의 파키스탄 이슬람 공화국(당시 서파키스탄)에

다카 빈민가에서 전통 방식으로 음식을 만들고 있다.

웨이스트 컨선에서 쓰레기를 발효시킨다.

편입되었다. 그러나 한 국가를 이루는 두 지역은 인도 영토를 사이에 두고 1500킬로미터나 서로 떨어져 있었다. 그 뒤로 수백만의 무슬림 인구가 인도를 떠나 새로운 이슬람 국가로 이주했고 새 정부는 더 큰 서파키스탄에 둥지를 틀었다. 그리고 계속되는 동파키스탄의 독립 노력을 억누르려 틈만 나면 군대를 파병했다. 동파키스탄에는 유혈사태와 잔혹 행위가 끊이지 않았다.

그러나 이제 독립한 방글라데시를 괴롭히는 건 자연재앙이다. 특히 계속되는 홍수 탓에 피땀 흘려 이룩해놓은 시설과 가옥들이 하루아침에 파괴된다. 그러다 보니 독립한지 35년이나 된 방글라데시는 여전히 아시아에서 가장 가난한 나라라는 오명을 씻지 못하고 있다. 2006년 유엔이 발표한 177개국의 인간개발지수(Human Development Index - HDI)에서 방글라데시는 137위를 차지해 아프리카의 최빈국들과 순위를 나란히 했다. 관광이란 이 나라에 없다고 보면 된다. 인구의 80퍼센트 이상이 독

올드 다카의 복잡한 거리 풍경.

실한 무슬림이라는 점도 우리에겐 만만치 않은 난제다. 얼마 전 이슬람교 창시자 무함마드를 캐리커처로 그렸다고 해서 국제적인 논쟁과 갈등을 유발했던 어느 덴마크 만화가가 저절로 떠오른다. 모르긴 해도 이곳에 있는 동안은 꽤 긴장하고 지내야 할 것 같다.

뢴트겐 눈으로 투시되다 ____그 첫 번째 관문. 우리는 여행책자에 나왔던 '뚫어져라 쳐다보기' 현상이 무엇인지 철저히 경험했다. 이 '뚫어져라 쳐다보는' 시선은 국경을 통과하는 순간 시작됐다. 그곳에 있는 모두가 한 사람도 빠짐없이 우리에게 엄청난 관심을 보였다. 길 가던 사람들도 멈춰 서서 마치 엑스레이로 투과하듯 우리 셋을 꼼꼼히 훑어본다. 내가 꼭 다른 별에서 온 외계인이라도 된 기분이다. 한 여성의 강력한 시선을 멈추게 하려고 잠깐 눈싸움, 기 싸움을 해봤지만 몇 초 안 가 손을 들 수밖에 없다. 그 눈에서 나오는 엄청난 포스도 그렇거니와 동시에 뭔지 모르게 착 가라앉아 있는 정적이 나를 압도하기 때문이다. 우리는 잔뜩 긴장한 상태로 신비한 이 나라의 심장, 수도 다카로 데려다 줄 버스에 몸을 실었다.

새벽 네 시 다카에 내리자 아직 주위가 어둡다. 지난번 뭄바이에서 그랬듯 이 도시의 첫인상 역시 미지근한 새벽 공기로 시작하는 듯하다. 우리가 찾아간 게스트하우스도 한낮에 푹푹 찌는 무더위에 대비해 몇 주 전 에어컨을 설치했단다. 밤새 차를 타고 와서 무척 피곤했지만 앞으로의 일을 기대하면서 곤히 잠을 청했다.

웨이스트 컨선, 다카의 쓰레기 처리장

다섯 시간 깊고 달게 잠을 자고 일어난 나는 땀에 흠뻑 젖은 몸을 찬물 샤워로 재빨리 식히고, 친구들과 오늘 미팅을 준비하기 시작했다. 이번에 찾아갈 프로젝트는 '웨이스트 컨선'이라는 이름의 쓰레기 처리장이다. 설립자도 만나볼 예정이다. 숙소에서 멀지 않은 곳에 위치한 웨이스트 컨선의 사무실에 도착하자 회의실로 안내되었다. 기다리는 동안 회의실을 가득 채운 상과 표창을 들여다보고 깜짝 놀랐다. 모두 두 운영자가 받은 것들이다.

웨이스트 컨선의 운영자인 막수드 신하Maqsood Sinha와 이프테카르 에나예툴라Iftekhar Enayetullah 두 사람은 1995년 대학 졸업논문에 필요한 데이터 수집을 하다 만났다. 그러고는 산더미 같은 쓰레기에서 자원을 뽑아 쓰는 방법을 알아내려고 머리를 맞대었다고 한다. 여기저기 찾아가 계획을 얘기하면 사람들은 한결같이 "돌았다"고 말했다.

하지만 그렇게 줄기차게 사람들을 설득하길 10년, 드디어 모두를 놀라게 할 만한 성과를 이룩해냈다. 벽에 붙은 사진들만 봐도 많은 것을 짐작할 수 있다. 코피 아난 전 유엔사무총장, 인텔 경영진, 그리고 여러 나라의 국가수장들과 악수하는 장면이 많다. 그 많은 정치계, 경제계의 국제적 거물들과 만난 이 '영웅들'이 어떻게 우리 같은 평범한 대학생들과 만나겠다고 응낙한 걸까?

두 사람이 문으로 들어서서 우리를 대하는 모습이나 인상만으로도 벌써 호감이 들기 시작했다. 진심어린 웃음과 솔직담백한 악수로 우리 셋을 반겨주는 두 설립자가 마음에 든다. 이미 이 지역에서 두 사람은 잘 알려진 스타가 되어 있다. 우리는 우선 두 사람의 출신을 물어보면서 조심스레 대화의 문을 열었다.

신하 & 에나예툴라

"쓰레기는 자원입니다"

어디서 태어나고 어떻게 자라셨는지 얘기해주세요.

"우리는 둘다 이곳 다카, 즉 도시에서 나고 자랐습니다. 쓰레기 한가운데에서죠. 그래도 이곳이 우리의 진짜 고향이고 집입니다. 우리가 하는 쓰레기 처리 일도 이 도시와 뗄 수 없는 관계죠."

두 분은 어떻게 만났죠?

"대학에서 도시계획 관련 석사 논문을 준비할 때였습니다. 교수님이 우리 두

“어떤 아이디어를 남들이 이해하게 하려면 그게 얼마나 좋은지 주절주절 떠들어댈 필요가 없습니다. 그냥 보여주면 됩니다. 그것이 얼마나 좋은지 인정하게 만들면 되는 거죠. 그래야만 나를 지지하고 후원할 사람들이 생깁니다. 보여주기는 성과를 내는 열쇠입니다.”

사람을 서로 소개해줬습니다. 그리고 서로 친해져서 함께 연구하고 공부하기로 했죠.”

지금의 쓰레기 활용은 어떻게 시작한 겁니까?

“사람들은 대부분 뭔가를 연구할 때 도서관부터 찾아가 책 속에 코를 처박고 있죠. 하지만 그건 문제 해결에 전혀 도움이 안 됩니다. 우리가 고민하던 도시 개발 난제는 쓰레기였습니다. 자나 깨나 우리는 쓰레기에 치여서, 쓰레기에 둘러싸여 삽니다. 우리 둘은 이 문제를 해결하기로 마음먹었어요. 여기서 벗어나려면 단순히 쓰레기를 수거해 어딘가에 모으고 적치하는 차원을 뛰어넘어야 했습니다. 우린 도서관이 아니라 거리로, 사람들이 사는 곳으로 뛰어다녔습니다. 쓰레기가 지금 현재도 여기저기 산처럼 쌓여 있는 빈민가로 말입니다. 눈으로 일일이 보고 살피면서 한 가지 알아낸 사실이 있었죠. 유기 쓰레기는 부엽토가 된다는 것이에요. 유기 배출물을 잘 썩히면 유기 비료가 됩니다. 그러자 너무나 단순한 진리가 튀어나왔어요. 쓰레기는 곧 자원이라는 거죠.”

어떤 방법으로 두 분의 아이디어를 여러 도시와 지역사회가 받아들이도록 했습니까?

“도시의 사람들은 대부분 쓰레기 문제를 가장 귀찮아 합니다. 보통은, 되도록 열심히 싹싹 수거해서 어딘가 모아놓고, 되도록 빨리 잊어버리는 게 지금의 쓰

다카 시 외곽의 쓰레기 하치장에서.

레기 철학이라면 철학입니다. 그러니 당연히 엄청난 비용이 생길 수밖에 없습니다. 다카는 인구 천만이 넘는 도시입니다. 인구밀도는 1제곱킬로미터당 4만 1천 명에 이르고요. 이런 밀도에서 쓰레기를 모아둘 장소라는 건 사실상 존재하지 않습니다. 설사 있다 해도 그 땅값이 감당이 어려울만큼 비싸거나 주거 지역에서 무척 멀리 떨어진 곳이어서 엄청난 운송비 때문에 마찬가지로 비용이 높아집니다. 다카 같은 대도시에서 나오는 양이라면 쓰레기 공간은 영원히 부족할 겁니다. 그래서 우리가 내세운 첫 번째 논리는 비용이었고, 그 다음이 '보여주기'였습니다. 내가 떠올린 어떤 아이디어를 남들이 이해하게 하려면 그게 얼마나 좋은지 주절주절 떠들어댈 필요가 없습니다. 그냥 보여주면 됩니다. 내가 좋은지 나쁜지는 중요하지 않아요. 내 아이디어가 얼마나 좋은지 인정하게 만들면 되는 거죠. 그래야만 나를 지지하고 후원할 사람들이 생깁니다. 우리는 맨 처음 딱 100군데 가정집을 선정해 일을 시작했습니다. 그 집에서 나오는 쓰레기를 모으고 분류해서 유기물을 부식시켰죠. 그러자 모두가 고개를 끄덕였습니다. 그것이 얼마나 중요한 일인지를 알아버린 거죠. 보여주기는 성과를 내는 열쇠입니다."

생산된 부엽토는 어떻게 쓰입니까?

"뭔가 생산했는데 상품화하지 못하면 그 물건은 쓸모가 없어지거나, 수요자를 찾지 못하죠. 우리한테 그런 문제는 없었습니다. 우리가 만든 건 유기 비료입니다. 이것을 땅으로, 즉 논과 밭으로 환원하는 거죠. 너무 집약적으로 농사를 짓다 보니 방글라데시의 농경지는 지력이 완전히 바닥났습니다. 농민들은 하는 수 없이 비싼 화학비료를 땅에 쏟아부었는데, 그것이 더 토질을 나쁘게 하고 농민들의 재정을 파탄냈습니다. 그러니 우리 농촌에 가장 시급한 것이 부엽토와 영양을 농토에 공급하는 일이었는데, 그것이 바로 우리가 하려는 일이었죠.

다만, 상품화만큼은 우리가 직접 하기 힘들어 다른 민간회사와 제휴를 맺고 싶었습니다. 그런데 그게 쉽지는 않았어요. 모두들 화학비료 말고는 다른 걸 떠올리지도 못하더군요. 지금은 농부들 사이에 우리 유기 비료가 엄청나게 인기입니다. 친자연 퇴비가 얼마나 좋고 싸고 효과적인지 농민들이 가장 잘 알기 때문이죠."

앞으로의 비전이 있다면요?

"우리의 비전은 한 가지가 아닙니다. 우선 웨이스트 컨선이 모델이 되어 세계 각국, 특히 개발도상국에서 널리 응용되리라 믿습니다. 이미 기술은 있으니까 자금도 마련해야겠죠. 이제부터 더 확실히 성과가 보이도록 일의 강도를 부쩍 끌어올리려고 합니다. 거리에 쓰레기가 정말 눈에 띄게 줄어들게 말입니다. 현재 다카 시내 여기저기에 흩어져 있는 다섯 곳의 부식처리장에서 작업을 하고 있는데, 그중 가장 큰 시설에서도 겨우 하루 10톤의 유기물 쓰레기를 비료화하는 게 다예요. 빨리 더 집중적으로 처리할 수 있는 대규모 처리장을 설립하는 게 저희 꿈입니다. 그땐 적어도 하루에 쓰레기 7백 톤은 거뜬히 소화해야죠."

독에 물든 풍경 ____ 두 번째 날엔 대도시를 벗어나 대규모 쓰레기 하치장을 나가봤다. 직접 보니 방글라데시에서 쓰레기를 어떻게 취급하는지 훤히 보이고, 도시의 쓰레기 처리 문제가 얼마나 심각하고 중요한지 피부에 와닿는다. 그도 그럴 것이, 수많은 쓰레기 산 중에 맨 처음 딱 하나를 본 순간 완전히 충격을 받은 거다. 유기물 쓰레기, 비유기물 쓰레기, 심지어 독성 폐기물까지 전혀 구분 없이 한데 뒤섞여 쌓여 있다. 그런데도 사람들은 코를 찌르는 악취에도 아랑곳 않고 뭔가 값나가는 게 없을까 싶어 쓰레기 더미를 여기저기 뒤진다. 그들이 찾는 건 대부분 금속, 유리, 플라스틱 등 고물상에 팔아넘길 만한 것이다. 여기도 유기물 쓰레기가 한 가득이지만, 안타깝게도 독성 물질이 혼입되어 발효와 부식에 사용되지 못한다고 한다.

가난한 이들의 '통' 발효 ____ 빈민가 한 곳을 들르기로 했다. 그곳 주민들이 웨이스트 컨선에서 습득한 기술로 동네에서 배출되는 유기물 쓰레기를 발효시킨다고 한다. 거기서 나온 비료로 약간이나마 돈을 벌고 또 동네 환경도 깨끗이 유지하려는 게 목표다.

웨이스트 컨선은 이 지역에 서른 개의 발효통을 설치했다. 여기에 주민들이 유기물 쓰레기를 가져와서 직접 모아둔다. 발효에 걸리는 시간은 3개월 정도. 완성된 비료는 웨이스트 컨선이 주민들에게 돈을 주고 구입하고, 이것을 다시 사기업에 되판다. 비록 주민들에게 돌아가는 돈은 소액이지만 비슷한 다른 동네보다 골목과 집 주변이 훨씬 깨끗해지는 성과를 거두고 있다.

생일 축하해, 얀! ____ 오늘 점심 때 마티와 나는 슬그머니 숙소를 빠

져나와 올드다카의 가장 오래된 구시가지로 갔다. 얀에게 직접 선물을 만들어주고 싶어서 재료를 고르러 나갔다. 선물 아이템은 의외로 빨리 정해졌다. 천으로 된 펼침막을 주기로 했다. 재료로 쓸 주황색과 하얀색 원단도 흥정해서 사들였다. 잠시 후 재래시장 한가운데서 우리를 도와줄 나이든 재봉사도 한 사람 만났다.

흰 천 위에 생일축하 펼침막의 문구를 정성들여 그린 뒤 가위로 오려냈다. 재봉사는 그걸로 일을 시작했다. 우리는 과연 잘 만들어질까 불안한 마음에 길고 까다로운 작업을 유심히 지켜봤다. 문제는 재봉사가 알파벳 철자를 몰라서, 우리가 기껏 오려둔 글씨를 필요 없는 헝겊조각인 줄 알고 함부로 던져버리는 거였다. 잠깐 옆에 있는 다른 가게에 눈을 돌리거나 상인들과 이야기를 나눌라치면 어김없이 철자를 뒤집어 박음질하거나 빼먹기 일쑤였다. 그러면 다시 조심스레 땀을 뜯어 다시 박아야 했다. 주변에 친절한 상인들이 권해준 차, 과자, 감자칩 같은 것이 없었다면 아마 끓어오르는 조바심을 주체하기 힘들었을 거다.

어쩌다 보니 두 서양인이 시장에 있다는 소문이 돌았나 보다. 우리를 상대하던 가게 주인들이 계속 구경꾼들을 쫓아내는데도, 갈수록 더 많은 사람들이 구름같이 몰려와 우리가 하는 얘기에 귀를 기울인다. 또 그 '엑스레이 시선'이다. 사람들은 하나같이 우리가 헝겊 펼침막 위에 뭐라고 쓴 건지 알고 싶단다. 서너 시간이 지나, 드디어 펼침막 완성!

"Happy Birthday, Jan, Dhaka 13/03/06!"

(생일 축하해, 얀, 다카에서 2006년 3월 13일!)

삐뚤빼뚤 주황색 글자들이 우리를 향해 웃는다.

좀 더 알고 싶으세요?

웨이스트 컨선 Waste Concern

이 단체의 창립자는 대학 졸업 동기 두 사람이다. 1993년부터 그들의 고향인 인구 1100만의 대도시 다카에서 매일 골목마다 집집마다 쏟아내는 어마어마한 쓰레기 더미에 맞서 싸우고 있다.

그들은 머리를 맞댄 끝에 개발도상국들이 활용할 수 있는 유기물 쓰레기 부식 발효기술을 개발했다. 유기물 쓰레기를 분리해서 잘 썩힌 후 유기 비료를 생산하는 일이 그것. 일반 화학비료보다 값이 싼 데다 지금껏 화학합성비료에 시달려 영양실조에 걸린 농토의 흙을 다시 재생할 수 있는 훌륭한 수단으로 환영받고 있다.

● 홈페이지	www.wasteconcern.org
● 위치	방글라데시, 다카
● 활동가 현황	상근 활동가 21명, 시간제 활동가 4명. 모두 방글라데시인이다.
● 도움이 필요한 일	쓰레기와 폐기물 관리, 재활용, 기후변화, 친환경 위생적 생산, 유기농업, 이산화탄소 감축 등을 주제로 한 대학생들의 연구 프로젝트 환영.
● 숙박 및 식사	사무실 근처에 호스텔이 많다. 전통 서파키스탄식 식사와 케밥, 다양한 커리, 마살라 등.
● 사용 언어	영어
● 이메일	office@wasteconcern.org wastecon@dhaka.agni.com

방글라데시 —— 그라민 은행 Grameen Bank

가장 가난한 이들을 위한 소액대출

Jan 얀의 이야기

노벨 평화상 수상자와의 만남

오늘은 내 생일이다. 평소 같았으면 부모님, 형, 친구들과 같이 축하했을 날이다. 작든 크든 선물도 들어오고 여기저기서 애정이 담뿍 담긴 축하와 관심이 쏟아지는 유일한 날이다. 그런데 이런 특별한 날을 이역만리 타국에서 보내자니 조금은 쓸쓸해진다. 축하한다는 이메일이 쏟아져 기분이 좋긴 했지만, 이메일을 읽는 것과 가장 가까운 사람들이 직접 얼굴을 마주하고 활짝 웃으며 껴안아주는 건 비교가 안 된다.

그런데 오늘 아침 팀과 마티가 내게 해준 것이 몹시도 특별하다. 너무 행복해서 날아갈 것 같았다. 애네들의 전혀 다른 면을 보게 된 것도 신기하다. 녀석들은 일단 내가 충분히 잠을 자게 하려고 조용히 숙소를 빠져나갔다. 그러더니 짜잔 하고 아침식사를 준비해서 떡 하니 이부자리까지 갖다 준 거다! 게다가 시장에서 선물을 만들어 갖고와서는 펼쳐보였다. 완전 감동받았다. 솔직히 애네들이 그런 짓(?)을 꾸밀 만큼 정이 많은 친구들인 줄 몰랐다. 지금까지 나는 두 친구가, 항상 기분과 감정을 곧잘 드러내는 나와 정반대로, 매사에 냉담하리만큼 쿨한 타입인 줄 알았기 때문이다. 그런데 실은 전혀 다른 녀석들이란 걸 알아서 정말 다행이다. 여행이 우리를 더 끈끈하게 묶어준 거다.

오늘, 내 생일에는 경제학자인 무함마드 유누스Muhammad Yunus 교수를 만나기로 돼 있다. 그런데 막상 그라민 은행에 가보니, 그쪽 일정 때문에 내일 아침으로 면담이 미뤄졌다. 우리에겐 그게 오히려 나았다. 교수와의 만남을 준비할 시간을 하루 더 번 셈이니까. 그렇게 해서 우리는 그날 저녁 생일축하 맥주를 앞에 놓고 머리를 맞댔다. 얘기를 시작하자마자 지금까지 다른 단체나 기업에서 물었던 평범한 질문을 유누스 교수에게 하는 건 의미 없는 일이라는 데 의견이 모아졌다. 그러기에 유누스 교수는 너무 알려진 게 많았고 너무 '비중 있는' 사람이었다.

궁핍한 이들의 은행가 ___ 무함마드 유누스는 1940년 방글라데시 남부 항구도시 치타공Chittagong에서 금 세공사의 아들로 태어났다. 당시엔 방글라데시가 아직 영국의 식민지인 인도에 속해 있었다. 그의 어머니는 아이를 열넷 낳았는데, 그중 다섯은 어려서 세상을 떴다. 무함마드는 셋째 아이였는데 떠들썩한 골목에 있던 아버지의 가게와 공방을 오가며 어린 시절을 보냈다. 대가족 틈바구니에서 부대끼며 자란 그의 유년은 엄격한 이슬람 율법과 규율, 학교 공부로 채워졌고, 이웃 나라 버마에서 일본이 일으킨 치열한 전쟁 역시 강한 인상을 남겼다. 중·고등학교를 졸업한 뒤 경제학을 공부한 그는 학위를 마치고 나자 모교의 경제학 강사 자리를 제의받는다. 그의 나이 겨우 스물한 살 무렵이다. 풀브라이트 장학금 수혜자가 되어 미국으로 건너간 그는 1969년부터 테네시 주립대학에서 조교로 일한다. 이어 박사학위를 따고, 머나먼 미국에서도 조국의 독립을 위해 열렬히 활동한다. 그리고 1972년, 미국 여성과 결혼하여 방글라데시로 돌아온다. 여기서 치타공 대학 경제학부의 학장이 되어 본격적으로 자국의 학생들을 가르치게 된다.

그러나 주변에서 목격되는 처절한 가난과 궁핍을 보자, 자신의 이론이며 강의가 당장 이웃한 마을의 현실에는 하등 쓸모가 없다는 걸 깨달았다. 그는 마을 사람들이 힘들어 하는 것이 무언지 조사하고 고민한 끝에, 대부분 겨우 22타카(약 0.22 유로. 원화로는 300원 남짓)의 돈이 없어서 지독한 곤궁에서 빠져나오지 못한다는 결론을 내렸다. 그 문제는 비단 이 마을 한 곳만의 문제가 아니었다. 가난한 사람들은 거간꾼과 고리대금업자들에게 수족이 묶여 철저히 종속되어 있었다.

그는 맨 처음 망설임 없이 옆집 사람이 필요로 하는 돈을 자기 호주머니에서 내어 빌려줬다. 단 27달러의 금액이었다. 그리고 그는 이런 도움을 조직적으로 해야겠다는 생각을 퍼뜩 떠올렸다. 1974년 식량결핍과 기근이 심각해지자 농민들이 수확량을 늘리는 걸 돕기 위해 발 벗고 나서기 시작했다. 필요한 돈을 농민들이 국립 은행에서 빌릴 때 무함마드 자신이 직접 빚 보증을 선 것이다. 하지만 방글라데시든, 세계 어느 나라

마을에서 열린 주간모임에 참석한 여성 대출자들.

은행이든 원칙은 똑같다. 이미 갖고 있는 것이 많아야 돈도 빌릴 수 있다. 아무것도 없어서 더 돈이 급한 사람에겐 오히려 한 푼도 빌려주지 않는다. 무함마드는 이 원칙을 깨기 위해 1976년 직접 그라민 은행을 설립했다. 그라민 은행은 가난한 이들 중에서도 더 가난한 이들에게 그 어떤 담보도 없이 소액을 대출해주기 시작했다. 몇십 년이 지난 지금, 어느덧 백여 곳이 넘는 개발도상국, 전쟁 지역 등의 나라에서 이 개념을 도입해 6600만 명이 넘는 주민들이 소액대출의 혜택을 받아 자활을 꿈꿔왔다.

그라민 은행이 믿지 못할 만큼 눈부신 발전을 이룩하자 세계 각지에서 자문을 구하는 요청이 끊이지 않았다. 소액대출에 대한 것이든 아니면 그것과 밀접하게 관련된 교육, 인구 증가, 보건, 개발계획 등 주제 구분 없이 다양한 문의가 들어왔다. 유누스 교수가 현재 위원으로 있거나 예전에 일했던 유엔의 각종 기구도 다수다. 다른 국제 시민단체들도 그의 능력을 높이 사서 끝없이 묻고 상담을 요청한다. 방글라데시에서는 이미 국민영웅이며 나라 바깥에서도 그의 활약은 수없이 많은 찬사와 평가를 받았다. 우리가 그를 만나고 난 몇 달 뒤에는 노벨평화상까지 받았다는 소식이 들려왔다.

이튿날 찾아간 그의 사무실은 참으로 검소했고, 교수 역시 우리를 진심어린 따스함으로 맞아주었다. 쿠션 하나 없이 딱딱하게 생긴 나무 의자에 앉은 채, 지금처럼 그라민 은행을 통해 그토록 광범위한 효과를 만들어내기까지 자신이 인생에서 얼마나 많은 것을 포기해야 했는지 말하는 그의 표정에는 놀랄 만큼 솔직하게 감정이 드러났다. 처음에 가족과 겪었던 갈등, 친구 하나 만날 시간도 거의 없는 현재 생활 등을 담담히 풀어놓는다. 실수도 많이 했단다. 하지만 지금은 그런 실수와 잘못조차 한 사람이 혹은 어떤 일이 발전해가는 과정에서 어쩔 수 없이 겪는 일임을 인정하게 됐다고 한다. 누구나 쉽게 깨닫지 못하는 높은 경지다.

아마 우리가 던진 첫 번째 질문에 더 나은 대답을 할 수 있는 사람은 유누스 교수 말고는 없을 것 같다.

"가난한 사람들은 놀라운 자산을 갖고 있어요"

'사회적 기업가' 란 뭐라고 생각하십니까?

"사회적 기업가란 돈을 받지 않고 남을 돕고 싶어 하는 사람이죠. 누군가 길을 건너려는 시각장애인을 도와 길을 건너게 해준다면 그 사람도 사회적 기업가인 셈입니다. 자기 이익을 위해 그렇게 한 게 아니죠. 남을 돕고 싶은 마음은 정서적인 욕구입니다. 그런데 누군가를 도울 때 많은 경우 돈이 필요합니다. 사회적 기업가는 자신의 활동에 자금이 공급되도록 신경 씁니다. 활동에 들어간 비용을 다시 회수할 수 있다면 그건 좀 더 특별한 사회적 기업가로 분류할 수 있습니다. 사업적인 기반에서 사회공익을 행하는 겁니다. 보통과는 다른 방식, 획기적이고 새로운 태도로 일을 하는 사람이라면 더더욱 진짜 사회적 기업가의 개념에 가까이 접근한 셈입니다. 사업의 형태로 자신의 봉사와 활동을 실천할 기반이 마련됐다면 이제 마음 놓고 그 활동을 확장하고 키울 수 있습니다. 더 이상 활동에 필요한 자금을 구하기 위해 노심초사하지 않아도 되고, 나간 비용이 다시 되돌아올 테니까요.

사회적 기업가가 이윤을 추구해도 될까요?

"보통 우리가 아는 사업의 원칙은 이윤 극대화입니다. 그것만 보면 좋을 것이 참 없는 원칙이죠. 원래대로라면 '사람에게 좋은 것을 행하기 위해서'가 사업을 시작하는 이유여야 하는데 말이죠. 내가 만일 약품을 생산해서 판다면, 인류가 질병을 더 효과적으로 빨리 극복하게 돕겠다는 마음이 목표가 되어야 합니다. 그걸로 이익을 보겠다는 생각이 먼저여서는 안 됩니다."

사회적 기업가가 가져야 할 성품에는 무엇이 있을까요?

"무언가 다르게 해보겠다는 의지, 남을 위해 참여하고 헌신하려는 의지가 필요하죠. 더 나은 사회를 눈앞에 그려볼 줄 알아야 합니다. 또, 자기 가족이나 자기 아이뿐 아니라 우리 모두의 가족이 살아갈 더 나은 미래를 꿈꿔야 합니다. 자기 삶을 남들과 공유할 준비가 되어 있어야 하고, 더욱이 자신이 지닌 창의성과 재능을 거기에 기꺼이 쓸 의지가 있어야 합니다. 그리고 또 한 가지, '나'라는 존재와 이기심에서 벗어나 진정한 연민을 절절히 느껴야 합니다."

교수님의 비전 때문에 희생해야 했던 것이 있습니까?

"있죠, 그것도 많이. 무언가가 나를 가득 채우고 있다면 그 밖에 다른 건 포기해야 합니다. 솔직히 나는 아침에 눈을 뜬 순간부터 다시 눈을 감을 때까지 오직 은행을 위해서 일합니다. 미국에서 공부할 때 딸아이 엄마를 만나 1972년 결혼했죠. 미국인이었지만 아내는 나와 함께 방글라데시로 와주었습니다. 다섯 해가 지난 뒤 딸이 태어났습니다. 그러자 아내가 미국으로 돌아가자고 말하더군요. 그땐 독립투쟁이 한창이라 우리나라는 무척 힘든 시기였습니다. 안전한 것은 하나도 없었고 모든 게 파괴되고 무너졌습니다. 그래서 아내는 더더욱 여기서 아이를 키우고 싶지 않았던 겁니다. '같이 돌아가요!' 결국 넉 달 뒤 아

" 나는 사람이 굶주리고 처절하게 사는 법을 배우라고 태어난 게 아니라고 믿습니다. 만약 지금 그렇게 살고 있는 사람들이 있다면 그건 우리가 이 문제에 주의를 기울이지 않기 때문입니다. 나는 아주 깊고도 진한 확신이 있습니다. 우리가 원하기만 한다면 가난은 이 세상에서 몰아낼 수 있습니다. 그것은 어떤 경건한 희망에서 나온 것이 아니라, 실제 내가 그라민 은행에서 일하며 얻은 생생한 경험에서 나온 사실입니다. "

내는 아이를 데리고 떠났고, 내가 곧 뒤따라올 거라 생각했습니다. 공교롭게도 딸이 태어난 해는 그라민 은행이 태어난 바로 그 해였습니다. 결과는 이혼이었습니다. 딸은 엄마 곁에서 크게 되었고 미국에서 자랐습니다. 나는 여기 남아서 일을 계속했죠. 너무나 힘들고 슬펐습니다. 지금은 조그맣던 꼬마가 큰 숙녀가 되었고, 오페라 가수로서 독일, 스페인 등 세계 각지에서 공연을 하고 있죠. 가족은 내가 포기해야 했던 것 중 가장 큰 것입니다. 그 외에도 친구들과 보내는 시간 역시 포기해야 합니다. 거의 고립되어 사는 셈이죠."

모든 걸 다시 시작할 수 있다면 무엇을 다르게 하고 싶으세요?

"글쎄요. 어려운 질문이군요. 사람은 나이가 들수록 많은 걸 배우죠. 걸음마랑 비슷해요. 처음 바닥에서 기어다닐 때는 그냥 빨리 일어나서 걷고만 싶죠. 하지만 일에는 다 순서와 과정이 있어요. 기고, 똑바로 일어서고, 그리고 첫 걸음을 떼야죠."

교수님에게 '성공'이란 어떤 의미입니까?

"성공한 사람은 돌려 말하면 실패한 것이 없는 사람이죠. 어느 만큼 이루길 원하느냐, 그리고 지금 그 목표에서 얼마나 떨어져 있느냐를 보는 게 중요합니다. 원했던 바가 지금 이룬 것보다 훨씬 높은 곳에 있다면, 아무리 많은 일을

무함마드 유누스와의 만남.

했어도 실패한 것처럼 보일 수 있어요. 반대로 당사자는 그렇게 보지 않는데도 남들은 성공했다고 말하기도 하죠. 목표가 무엇이냐, 그리고 지금 내가 그것과 얼마나 가까우냐가 문제겠죠."

교수님의 삶에 낙이 있다면 어떤 순간일까요?

"사실 매 순간이 기쁨입니다. 가난한 이들과 부대끼며 일하니까요. 그들을 만나러 가면 항상 그들의 얼굴에서 숨 막힐 듯 멋진 웃음을 봅니다. 처음 학교에 입학할 때부터 봐왔던 아이들이 나중엔 대학생이 되고, 의사가 되는 걸 보죠. 정말, 너무나 행복합니다. 한참 뒤에 그 아이들을 보면 몰라볼 만큼 훌륭한 사람이 되어 있어요. 그 느낌은 굉장합니다. 그 아이들은 가난에서 벗어나 삶을 전혀 다르게 살 수 있게 된 거죠."

세계화 때문에 사회적 기업가가 더 필요할까요?

"어이구 물론이죠! 그것도 아주 많이요! 우리가 살고 있는 이 자본주의 시스템은 무척 위험한 것입니다. 겨우 10퍼센트도 안 되는 사람들이 지구 전체 자원의 90퍼센트를 소유하고 있으니까요. 이들은 세계 모든 나라에서 가치 있는 것은 모조리 잡아채고 있어요. 그들은 가진 권력과 자본과 기계를 써서 모든 걸 가지려고 합니다. 그러니 힘없고 돈을 벌 수단도 지식도 없는 가난한 이들은 더 가난해질 뿐입니다.

그래서 사업을 할 줄 아는 사회적 기업가가 더욱 절실한 겁니다. 그들이 이런 상황에 제동을 걸고 거꾸로 뒤집을 수 있어요. 사업의 생각과 방식을 가난한 나라들에 가르쳐줘야 합니다. 가난한 이들만이 가진 놀라운 자산이 있어요. 그들은 살아남는 법을 제일 잘 알죠. 그래서 일단 기회만 주어진다면 어떻게 해서든 무슨 일이든 다 해냅니다."

지극히 평범한 사람들의 은행 ____ 다음 날 다카에서 70킬로미터 떨어진 한 마을을 찾아가기로 했다. 그라민 은행이 펼치는 사업의 효과를 현장에서 보고 이해하고 싶어서다. 이 마을에는 그라민 은행의 가장 하위 구조인 '그라민 센터'가 있다. 이 센터는 50~60명 남짓의 조합원이 모인 조직이다. 여성그룹과 남성그룹으로 나뉘며 센터 매니저 한 사람이 운영을 맡는다. 매니저는 조합원들이 반드시 참가해야 하는 정기 모임을 주최하고 매주 상환금을 거둬들이며 조합원 출석을 일일이 체크한다. 이런 규율들이야말로 그라민 은행의 기본 원칙이다. 누군가 모임에 나오지 않거나 상환금을 제때 갚지 못하면 그 이유가 뭔지 상세히 조사한다. 그리고 타당하고 시급한 이유가 있다고 판단되면 상환방식과 시기를 조정한다.

소액대출이 바꾼 삶 ____ 대출을 받은 한 여성과 직접 만나 이야기할 기회가 왔다. 어떤 이야기를 들을지 기대된다. 서로 잠깐 인사를 나누고 나자 분위기는 금세 화기애애해졌다. 우리 질문에 기꺼이 대답해주는 아주머니가 고마울 따름이다. 우리가 무엇보다도 알고 싶은 건 지금까지 그라민 은행에서 받은 대출로 무얼 했고 아주머니의 삶이 어떻게 달라졌는가다. 아주머니는 그라민 조합원이 된 게 벌써 20년 전이지만 중요한 대출 건은 죄다 기억하고 있단다. 우리를 작은 농장으로 안내한 아주머니는 물 펌프를 보여주며 그라민 대출금으로 마련한 제일 중요한 설비라고 말한다. 이것만으로도 정말 많은 것이 해결되었고, 멀리까지 물을 길으러 가지 않아도 됐다. 작은 수동펌프 하나가 온 가족이 필요로 하는 물을 해결해주었다. 또 하나 아주머니가 자랑스레 소개한 그라민의 투자설비는 바로 물고기가 사는 작은 연못이자 양식장이다. 덕분에 우기가 되면 가족들은 매일 갓 잡은 신선한 생선을 먹을 수 있고, 몇 마리는 내다 팔기도 한다. 그라민 은행의 도움 덕에 아들이 대학도 졸업했고 지금은 다카에서 자기 가게를 열어 벌이도 좋다고 한다. 내친 김에 아주머니는 우리에게 거창한 프로젝트 얘기도 해준다. 앞으로 돌을 써서 새 집을 지을 계획인데 그러려면 대출을 꽤 많이 받아야 한다는 거다. 그라민 은행이 없었다면 이 모든 게 다 허망한 꿈이었을 거라고 덧붙이면서.

릭샤와 연못을 위한 대출 ____ 센터가 하는 일에 대해 어느 정도 알게 된 다음, 더 상위 구조인 지점을 찾아가 봤다. 일종의 통제실 역할을 하는 지점은 한 곳당 평균 70여 곳의 센터와 거기 딸린 3500여 명의 조합원을 관리한다. 대출금을 지급하는 곳도 지점이다. 그러다 보니 새로 대출을 받으려는 주변 마을 사람들이 지점을 내 집 드나들 듯 들락거린다. 그렇다고 거대한 금고 따윈 필요 없다. 그날 하루 대출된 금액보다 더 많은 돈이 입금되는 경우엔 그 차액을 가까운 일반 은행으로 가져가 예탁한다. 그래서 그라민 은행은 따로 보안을 위해 큰 비용을 지출할 필요가 없다. 제일 많이 들어오는 대출 문의는 릭샤를 구입하는 데 드는

그라민 은행 대출금으로 작은 양식장을 마련하다.

9400타카(약 15만 원)를 1년 기한으로 빌릴 수 있는지와, 조그만 가게를 여는 데 필요한 3만 7천 타카(약 60만 원)를 2년 기한으로 빌리고 싶다는 내용이다.

인도 대륙과 작별을 ___ 이제 인도 대륙을 떠날 때가 됐다. 우리를 감동하게 한 사람들과의 진심어린 만남, 따뜻한 인심과 대가 없는 친절, 다양 무쌍한 자연환경에 둘러싸여 행복했던 시간. 또 동시에 인구밀도 최대 지역이라는 말을 실감하며 수많은 사람에 이리저리 부대끼고 실랑이하느라 기력이 남아나지 않았던 곳. 이제 우리는 다카 공항에서 비행기에 몸을 싣고 베트남으로 향한다.

좀 더 알고 싶으세요?

그라민 은행 Grameen Bank

방글라데시의 경제학 교수 무함마드 유누스는 1976년, 가장 가난한 이들에게 소액을 대출한다는 혁명에 가까운 아이디어를 실천에 옮긴다. 아무런 담보도 없고 금액은 20달러 안팎이 고작이다. 대출을 받은 건 대부분 여러 명의 여성이 모인 소그룹이다. 이들은 대출금을 제때 상환할 연대의무를 지닌다. 분명히 실패하리라는 예상을 깨고 이 아이디어는 놀라운 성과를 보였고, 전 세계에 알려져 백여 곳이 넘는 나라에서 비슷한 프로젝트가 시행되고 있다. 유누스 교수는 평생을 바친 '가난 없는 세상'을 위한 사업으로 2006년 노벨평화상을 받았다.

● 홈페이지	www.grameen-info.org
● 위치	방글라데시, 다카
● 활동가 현황	4만여 명의 직원을 비롯해 세계 각지에서 온 보조직 자원 활동가들, 여러 연구 팀이 다양한 프로젝트와 주제를 놓고 활발히 일하고 있다.
● 도움이 필요한 일	소액금융에 대한 연구활동이나 프로젝트 환영. 교육연수 프로그램, 실습 등은 비용을 일부 부담해야 함. 홈페이지 참고.
● 숙박 및 식사	다카에는 가격대별로 엄청나게 많은 숙박 시설이 마련돼 있다.
● 사용 언어	영어
● 이메일	grameen.bank@grameen.net

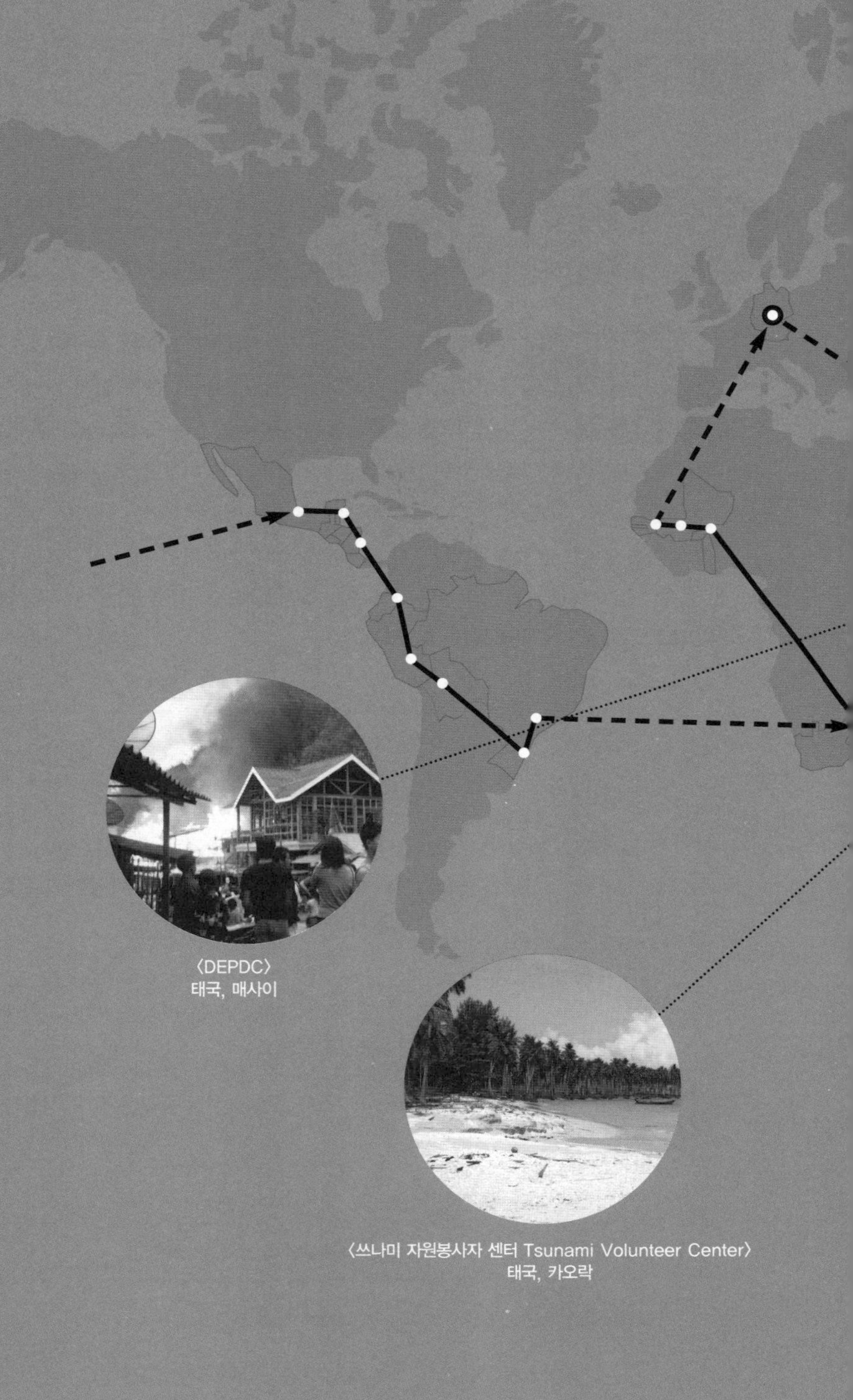

〈DEPDC〉
태국, 매사이

〈쓰나미 자원봉사자 센터 Tsunami Volunteer Center〉
태국, 카오락

PART___ 02

동남아시아

SÜDOSTASIEN

〈선라밥 Sunlabob〉
라오스, 비엔티안

〈코토 KOTO〉
베트남, 하노이

〈자이 커피 Jhai Coffee〉
라오스, 팍세

〈야드폰 Yadfon〉
태국, 트랑

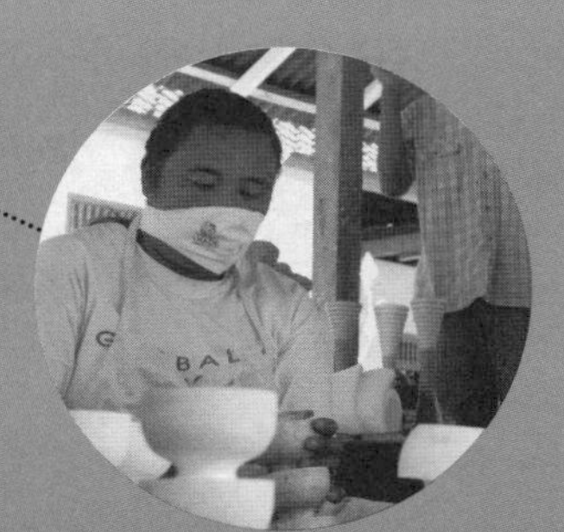

〈미트라 발리 Mitra Bali〉
인도네시아, 우부드

〈카팔라 Kappala〉
인도네시아, 욕야카르타

〈파킹 어텐던츠 Parking Attendants〉
인도네시아, 반둥

하노이의 거리 청소년을 위한 쉼터

Tim 팀의 이야기

하노이에 내리는 비

나는 두 눈을 비비고 다시 하늘을 쳐다본다. 믿기지가 않는다. 손을 뻗어, 가는 부슬비를 확인한다. 이번 여행을 시작한 뒤 처음 만나는 비다! 보도블록과 아스팔트가 얇고 촉촉한 수막에 싸여 빛을 반사한다. 비에 젖은 먼지와 쓰레기 썩는 냄새가 공기에 실려온다. 뜨겁고 메말랐던 인도 반도에서 수천 킬로를 왕복하던 우리에게, 모락모락 피어오르는 이 습기는 새로운 경험이다. 맞다. 우리는 지금 동남아시아, 그것도 베트남에 와 있다.

밤에 하노이Hanoi 공항에 도착한 우리는 서둘러 오늘 묵을 호텔을 찾았다. 구시가지의 비좁은 골목을 그것도 오밤중에 누비다 보니 결과는 좋지 않다. 이 호텔은 지저분하고, 모든 게 허술하고, 게다가 비싸기까지 하다.

다음 날 아침 7시 30분. 이른 아침 하노이 거리에 서 있는 나는 내 사명을 다시 한 번 스스로에게 읊조린다. "팀, 30분 안에 싸고 방문 잘 잠기는 호텔을 찾아. 벌레도 없고 친절하고 깔끔한 분위기로." 시간이 별로

베트남 하노이에는 다닥다닥 붙은 좁은 건물이 많다.

없다. 9시면 베트남에서의 첫 일정이 시작된다. KOTO의 창립자 지미 팜Jimmy Pham과 약속을 해뒀기 때문이다. "Know One, Teach One – 누군가를 만나라, 그리고 뭔가를 가르쳐라." 지미 팜이 하노이의 집 없는 거리 청소년들을 위해 만든 호텔·요식업 교육공동체에서 슬로건으로 삼는 두 가지 원칙이자, 이 단체의 이름이다. 팜은 이미 하노이에서 효과를 본 이 원칙을 계속해서 다른 여러 나라 스무 개 도시의 거리 청소년들과 함께 실천할 생각이다. 거리 청소년들이 있는 도시는 이 지구 곳곳에 셀 수 없이 많은 게 현실이니까.

얀과 마티가 시트도 없는 매트리스에서 정신없이 잠에 빠져 있는 동안 나는 옷을 주워 입고 새로운 세계로 발을 내디뎠다. 빗물 웅덩이를 이리저리 피하느라 샌들 신은 두 발이 분주하게 움직인다. 호텔이나 펜션 간판이 보일까 하는 기대를 갖고 골목마다 늘어선 간이 음식점과 노점 위쪽을 눈으로 쓱 훑고, 건물들 앞 벽도 한 번 스캔한다. 좁은 골목을 횡

주방을 살짝 엿보다.

KOTO 레스토랑은 외국 손님 대환영!

단하는데도 끝없이 이어지는 자전거와 전동이륜차의 물결을 조심해서 피해야 한다. 내가 지나치는 모든 가판대와 상점에서 결코 거부할 수 없는 아시아 사람들의 다정한 눈인사가 날아온다. 게다가 맛있는 게 많으니 어서 와보라고 외치는 소리가 여기저기서 귓전을 울린다. 길가에 다닥다닥 줄지어 선 음식점과 노점은 대부분 여성들 손으로 운영된다. 동트기 전부터 나와 벌써 채소를 다듬고 썰어 국을 살짝 끓여둔다. 손님이 오면 눈 깜짝할 사이 음식을 내놓기 위한 만반의 준비를 갖추는 것이다. 여자들은 옆 가게 주인과 혹은 손님들과 웃고 떠들며 아침 골목길에 활기를 불어넣는다. 맵고 강한 인도 음식에 지쳐 있던 내 위가 쌀국수, 구운 오리고기, 새우, 갖가지 생선요리 같은 진수성찬을 보고 반갑다고 난리다. 하지만 지금은 밥보다 임무가 우선이다.

폭이 손바닥만 한 집 ___ 다행히 호텔이 많아서 금방 괜찮은 걸 찾았다. 우리가 묵을 방의 폭이 건물 전체의 폭을 그대로 차지했다. 예전엔 땅에 대한 세금을 건물이 길에 면한 폭에 비례해 매겼기 때문에 다들 집

앞면은 지극히 좁게 하고 대신 뒤로 기다랗게 늘어지게 지었다고 한다. 촘촘히 줄지어 늘어선 집 사이로 프랑스 점령기에 지어진 넓고 웅장한 건물이 우뚝 솟아올라 마치 변주곡마냥 흐름을 바꿔놓기도 한다. 유럽인들이 베트남 점령기에 남긴 것 중에서 극소수의 괜찮은 기념물 중 하나일 테다.

생각보다 빨리 할 일을 마쳤기에 바람처럼 숙소로 돌아가 얀과 마티를 깨우고 재빨리 노점들 있는 데로 돌아가서 베트남 쌀국수를 시켜놓고 친구들을 기다렸다. 아침을 해결한 우리는 재빨리 라오스로 들어갈 때 필요한 입국비자를 해결하고, 기대와 열의에 차서 약속장소로 달려간다.

interview **지미 팜**

"난민에서 사회적 기업가로"

지미 팜의 첫인상은 태어나서 지금까지 넉넉한 집에서 잘 먹고 잘 입고 부족한 것 없이 자란 덩치 큰 소년, 딱 그것이었다. 그러나 그의 인생얘길 듣다 보니 그 느낌이 완전히 틀렸다는 걸 알았다.

"난 1972년생입니다." 지미가 얘기를 시작했다. 이때는 미국이 베트남에서 빠져나가면서 무차별 폭격을 일삼아 베트콩 병사들보다 오히려 무고한 민간인이 더 많이 희생된 시기다. 지미 팜은 남자 셋 여자 셋 이렇게 여섯 남매 중 막

> 머리가 아니라 가슴이 시키는 대로 여러분의 계획을 실행하세요.
> 그것의 대가로 받는 것은 쏟아지는 문제, 문제, 문제일 겁니다.
> 무슨 뜻이냐고요? 이 세상에 존재하는 절망에 맞서 아무것도 안 하는
> 것보다는, 밀어닥치는 문제를 해결하는 게 더 낫지 않나요?
> 난 그렇게 생각해요!

내였다. 아버지는 한국인, 어머니는 베트남 사람이다. 폭격이 시작되자 가족은 모든 걸 놔두고 호찌민Ho Chi Minh 시로 급히 피난을 갔다. 예전에 사이공Saigon으로 불리던 도시다. 이 도시마저 함락될 위기에 놓이자 다시 서둘러 싱가포르를 거쳐 호주로 건너갔다.

"그때가 여덟 살 때였어요. 말 그대로 찢어지게 가난했죠. 처음엔, 베트남에선 다들 그렇듯 방 하나에서 다 함께 살았어요. 당연히 가족들이 똘똘 뭉쳤고 가족이 얼마나 소중한지 몸으로 배웠어요." 호주는 지미한테 제2의 고향이 됐다. 어머니는 이를 악물고 자식 여섯 모두를 끝까지 공부시켰다. 단 몇 분 사이 지미 팜에 대한 인상이 180도 달라졌다. 그가 살아온 이야기에 마음이 동요된 채 인터뷰를 시작했다. 그는 "약속 하나로 이 모든 게 시작된 것"이라며 말문을 텄다.

어째서 그런 우여곡절을 겪고도 다시 베트남으로 돌아왔죠?

"10년 전, 그러니까 스물네 살 때였죠. 여기서 직장도 잡고 내 뿌리를 찾으려고 베트남에 왔어요. 그러고서 4년이나 걸려 겨우 나 자신을 찾았어요. 베트남어를 다시 배우고 문화도 익히고 자의 반 타의 반 이곳 생활, 규범, 법칙, 심지어 사회문제와도 친해지고 익숙해졌습니다. 그런데 유독 그 문제 중에서 거리 아이들이 겪는 방향상실과 절망이 내게 크게 다가왔어요. 처음엔 그 아이들과

만나면서도 첫 4년 동안은 애들을 위해 이렇다 할 뭔가를 하지 못했어요."

그러다 어느 날 갑자기 돕겠다는 마음이 든 건가요?

"아니에요. 내가 했던 한 가지 약속 때문이었어요. 아이들에게, 언젠가는 너희가 더 나은 앞날을 꾸릴 수 있게 돕겠다고 약속했거든요. 그땐 그 말을 하면서도 뭘 할 수 있는지 감이 안 잡혔어요. 다만 하나만은 확실했죠. 약속을 했다면 반드시 지켜야 한다는 것."

우리 앞에 앉은 채 지미는 잠깐 말을 멈추더니 묵묵히 눈을 감는다. 그리고 우리한테라기보다는 자기 스스로에게 하듯 나지막이 입을 열었다.

"2002년, 우리 아이들이 단상에 올라갔어요. 오성급 호텔에서 열린 국제자격증 수여식이었죠. 아이들이 나를 쳐다보는데 그 눈동자마다 그간 아이들이 거쳐 온 세월이 출렁이듯 물결치는 거예요. '고마워요!' 나한테 아이들이 한 말입니다. 진심이었죠. 그때 비로소, 내가 약속을 지켰다는 실감이 왔어요."

구체적으로 아이들을 위해 어떤 일을 했나요?

"KOTO는 맨 처음 작은 샌드위치 가게로 시작했어요. 아이들 아홉 명과 같이 일했죠. 뭔가 내 것을 갖는다는 것, 거기서 꾸준히 수입이 들어오고 더 나아지는 느낌을 경험하게 해주고 싶었어요. 하지만 꼬박 1년이 지나도 20제곱미터짜리 우리 샌드위치 가게는 그 자리에서 눈곱만큼도 달라진 게 없었어요. 나만 해도 가게 운영자금을 대려고 시간 단위로 여기저기 일하러 뛰어다녔고요. 내가 벌어온 돈과 그간 저축해둔 걸 까먹으면서 그 모든 걸 다 유지했던 거죠."

그런 '원조'가 '자활'로 발전한 시점은 언제였습니까?

"2000년 가을 갑자기 트레이시 리스터Tracy Lister가 우리 앞에 나타났어요. 일종의 자원 활동가였죠. 트레이시의 남편이 어떤 강의 프로젝트에서 일했는데 거기서 우리도 아이디어가 떠올랐어요. 우리도 아이들을 위한 교육 프로그램을 만들면 되겠다 싶었죠. 이 아이디어를 실행에 옮기려고 더 넓은 공간을 구했고 거기서 식당을 열었습니다. 아이들은 교육 프로그램에서 손님을 어떻게 접대하는지, 음식과 음료는 어떻게 내는지, 바에서 할 일은 뭔지, 주방에서 일이 어떻게 돌아가는지 일일이 공부했고, 영어도 열심히 익혔습니다.

기본적으로 있어야 했던 게 그제야 생겨났습니다. 우리에겐 지속가능하고 논리가 탄탄하며 사회 전반이 고개를 끄덕일 만한 '개념'이 필요했던 겁니다. 그래야 거기에 기부와 후원도 들어오고 각종 제도를 통해 재정지원도 받을 수 있으니까요. 돈이 마련되자 이제 프로젝트를 출범시키기만 하면 됐습니다. 그 전까지 내 방식은 거꾸로였죠. 철두철미 아마추어였어요."

그랬더니 저절로 일이 흘러갔나요?

"한동안은 힘겨웠어요. 아이들과 바닥에 주저앉아 바게트 하나를 나눠먹으며 끼니를 때우기도 했어요. 제일 싼 게 그거였거든요. 하지만 그건 내가 머리가 아닌 가슴이 시키는 대로 산다는 증거였어요. 관공서랑 골치 아픈 실랑이도 많았죠. 우리 일에 확실한 것이 아무것도 없어서 더 그랬어요. 공무원들하고 말이 안 통했어요. 우리가 뭔가 감추고 속이고 사기 치고 있다고 생각하더라구요. 그럴 때마다 딱 한 가지 '애들을 돕고 싶다'이 생각만 하면서 참았어요."

KOTO가 성공한 이유가 뭘까요?

"여기서 일하고 있는 사람이거나, 아직 할 일이 산더미같이 쌓인 걸 안다면 KOTO가 성공했다고 생각하지 않을 거예요. 그러나 중요한 건 사방에서 우리한테 긍정적인 평가를 해준다는 점이에요. 거리에서 살던 아이들이 바뀐 게 확인되니까요. 처음엔 아이들도 실수를 연발하고, 겁 내고 불안에 떨기도 해요. 하지만 시간이 가면 점점 자신이 붙고 영어로 말하고 접대도 완벽하게 하죠. 그러다 어느 날 자고 일어나면 그 애들이 힐튼, 메트로폴리탄, 소피텔 이런 데가 있는 거예요. 정말 끝내주죠. KOTO 레스토랑에 온 손님들은 여기서 에너지가 흘러 넘치는 기분이 든다고 말합니다. 아이들이 직접 가꾼 '우리집' 에 왔기 때문일 겁니다."

KOTO라는 이름은 어떻게 만들어졌나요?

"샌드위치 가게 초창기에 남자애 하나가 병원에 갈 일이 있었어요. 그 애는 아직 병원에 가본 적이 없었던 데다 밤새 입원해야 했죠. 근데 그 친구가 나한테 옆에 있어달라고 하는 거예요. 그래서 다른 건 다 뒤로 미루고 녀석한테 붙어 있었죠. 나중에 몸이 다 낫자 그 친구가 내 눈을 똑바로 보며 하는 말이 '왜 형은 이 일을 다 해요? 왜 우리한테 잘해줘요? 벌써 4년이나 우리하고 있었는데 한 번도 우리한테 대가를 내놓으라고 한 적이 없잖아요.' 그 애 말이 맞았어요. 나도 왜 그 애들을 돕는 건지 잘 몰랐습니다. 내 생각엔 나 말고도 왜인지도 모르고 어떤 일을 하는 사람들이 많은 것 같아요. 어쩌면 내 마음이 편하고 좋으려고 그런 걸지도 모르죠. 그 애가 한 질문을 생각해보느라 석 달이 지나갔습니다. 그러고 나서 그 애한테 가서 내가 받고 싶은 걸 말해줬어요. '네가 할 수 있는 한 최고로 훌륭한 사람이 돼라. 그 목표를 위해서 있는 힘껏 노력하라'고요. '그걸 이루면 나한테 갚을 게 있다. 이번엔 네가 다른 사람을 돕는 거다.' 그때 한 말이 KOTO였어요. 누군가를 만나라. 그리고 그 사람을 가르쳐라. 거기서 우리 이름이 곧바로 생긴 거예요. KOTO, Know One, Teach One."

꿈이 있다면요?

"가끔, 사람들이 가득 찬 강당, 그 청중들 틈에 내가 앉아 있는 광경을 상상해봐요. 이 행사는 KOTO 프로젝트 기금 마련을 위한 후원의 밤이에요. 젊은 여자 하나가 단상에 올라서 마이크 앞에 서요. 아주 꼬마였을 때부터 내가 알던 우리 거리 아이들 중 하나죠. 이 아가씨는 이제 자기가 살아온 얘기를 해보겠다고 말해요. 얘기가 다 끝나면 한참 뒤쪽 줄에 앉은 내가 박수를 치고 있어요. 언젠가는 우리 거리 청소년들이 스스로 이 프로젝트를 이끌어갔으면 하는 게 내 궁극적인 바람입니다."

KOTO, 레스토랑이자 발전소? ____ 우리와 더 많은 얘기를 나누기엔 너무 바빠 보이는 사회적 기업가 지미 팜과 작별인사를 하고 KOTO 레스토랑으로 직접 가봤다. 지미 팜의 얘기를 들으며 그의 진솔함, 자연스러움, 풍부한 감수성에 완전히 압도당했다. 장담컨대 얀과 마티 역시 나처럼 그의 이야기를 들으며 꽤 많은 대목에서 눈시울을 적셨을 거다.

오늘은 특히 레스토랑이 더 바쁜 날인가보다. 해외 각지에서 온 단체 여행객들이 식당을 꽉 메운 채 정성스레 만든 음식을 먹으며 왁자지껄 하노이의 문학사원.

베트남 하노이의 재래시장.

대화가 한창이다. 잠깐 식당 안을 둘러보고 일하는 젊은 직원들의 얼굴을 쳐다봤을 뿐인데 벌써 지미가 말한 게 뭔지 뚜렷하게 감이 온다. 맞다. 여기는 에너지가 충만한 식당이자 동시에 내가 초대받고 찾아온 누군가의 따스한 '집'이다.

교육을 받는 연수생들은 이 식당의 팬이자, 자신이 꾸는 원대한 꿈의 팬이기도 하다. 적어도 한 청년의 꿈은 벌써 현실이 된 것 같다. 열아홉 살 먹은 당Dang은 힐튼 호텔에 취업했다고 자랑스레 전한다. 옛날엔 길바닥에 살면서 구두를 닦았다는 그는, 월급을 받아서 동생들을 더 열심히 공부시키겠다며 뿌듯해한다.

좀 더 알고 싶으세요?

코토 KOTO

지미 팜은 하노이 거리 아이들의 비참한 삶을 더는 두고 보지 못하고 1993년부터 샌드위치 가게를 열어 아홉 아이들에게 일자리이자 보금자리를 제공한다. 이것을 시작으로, 그는 우여곡절 끝에 호텔 및 요식업계 취업교육 시스템을 발전시켰다. 아이들은 프로젝트 이름과 동명의 식당에서 이뤄지는 교육 프로그램에서 접객 요령, 음료와 메뉴를 대접하는 일, 바에서 하는 일, 주방에서 하는 일을 배운다. 교육을 마친 대부분의 연수생은 취업에 성공하며 가족을 부양할 능력을 얻는다. 지미는 이 아이디어로 전 세계 거리 아이들에게 새로운 꿈과 삶이 열리기를 바란다.

● 홈페이지	www.koto.com.au
● 위치	베트남, 하노이 시
● 활동가 현황	상근 및 시간제 활동가 27명, 외국인 자원 활동가 2명.
● 도움이 필요한 일	청소년 및 거리 아이들과의 다양한 작업, 영어 수업 등. 이 책에 소개된 다른 모든 프로젝트도 마찬가지지만, KOTO에 도움을 주고 싶다면 역시 '공감 능력'이 가장 중요한 전제조건.
● 숙박 및 식사	숙박은 호스텔에서 각자 해결. 식사와 약간의 경비는 KOTO에서 일부 지원가능. 골목마다 맛있는 베트남 쌀국수를 파는 곳이 즐비하니 걱정 붙들어 맬 것!
● 사용 언어	영어
● 이메일	jimmy@koto.com.au

라오스 — 자이 커피 Jhai Coffee

커피 농가에게 더 많은 소득을

Matti 마티의 이야기

베트남과 라오스 - 폭풍 뒤의 고요

먹먹한 마음을 안고 베트남의 수도 하노이를 떠났다. 다음 경유지인 자이 재단(Jhai Foundation)이 있는 이웃나라 라오스 남부로 가는 길은 하루 이상이 걸리는 여정이었다. 우선 야간버스를 타고 하노이에서 남쪽으로 6백 킬로미터 떨어진 후에Hue로 가야 했다.

긴 시간 차를 타느라 지친 우리는 후에 시에 도착한 다음 가까운 해변으로 가서 기운을 보충하기로 마음먹었다. 우리는 오토바이 세 대를 빌려 나눠 타고 길을 달렸다. 얇은 여름 옷 속으로 시원한 바람이 들이쳤다. 아침공기는 기분 좋을 만큼 온화했지만, 오늘도 낮에는 굉장히 더운 날이 될 것 같다.

바닷가는 꿈에서나 나올 법하게 아주 근사했다. 폭은 50미터나 되고 끝을 가늠하기 힘들 만큼 길이가 상당한 해변에는 고운 모래가 반짝였다. 인근 마을에 사는 몇 사람과 바다에서 조업하는 어부들 말고는 아무도 없었다. 드디어! 우리는 바닷물에 몸을 던지고 맘껏 시원함을 즐겼다. 물에서 나온 후 몇 시간은 천막이 드리운 그늘 아래서 단잠을 청했다. 밀려왔다 밀려가는 규칙적인 파도 소리는 우리 몸에 차곡차곡 에너지를 쌓아주는 듯했다. 그래, 우리는 많은 에너지가 필요하다. 인터넷 카페에서 할 일이 무진장 밀려 있다. 그런데도 몸을 움직이기 싫었다. 그냥 여기 해변에서 하루 이틀 시간을 보내고 싶었다. 그래, 언젠가 그 바람을 이룰 날이 다시 오겠지.

인적 드문 길을 지나 팍세로 ___ 이튿날 버스로 라오스에 들어갔다. 버스를 타고 가는 시간이 이번에는 휙 지나가는 기분이었다. 국경을 통과할 때도 아무 문제가 없었다. 라오스에 들어가서도 여섯 시간을 더 달려야 했다. 잘 닦인 길에는 신기할 정도로 사람이 없었다. 그도 그럴 법한 것이, 라오스에는 사람이 1제곱킬로미터당 스무 명 남짓밖에 안 산다(방글라데시의 수도 다카에는 똑같은 면적을 4만 1천 명이 공유한다). 인적이 없는 평원은 버스가 달릴수록 점점 열대 분위기가 났다. 평소 말라 있던 땅이 우기를 맞아 찬란하게 생명력을 발하고 여기저기 논은 강렬한 녹색으로 치장했다. 한 번은 물소들이 우리 앞을 가로막았다. 물소들이 뒹굴며 놀고 있는 진흙웅덩이는 꼭 녀석들이 그 커다란 덩치에 바르고 다니는 진한 주홍색 물감통처럼 보였다.

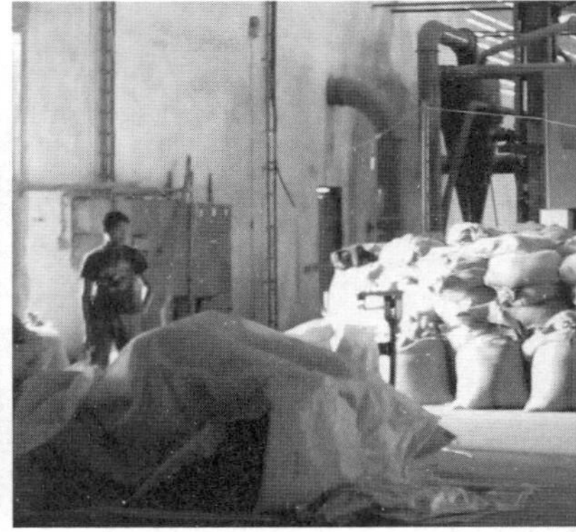

중간 경유지인 메콩Mekong 강 근처 사반나케트Savannaketh의 주민들을 보고 우리는 적잖이 놀랐다. 지금껏 여행하며 만난 얼굴들 중에 가장 따뜻하고 다정한 모습이다. 공산주의가 지배하던 이 나라는 겨우 10여 년 전에야 관광객들에게 문호를 열었기 때문에 우리 같은 서양인 얼굴이 아직은 튀고 낯설어 보일 것이 분명했다. 그런데도 우리를 뚫어지게 쳐다보거나 하는 사람은 거의 없었다. 누구를 마주치든 부드럽게 웃어주거나 순박한 태도로 환영인사를 건넸다. 남쪽 팍세Pakse에 도착하기도 전에 우리는 벌써 라오스 사람들에게 마음을 빼앗기고 말았다.

윌 톰린슨 – 사회를 누비는 서퍼 ____ 이번 버스 여행은 더위와의 사투였다. 후덥지근한 열기에 온몸은 땀으로 샤워한 듯하다. 팍세에 내려 알록달록한 툭툭Tuktuk(오토바이와 수레를 연결한 동남아 교통수단 – 옮긴이)을 잡아타고 '사베이디Sabaidy 2 게스트하우스'에 내렸을 때는 심지어 구원받은 기분이었다. 꽤 고전적인 이 배낭여행자의 숙소는 윌 톰린슨Will Tomlinson이 우리에게 추천해준 곳이다. 오늘 저녁 만나기로 한 사회적 기업가가 바로 그다. 몸이 온통 갈색으로 그을린 장기 여행자

●● 라오스 볼라벤 고원의 커피콩.
●● 자이 커피 저장창고.

몇몇은, 우리 셋이 거대한 배낭을 들쳐 메고 체크인을 하는 사이 그늘에 걸린 그물침대에 느긋하게 누운 채 고개 한 번 들지 않는다. 우리도 30분 동안 얼음처럼 차가운 미린다를 마시면서 그늘에서 잠시 휴식을 취했다. 그런 다음 그나마 활기를 띤 번화가에 있는 작은 식당에서 윌 톰린슨을 만났다.

캘리포니아 출신인 윌은 발에는 낡아빠진 해수욕장 샌들, 몸에는 반바지와 티셔츠를 걸치고 미국인 특유의 느긋한 태도로 인사를 건넸다. 톰린슨은 서핑이라면 죽고 못 사는 남자다. 그런데도 고원 주민들을 도와 커피 협동조합을 만들기 위해 그 좋아하는 파도를 잠깐(?) 옆으로 젖혀두었다.

윌은 시원한 비어라오(라오스 브랜드 맥주) 큰 병을 하나 시켰다. 그는 침착하고 꾸밈없는 태도로 고원에서 매일같이 겪어야 하는 어려움들을 얘기해주었다. 여유 있는 겉모습 뒤에 숨겨진 전문성과 설득력 있는 의지가 내 마음을 끌어당겼다.

그는 미국에 있을 때 투자은행에서 일했다고 한다. 그렇게 8년이 지나자 더는 그 일을 못할 지경이 됐다고 한다. 번아웃 증후군(Burn-Out syndrom : '탈진' 증후군. 연료가 다 타버린 것처럼, 한 가지 일에만 몰두하던 사람이 신체적, 정신적인 극도의 스트레스로 인해 돌연히 슬럼프에 빠지는 현상 – 옮긴이)이 그를 강타한 것이다. 어쩔 수 없이 그는 휴직계를 내고 배낭을 멘 채 아시아 곳곳을 돌아다녔다. 여행에서 지친 그는 어느 날 우연히 들른 볼라벤Bolaven 고원의 시원한 날씨가 좋아서 좀 쉴 겸 눌러 앉았다.

"몇 주가 지나자 지루해지기 시작했어요."

윌은 그때를 떠올리며 말했다. 그때쯤 커피 농가들을 도우려는 몇 번의 계획이 번번이 무산된 얘기를 들었다.

"그래서 내가 그 일을 맡아보기로 했어요."

그는 거침없이 말을 이었다. 은행에서 일한 경험이 있기도 했거니와, 커피콩 몇 자루밖에 없는 가난한 농민들을 속이는 자들이 있다는 걸 참지 못했기 때문이다. 윌은 그 상황을 바꾸는 데 성공했다.

"투자은행에서 일할 때는 뭘 위해 일하는지 몰랐는데, 지금은 알아요. 그것도 확실히."

만나자마자 곧바로 얘기를 시작했듯 끝나는 것도 갑작스러웠다. 윌이 "다시 가봐야 해요"라면서 자리에서 벌떡 일어났기 때문이다. 우리는 모레 고원에서 다시 만나기로 했다. 그날 저녁 나머지 시간은 작은 도시 곳곳을 둘러보면서 지냈다. 그곳에 사는 사람들만큼 도시 분위기도 차분하고 조용했다.

오토바이를 타고 커피 고원으로 ____ 이튿날 정오, 렌트한 오토바이 위에 몸을 실은 우리는 이지라이더처럼 헬멧과 선글라스를 끼고 이글거리는 아스팔트 위를 달렸다. 목적지는 동쪽이다. 일단 라오스 최대 높이를 자랑하는 탓판Tad Fane 폭포로 가야 한다. 오토바이 위에서 맞는 바람이 흐르는 땀에 젖은 몸을 조금이나마 식혀주었다. 달리는 걸 잠깐만 멈춰도 더위 때문에 참기 힘들다.

38킬로미터를 달리니 탓판 폭포가 보인다. 혹시 여기서 더위를 식힐 만한 물가에 내려갈 수 있을까? 흙먼지가 풀풀 날리는 밀림 속의 오솔길을 기어 내려가 보니 혹시나는 역시나로 바뀐다. 50미터를 내려가니 길이 끝난 거다. 그런데도 얀이 인디아나 존스나 된 듯 기어코 덩굴을 타고 몇 미터 더 내려갔다. 곧, 등반용 자일과 하켄 없이는 더 내려갈 수 없다는 걸 확인하고 다시 올라왔다. 어쨌든 가슴이 탁 트이는 장관임은 분명했다. 폭포는 굉음을 내며 150미터 아래로 줄기차게 떨어져 내린다. 좁고 긴 낭떠러지가 드넓은 고원을 가로질러 깊다란 균열을 낸다.

그 다음 오토바이를 멈췄을 때 드디어 쉴 만한 곳이 나왔다. 짙푸른 잎사귀를 단 거목들 사이로 가느다란 물줄기가 지나가는데, 이 계곡 끝에는 40미터 아래로 직하하는 폭포가 있다. 다행히 폭포 아래 고인 작은 개울가로 내려가는 좁은 길이 하나 나 있다. 아이들은 거기서 직접 만든 돌팔매로 물뱀을 때려잡고 있었다. 우리도 시원한 물속에 몸을 빠뜨렸다. 잠시 망설였지만, 결국 폭포수를 직접 맞아보기로 했다. 물줄기가 엄청난 압력으로 우리에게 떨어져 내렸다. 자칫하면 물살에 휩쓸려 떠내려갈 정도다. 길이가 15센티미터나 되는 큰 잠자리나 고사리며 원시우림을 보고 있자니 영화 〈쥬라기 공원〉이 생각났다. 지금 보는 광경과 냄새, 소리를 일일이 마음속에 새겼다. 자연이 보여주는 한 편의 연극, 거기서 나오는 이 강력한 에너지, 고요, 균형이 내 발가락부터 머리카락 하나하나까지 구석구석 스며들었다.

자이 커피 협동조합 ____10킬로미터만 더 가면 볼라벤 고원의 커피 중심지 팍송Pakxong에 다다른다. 잠 속에 빠져 있는 듯한 마을의 조그만 판자집들을 지나쳐갈 때는 벌써 노을이 내려앉으려 하고 있었다. 묵을 곳을 구하는데 30분이 더 걸렸다. 다음 날 아침 여전히 느긋하고 유쾌한 스타일로 인사를 건네는 윌을 만났다. 그는 오늘 우리에게 여기 고원에서 이루어지는 일이 어떤 것인지 보여줄 예정이다. 함께 커피 협동조합의 농장을 둘러보면서 우리는 궁금한 게 있을 때마다 질문을 멈추지 않았다.

"세계에서 가장 작은 커피 협동조합"

조합원은 몇 명이나 됩니까?

"자이 커피 농민협동조합(Jhai Coffee Farmer Cooperative - JCFC)은 50개 마을에 사는 5백 명의 아라비카 커피 생산자 조합원들로 구성됩니다. 이 지역 주민들은 대개 소수민족이라서 서로 언어 소통이 상당히 어렵습니다. 어떤 사람들하고는 아예 아무 얘기도 못 나눌 정도죠. 사람들을 설득하려면 그들 말을 잘해야 해요. 아무리 통역자가 있어도 내가 정말 하려고 하는 말을 제대로 전달하기는 어렵거든요."

1년의 커피 생산량은 얼마나 됩니까?

"2006년 초에는 컨테이너 한 대 분을 출하했어요. 18톤을 생산하고 판 셈이죠. 그 정도면 세계에서 제일 작은 커피 협동조합이라 불릴 만해요. 다음 출하 땐 적어도 컨테이너 여섯 대 분을 팔 수 있을 거라 생각합니다."

협동조합의 장점이 뭘까요?

"무엇보다 더 이상 조합원들은 터무니없는 가격을 부르는 중간상인들의 손에 놀아나지 않아도 되지요. 원두를 열매에서 분리해 가공하는 과정을 직접 할 수 있다면 농민들 손에 더 많은 돈이 들어옵니다. 그러려면 기계가 있어야 해요. 생두 수확만 하는 농민들은 생계를 유지하기도 힘든 형편이니, 가공할 기계를

> "떠돌아다니는 것도 싫증이 나서 여기 볼라벤 고원에서 세월을 보냈어요. 그러다 누군가 커피 농민들을 도우려다 잘 안 됐다는 소리를 들었어요. 커피콩만 갖고 사는 가난한 농민들을 갖고 노는 인간들이 있다는 게 견딜 수 없었죠. 투자전문가였을 때는 내가 뭘 위해 일하는지 눈곱만큼도 몰랐어요. 지금은 알아요. 그것도 확실히."

들일 돈이 없죠. 원두 처리에 드는 자본을 마음껏 부릴 수 있는 지역 업자들이 이 상황을 악용하는 거고요. 하지만 우리 전략도 바로 여기서 출발했어요. 서로 힘을 합쳐서 농부들 스스로 원두를 가공할 수 있게 된 거예요. 조합은 저장고도 제공하고 세계 각지의 수요자들도 구해서 조합원들과 연결하죠. 캘리포니아의 온라인 중간상인 '땡스기빙 커피Thanksgiving Coffee'는 2002년부터 자이 커피를 독점으로 수입하고 있어요. 또, 최근엔 커피 농가들에 최신식 경작방식을 교육하는 일도 합니다. 그러면 당연히 원두 질도 보장할 수 있지요."

앞으로 어떤 새로운 계획이 있나요?

"2005년 11월에 우리 조합은 공정무역(Fair-Trade) 기업으로 승인을 받았어요. 수입이 더 늘어나서 그걸 종잣돈으로 이런저런 사업을 벌이기도 하고 공동체의 사회적인 문제도 해결할 수 있지요. 앞으로 그런 부분을 더욱 강화할 생각입니다. 그런 다음 친환경 커피 인증도 받으려고 해요. 그럼 당연히 원두 값을 더 잘 받을 수 있을 겁니다. 그게 잘 되고 또 2007년에 우리 예상대로 수확량이 몇 배가 되면, 그야말로 대성공 아닌가요?"

당신에게 '성공'이란 무엇인가요?

"성공이요? 중요하죠. 안 그러면 이 일이 다 재미가 없잖아요. 나는 제일 먼저

조합이 생산한 공정무역 커피를 소개하는 윌 톰린슨.

커다란 목표를 세웁니다. 그리고 그것을 이루기까지 해야 할 중간 목표들을 세워요. 중간 단계들을 어떻게 실현할지도 고심하고요. 만약 도중에라도 그 과정이 잘못되었다는 사실이 밝혀지면 곧바로 전략을 수정합니다. 단, 궁극적인 목표는 안 바꿔요. 이런 건 다 은행에서 일할 때 배웠어요. 그렇게 하면 성공하는 경험이 조금씩 쌓이죠."

장비가 문제 ____ 윌과 이런 얘기를 나눈 뒤에 다시 엄청난 규모의 저장창고를 찾았다. 길이는 100미터가 넘고 높이도 8미터는 된다. 독일 통일이 있기 직전 구동독이 여기 라오스에 커피 생산본부로 세운 거란다. 그랬는데 완공이 되기 전에 통일이 되자 모든 계획이 갑자기 중단되었다. 창고 한가운데에는 십수 년 묵은 커피 분류기와 로스팅 설비가 있지만 안타깝게도 모두 쓸 수가 없다. 이 설비들을 다시 움직이려면 수십만 유로가 들어간다고 한다. 윌이 꿈꾸는 몇십 톤의 커피 출하량에 비하면 너무 이상적이다.

몇 킬로미터 떨어진 다른 마을에 갔을 때 커피 분류기를 시험 가동하는 장면을 목격하기도 했다. 윌과 몇몇 실무자들은 잔뜩 긴장해 있었다.

커피 분류기.

잘 될까? 정말 움직일까? 요란한 쿨럭거림과 함께 기계가 움직이기 시작했다. 한 사람이 깔때기 모양의 투입구에 생두를 집어넣었다. 그러자 기계 주변에 둘러서 놓아둔 여러 개의 커피자루에 생두가 나뉘어 담기기 시작했다. 엄청난 환호와 안도감이 주변을 가득 채웠다. 그러나 그것도 잠시, 딱 15분이 지나자 전기가 나가버렸다. 개발도상국에서 기계의 힘을 빌리려면 반드시 에너지 수급 문제가 먼저 해결되어야 한다는 점이 뼈저리게 느껴졌다. 적어도 전력 공급을 충분히 해내는 발전기가 같이 가동되어야 하는 것이다.

메콩 강가에서 먹은 생선 소금구이 ____ 돌아오는 길에는 하늘이 불붙은 것처럼 새빨갛게 타올랐다. 뱃속에서 전쟁이 난 것 같은 소리가 들린다. 우리 세 사람은 라오스의 젖줄인 메콩 강변에 놓인 플라스틱 의자에 앉았다. 갓 구운 라오스식 생선 소금구이 냄새가 코로 스멀스멀 기

길이 150미터나 되는 탓판 폭포 앞에서.

오토바이로 라오스를 누비다.

어들었다. 마침내 우리 앞에 놓인 식탁에 생선이 올랐다. 촉촉하고 잊을 수 없는 그 맛이 우리의 허기를 달랬다. 생선과 함께 차디찬 비어라오를 곁들였다. 이번 여행 중 먹어본 가운데 최고의 맥주다. 이 맥주는 조금 빨리 취하게 만드는 것 같다. 약간 알딸딸한 기분으로 우리는 다시 오토바이에 올라탔다. 딱 3백 미터만 가면 우리 숙소다.

이튿날은 또다시 일, 일, 일이 우리를 기다렸다. 보고서를 쓰고 사진을 정리하고 설명문을 달았다. 쌓인 이메일을 읽고 답장을 보내고, 그중에 상당수의 스팸을 지워버리는 것도 고된 노동이었다. 그날 밤 우리는 다시 라오스의 수도인 비엔티안Vientiane으로 가는 버스를 잡아탔다. 다음 프로젝트가 우리를 기다리고 있는 그곳으로.

좀 더 알고 싶으세요?

자이 커피 Jhai Coffee

윌 톰린슨은 동남아시아를 누비며 여행을 다니다가 라오스 남부 볼라벤 고원의 커피 농부들이 자본을 앞세운 상인들에게 착취당한다는 소식을 접했다. 그는 그곳에 머무르며, 농부들이 서로 단결하여 조합을 결성하고 공동으로 생두 가공처리를 해서 되도록 제 값을 받도록 돕고 있다. 커피 경작법도 최신화해서 수확량도 점점 늘어나고 있다. 이제 겨우 초기목표가 달성되었을 뿐이다. 현재 50개 마을 5백여 명의 생산자가 조합원으로 가입해서 예전보다 많은 수입을 올리고 있다.

● 홈페이지	www.jhai.org cafelao.blogspot.com
● 위치	라오스, 참파삭Champasak, 볼라벤 고원, 팍세
● 활동가 현황	상근 및 시간제 활동가 15명
● 도움이 필요한 일	현장 자원 활동은 현재 불필요하다. 방문 및 견학은 언제든 환영. 해외 각지에서 웹사이트를 구축해주는 것도 좋을 듯.
● 숙박 및 식사	현지 농가 민박 가능. 호스텔. 메콩 강 생선 소금구이 같은 라오스 전통 음식.
● 사용 언어	영어
● 이메일	lee@jhai.org

농촌 지역에 전기를

Tim 팀의 이야기

라오스에서 만난 독일인 기업가

비엔티안으로 가는 야간버스 앞 유리창에 'VIP'라는 글씨가 유난히 튄다. 우리가 밤새 안전하게 수도로 들어가기 위해 선택한 이 번쩍번쩍 튜닝한 사설 버스는, 꼭 이동하는 디스코텍처럼 보인다. 현란한 그림과 무늬가 차체를 휘감았고, 시동을 걸리자 네온으로 장식한 엔진에서 포뮬러 원 경주에서나 들릴 법한 굉음이 치솟는다.

버스 2층에 자리를 잡고 승무원에게서 담요를 비롯해 밤 사이 필요할지 모르는 각종 물품을 건네받았다. 가라오케 동영상에서 흘러나오는 태국 노래가 끝나자 나는 좌석을 뒤로 눕혀 잘 준비를 했다. 얀과 마티는 머리 위 독서등을 켜고 내일 비엔티안에서 선라밥 인프라 프로젝트를 견학할 준비를 마저 했다. 나도 동참하고 싶은 마음이 굴뚝 같지만 오늘 밤은 그냥 녹초가 된 몸을 쉬고 싶을 뿐이다. 깊은 잠에 취한 나는 새벽 비엔티안에 도착하고 나서야 다시 눈을 떴다.

배낭과 짐을 잔뜩 둘러멘 우리는 지친 상태로 메콩 강변 산책로를 터벅터벅 걸었다. 잠시 후 하루 6달러짜리 소박한 숙소를 발견하고 짐을 풀

라오스 반초르크 마을.

었다. 시원하게 씻고 나서 메콩 강이 내다보이는 창가에 앉아 바게트 샌드위치와 진하디 진한 라오스식 커피로 아침식사도 마쳤다.

오늘은 선라밥의 설립자 앤디 슈뢰터Andy Schroeter를 만나기로 한 날이다. 약속장소인 카페에 앉아서 기다리는데 우리가 전화한지 5분도 채 되지 않아 슈뢰터가 나타나서 그야말로 깜짝 놀랐다. 독일인이지만 유창한 라오스말로 커피를 주문한다. 앤디는 단도직입적으로, 앞으로 우리가 보낼 사흘간의 일정을 의논하고 싶어 했다. 좀 있으면 동티모르의 경제 특사가 사무실에 올 예정이라서 서둘러야 한단다. 그가 여기 라오스에서 해온 일들에 세계은행에서 표창을 수여한 이후 국제사회의 관심이 커졌다고 한다. 우리도 주섬주섬 짐을 챙겨들고 앤디가 모는 랜드 크루저에 올라타 사무실로 향했다. 그가 성능 좋은 카 오디오를 켜자 리드미컬한 테크노 음악이 에어컨으로 시원해진 차 안에 쿵쿵 울려퍼진다. 앤디의 얘기를 잠깐 들었는데도 벌써 독일인 기업가로서의 시각이 엿보인다. 아무리 봐도 지금껏 우리가 만나온 사회적 기업가들과는 일하는 방식이나 차원이 다른 것은 물론이고, 자국인이 아닌 유럽인이라는 점까지 확연히 실감난다.

앤디 슈뢰터 – 라오스의 전기 혁명가 ____ 앤디 슈뢰터는 1958년 독일에서 태어났다. 대학을 마친 뒤 자기 회사를 차려 일했다. 다만 그에

게는 사업에서 혁신적인 아이디어와 방식으로 경제적 성공을 거머쥐는 것 말고도, 자기가 하는 일이 미치는 영향과 결과에 신념과 긍지를 느끼는 것도 무척 중요했다. 1990년대 중반 그의 아내가 DED(Deutschen Entwicklungsdienst - 독일 개발협력국)에서 제안한 일을 받아들여 라오스로 올 때 앤디도 새로운 터전으로 옮겨왔다. 그러고는 재생가능 에너지 사업부문에서 활동을 시작했다. 그리고 2000년 라오스 국적의 회사인 선라밥을 설립하기 위해 수도 비엔티안으로 거주를 옮긴 뒤부터는, 그때까지 농촌 지역 전기수급에 대해 쌓아온 경험을 본격적으로 활용했다. 단지 발전시설을 최대한 많이 팔겠다는 생각은 애초부터 없었다. 그가 팔고 싶었던 건 '문제 해결책'이었다. 자기가 파는 발전시설이 되도록 오래, 몇십 년 동안 제 기능을 발휘하는 건 물론이고, 고객들이 두고두고 그것의 부가가치를 누릴 수 있도록 해주고 싶었다.

최근 몇 년간은 선라밥이 생산하는 설비를 가난한 농촌 주민들에게 저렴하게 공급하는 시도를 해왔다. 그가 받은 몇 가지 표창은 이 시도가 꽤 성과를 보인다는 증거이기도 하다. 선라밥은 2005년에는 세계은행이 지정한 개발시장상(Development Marketplace Award)을, 11월에는 독일 태양에너지협회에서 주는 솔라프라이스상(Solarpreis)을, 2007년 초에는 애쉬든상(Ashden Award)을 받았다.

선라밥 - 농민이 스스로 생산한 전기

선라밥은 2000년 라오스 수도인 비엔티안에 설립되어 현재 약 서른 명의 직원을 두었다. 농촌 주민들에게 바이오매스biomass(생물 유기체)와 수력에 의한 에너지를 비롯해 특히 태양에너지를 집중적으로 공급하는 것이 목적이다. 그 결과 농촌 주민들이 많은 이점을 누리는 것은 당연하다. 비록 약한 조명이긴 하지만 해가 진 뒤에도 불을 켜고 공부할 수 있어 학교 교육의 효과가 월등히 나아진다. 건냉하게 보관해야 할 약품도 냉장시설을 가동해 더 안전하게 품질을 유지한다. 저녁에도 해야 할 집안일을 해결할 수 있어 낮에는 농사일에 더 집중할 수 있고 자연스레 조금 더 소득이 늘어난다.

창립 후 다섯 해 동안 450여 마을에 5600여 기의 에너지 시스템을 설치했다. 기술 자체는 대부분 해외 제휴사가 제공하지만, 라오스 농민 고객들이 되도록 오랫동안 실질적으로 혜택을 누릴 수 있게 이 기술을 수정하고 조합하고 정기적으로 관리하는 건 선라밥이다.

선라밥은 설비를 판매하는 것에 그치지 않고 지속적으로 현장 유지관리에 힘쓴다. 다만 중앙 본사에서 이 모든 걸 통제하지 않고 일종의 프랜차이즈 체계를 이용한다. 우리가 취재하던 당시엔 라오스 전체에 서른두 명의 소규모 자영업자들이 수수료를 받는 대신, 새 고객 유치와 기존 고객의 다양한 요구에 응대하고 설비 보수관리도 대행하는 운영자 구실을 했다. 선라밥은 이 운영자들이 각 지역에 설치된 설비를 수리하고 관리하는 일은 물론 각 마을마다 기술자를 지정해 그들을 훈련하는 일까지 하도록 교육한다. 이 기술자들은 각 가정에 있는 발전설비를 정기점검하고 모종의 손상이 발생했을 땐 그 지역 담당 운영자에게 연락을 취한다.

물론 이런 지역조직 체계가 모든 문제를 해결해주지는 않는다. 설치 초기에 들어가는 설비대금을 감당하고, 또 5년마다 교체해야 하는 축전기 등 꾸준히 들어가는 유지비용을 감수할 능력이 되는 농민은 극히 일부다.

태양발전, 빌려드립니다 __ 하지만 선라밥은 이 문제에 대해서도 획기적인 개념을 개발해냈다. 2003년, 고객이 초기에 비교적 많지 않은 설치비만 내고 그 뒤로 다달이 임차료를 선라밥에 지급하는 임대 시스템이 도입된 것이다. 예컨대 한 농가가 태양발전기를 빌리기로 하면 처음엔 달러로 환산해 딱 10달러 정도의 설치비만 내면 된다. 그 뒤론 발전설비 규모에 따라 매달 3.5달러에서 13달러 사이의 대여료를 물게 된다. 발전설비에 결함이 생겨 돌아가지 않는 날이 있으면 그만큼 대여료 정산에서 공제받는다. 기본 사용기간인 6개월이 지난 다음부터는, 기능이 마음에 안 든다거나 하면 설비를 다시 선라밥에 반환할 수도 있다. 선라밥의 대여창고로 설비가 돌아오면 다시 다른 곳으로 대여된다. 대부분의 설비가 철거 및 설치비용이 적기 때문에 가능한 일이다.

지금까지 선라밥에서 1200여 기의 설비가 임대됐고 찾는 이가 점점 늘고 있다. 더욱이 선라밥과 외부 채권자들, 투자자들이 함께 참여한 '임대기금'도 조성되어 운용되는 중이다. 이 기금은 다양하고 성능 좋은 신형 설비를 갖추는데 쓰인다. 그렇게 되면 당연히 더 많은 고객에게 설비를 제공할 수 있고 설치 사양도 대폭 개선된다. 현재 선라밥은 이 기금에 참가할 투자자를 열심히 찾고 있고 성과도 어느 정도 나타났다. 이 기금은 8, 9년 이상 지나야 원금이 모일 만큼 수익성은 없지만, 그만큼 라오스 농촌 개발이라는 장기적인 부가가치를 지향하므로 투자자 모집은 아무래도 '사회적 투자(Social Investments)'에 가장 큰 비중을 둔다.

쌀 발효주와 애벌레 수프 ____ 슈뢰터와 함께 직접 마을 두 곳을 들러 설치된 설비를 보러 다녔다. 쿠이아이Quiai 마을은 정부당국이 앞으로 20년간 전력망을 설치하지 않겠다고 결론을 내린 곳이다. 거주 비율이 낮아서 설비를 투자할 가치가 없다는 이유에서다. 우리는 우선 마을

개미로 만든 수프.

병원부터 들렀다.

선라밥은 이 병원에 75와트짜리 전지판 5장과 축전기, 냉각기를 설치했다. 전력이 공급되자 각종 의약품과 접종용 백신을 냉장보관할 수 있고 절전형 조명과 선풍기도 마음 놓고 사용할 수 있다.

쿠이아이에서 멀지 않은 곳에 반초르크Banzork 마을이 있다. 이 마을 역시 '향후 20년간 전력망 설치계획 없음'이라는 통보를 받았다. 그래서 여기서도 선라밥은 여러 종류의 개별 통제식 에너지 설비를 공급했다. 우리는 이 집 저 집에 설치된 '태양열 홈 시스템'을 구경하고, 외양간의 소 배설물에서 나오는 바이오가스로 연료를 충당하는 시설도 둘러봤다. 나쁜 연기를 피우지 않고도 바이오가스로 불을 피워 요리하고, 따로 땔감을 마련하는데 힘을 들이지 않아도 된다.

점심 때가 되자 마을 주민들이 우리한테 식사를 대접하겠단다. 얀과 마티가 쌀을 발효하여 담근 술을 마셨다. 나는 체질상 위험이 있어 패스. 친구들은 금세 취기가 오르는지 얼굴이 벌개진다. 식사를 하기 시작할 무렵 이번에는 마을에서 만든 쌀 증류주가 돌았다. 분위기가 달아오르자 다들 많이 웃고 재밌어진다. 알딸딸해진 상태에서 우리 앞에 음식이 놓

집광판을 설치하는 마을 주민들.

였다. 그런데 이게 뭐지? 내가 보는 게 진짜가? 앞에 놓인 대접에는 수백 마리 개미 애벌레가 둥둥 떠다니며 "나 좀 먹어주세요" 하고 있다. 거위 고기 수프에도 왕개미가 역시 헤엄친다. 나는 눈을 질끈 감고 애벌레를 한 숟가락 먹었다. 예상을 뒤엎고 맛이 꽤 훌륭하다! 애벌레와 곤충은 라오스 농민들에겐 주요 단백질원이다. 내가 재차 맛있게 먹자 술에 취한 두 친구도 용기를 내어 이 낯선 음식을 입에 넣는다. 마을 주민들도 흡족하고 즐거운 표정으로 맛있게 먹는 우리를 쳐다본다. 환대받은 만큼 우리도 어느 정도 주민들을 즐겁게 해드린 것 같다.

프라이부르크의 김나지움 학생들과 실시간 영상채팅을

다음 날 독일의 프라이부르크Freiburg 시 로텍 김나지움Rotteck-Gymnasium 학생들과 실시간 대화를 나눴다. 우리가 선라밥 사무실에서 이런저런 장치를 꽂고 세우고 하는 모습이 신기한 듯 라오스 직원들이 내내 옆에서 지켜본다. 학교와 연결이 되고 대화창이 뜨자 영상채팅 모드로 바꿨다. 아쉽게도 전송 상태가 별로 안 좋긴 했지만 학생들이 우리 한테 미리 보내놓은 질문들에 열심히 대답해주었다.

실시간으로 대화를 나누는 게 무척 즐거웠지만, 다음에는 화질 개선 등 기술적인 부분이 더 잘 해결되어야겠다.

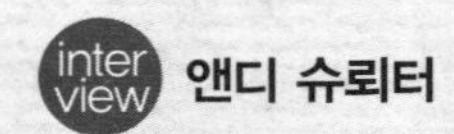

"은행들이 깜짝 놀라 도리질을 치던 사업"

선라밥을 설립할 생각은 어떻게 하게 됐습니까?

"아내와 나는 GTZ(Deutsche Gesellschaft für technische Zusammenarbeit – 독일기술협력협회)와 DED(Deutscher Entwicklungsdienst – 독일개발협력국)에서 주최한 프로젝트에 참여해 라오스에 왔습니다. 중국 접경지에서 5킬로미터 떨어진 북부의 두메산골이었는데 전기도, 물도, 의료시설도 전혀 없었어요. 영어로 말할 수 있는 사람 역시 한 명도 없었고요. 도로도 없어서 그냥 걸어가야 했어요. 그런데 이 산간벽지 주민들이 변화를 받아들일 마음을 먹었고, 시기도 잘 맞아떨어졌어요. 그러다 보니 우리 마음속에 서서히 이 나라, 사람들, 문화, 이 모든 환경에 대한 애정이 싹텄습니다. 우린 라오스에 남아서 이곳 사람들은 물론 우리 자신을 위해서도 반드시 있어야 할 것을 만들기로 했습니다. 이곳에 전기를 공급하는 일이었죠."

> 주민들이 변화를 받아들일 마음을 먹었고, 시기도 잘 맞아떨어졌어요. 그러다 보니 우리 마음속에 서서히 이 나라, 사람들, 문화에 대한 애정이 싹텄습니다. 우린 라오스에 남아서 반드시 있어야 할 것을 만들기로 했습니다. 이곳에 전기를 공급하는 일이었죠.

그 과정에서 어떤 문제가 있었나요?

"아이고, 이루 말할 수 없이 많이 있었어요. 2000년 당시는 지금과 정말 뭐가 많이 달랐어요. 시골에서 전기를 쓴다는 것이 아주 민감한 주제였거든요. 라오스는 그때나 지금이나 사회주의 국가고, 우리가 하는 일마다 라오스 정부는 못마땅해 했죠. 정부 관료들 입장은 이랬어요. '사기업도 싫고, 농촌의 전기 공급도 필요 없어. 너희 도움 없이도 우리가 알아서 잘할 거니까 신경 꺼.' 그런 거죠. 또 다른 큰 문제도 있었어요. 선의의 아이디어만 갖고 저개발국가에 흘러들어온 외국인이 과연 어떻게 하면 라오스 사람들과 일을 도모하고 사업을 할 수 있을까? 이것이 큰 과제였죠. 내 상상만 가지고도 될까? 독일에서의 내 사업 경험만으로도 일이 될까? 변화는 가능할까? 고민이 끊이지 않았지만, 시간이 흐른 2006년 지금 옛일을 돌이켜보니 그런 모든 시도는 성공이었던 같습니다."

당신의 어떤 점이 '사회적 기업가'의 면모라고 생각하십니까?

"우린 전력 생산설비를 팔아서 먹고 사는 회사입니다. 수력터빈, 발전기, 집광설비, 바이오가스 시설은 우리가 하루하루 생계를 잇는 수단이죠. 하지만 거기서 생긴 이윤을 그냥 내 예금 통장에 쌓아두지 않습니다. 수익이 생기면 다시 임대 시스템에 투자하죠. 그게 라오스를 위해 가장 필요한 거니까요."

임대 시스템을 수익사업으로 운영할 수 있나요?

"안 되죠. 투자금을 다 갚는 데만 적어도 8, 9년이 걸릴 테니까요. 임대 시스템은 라오스에 대한 '사회적 투자'입니다. 어떤 상업적 금융기관이든 우리가 얘기를 꺼낼 때마다 깜짝 놀라 고개를 절레절레 흔들며 도망치더군요. 거꾸로 말하면 그만큼 우리가 지금 하는 일에 큰 이상과 사회적 참여의식이 필요하다는 뜻이겠죠."

인터뷰가 끝난 뒤 인턴 일을 하고 있는 란Lan을 만났다. 그는 독일인과 라오스인 부모 사이에서 태어났다. 우리가 비엔티안에 머무는 마지막 밤이라는 소릴 듣자 디스코클럽에 데려가 다른 친구 문Moon을 소개해줬다. 문은 예쁘게 리모델링한 폭스바겐을 몬다. 그런 구제 자동차를 타고 다니는 게 신기해 물어보니, 문은 라오스 폭스바겐 동호회 창립자가 바로 자기라고 자랑스레 말한다. 이곳 젊은이들 역시 우리한테 꽤 솔직하고 따뜻하게 대한다. 그날 밤 란의 친구들과 어울려 우리도 오랜만에 웃고 떠들며 재미있는 시간을 보냈다.

좀 더 알고 싶으세요?

선라밥 Sunlabob

독일개발협력국 사업의 일환으로 라오스에 오게 된 앤디 슈뢰터와 그의 아내는 시골 주민들을 위해서 전기를 생산하기로 한다. 앤디가 세운 회사 선라밥은 라오스 농촌벽지에 태양광을 비롯해 바이오매스, 물 등을 이용한 발전설비를 공급한다. 이런 설비는 이윤을 배제한 최저가에 공급되며 현지에서 교육받은 지정 기술자들이 유지관리를 맡는다. 특히 경제적 여력이 없는 가난한 농민들이 전기를 사용할 수 있도록 얼마 전부터 설비 임대 시스템을 도입해 시행하고 있다.

● 홈페이지	www.sunlabob.com 트위터 @Sunlabob
● 위치	라오스, 비엔티안
● 활동가 현황	상근 활동가 38명, 외국인 자원 활동가 여러 명.
● 도움이 필요한 일	사무실 업무 코디네이션, 조정업무, 재정관리, 기업 디자인, 기술분야, 각종 공학, IT분야. 영어 가능해야 하며 각 분야에서 사전 경력 필수.
● 숙박 및 식사	자원 활동가를 위한 숙소 제공, 전통 라오스 음식.
● 사용 언어	영어, 독일어
● 이메일	contact@sunlabob.com

인신매매 퇴치를 위한 투쟁

Jan
얀의 이야기

메콩 강을 따라 황금 삼각주로

메콩 강은 먼 옛날부터 산간지방인 북北라오스를 지나는 주요 운송로였다. 지금도 태국과 국경을 맞대고 있는 북쪽으로 가려면 배를 타고 이동하는 것이 가장 빠르다. 우린 지금 다음 일정을 위해 태국으로 가는 중이다. 루앙프라방Luang Prabang에서 전형적인 메콩식 수송선에 올라탔다. 배 길이는 30미터나 되는데 폭은 겨우 3미터다. 그래야 메콩 강의 좁고 빠른 물살을 헤치고 이리저리 방향을 틀 수 있기 때문이란다. 우리는 딱딱하고 얄팍한 나무좌석에 자리를 잡았다. 확실히 이 좌석 배치는 유럽에서 온 '190센티미터의 꺽다리'를 배려하지 않은 것 같다. 우리 셋은 몸을 잔뜩 구부리는 바람에 쥐가 난 다리를 연신 주무르느라 애를 먹었다.

머리 위에 쳐져 있는 지붕은 단순하게 생겼지만 다행히 햇빛을 막아주고 시원한 바람이 불어 들어와 뜨거운 열대의 더위를 식혀준다. 그런데 이 배 위에선 선장의 아내가 모든 결정권을 쥔 모양이다. 우리 생각에는 라오스 관습상 일반적인 것 같지 않다. 어쨌든 이 여인은 배 중간 복도

스님들과 함께 메콩 강을 지나며.

를 요란스레 누비고 다니며 좌우 양쪽 현에 앉은 승객들에게 배가 한쪽으로 기울지 않게끔 골고루 앉으라고 큰 소리로 호령한다. 그러다 보니 주황색 장삼을 걸친 스님 한 분이 바로 내 옆에 앉게 됐다. 안타깝게도 우리는 서로 공통으로 아는 언어가 없어 결국 이름과 출신지만 겨우 말해주고 더는 대화를 하지 못했다.

배 위에서의 시간은 쏜살같이 흘렀다. 강에서 그물을 던져 고기를 낚는 어부들이 쉽게 발견된다. 얕은 물가에서 물장구치고 노는 시골 아이들도 수두룩하다. 천천히 우리 곁을 스쳐지나가는 산 풍경은 가만히 생각에 잠기거나 한없이 꿈꾸게 만든다. 어느새 날이 어둑어둑해질 무렵, 주위가 갑자기 조용해졌다. 요란하게 소음을 내던 모터 소리가 들리지 않는다. 선장은 배를 강줄기에서 빼내 물결이 잔잔한 둔치에 댄다. 뒤편에서 금속제 공구함 여닫히는 소리가 들리는 걸 보니, 모터에 뭔가 이상이 생긴 모양이다. 이제 기다리면서 행운을 비는 수밖에 없다. 승객들의 수군거림도 서서히 잦아들고 밤이 우리를 찾아왔다.

한 시간쯤 지났을까. 모터가 다시 굉음을 내며 돌아가기 시작한다. 다시 출발이다. 희미한 달빛만이 어둠을 밝히며 일렁이는 수면 위에 제 모습을 비춘다. 이렇게 어두운데 어떻게 선장이 곳곳에 숨은 암초를 피해

좁은 항로를 찾아서 배를 끌고 가는 건지 몹시 궁금하다. 강에도 어떤 표지가 될 만한 것이 없다. 너무 어두워서 큰 풍경의 두루뭉술한 윤곽만 겨우 보일 뿐이다. 선장이 이 뱃길을 자기 손바닥 보듯 훤히 꿰고 있다고 기대할 밖에. 어쨌든 우리 모두 무사히 도착하려면 그의 직감에 최대한 많은 신뢰를 실어주는 게 최선이다. 내 기대는 빗나가지 않았다. 우리는 무사히 팍벵Pakbeng에 도착해 배에서 내렸다. 그날 밤 묵을 간소한 숙소를 찾아 우리는 단잠에 들었다. 다음 날 아침 오래도록 기억에 남을 만한 사건과 함께 잠에서 깨기 전까지 말이다.

불이야! ____ 오래 배를 타고 오느라 피곤했던 나는 눈을 감자마자 곯아떨어졌다. 한참 달게 자고 있는데 어느 순간 저 멀리서 고함 소리와 다급한 외침이 들린다. 악몽인가 싶었지만 고함 소리는 점점 더 현실적으로 들리며 내 귓전을 따갑게 울려댄다. 사방이 시끄럽고 요란해서 내 머릿속을 망치로 두드리는 것 같다. 갑자기 우리 방문이 왈칵 열리며 팀이 당혹스럽게 외치는 소리가 들렸다. "불이야, 불! 불 났어! 빨리 나와, 지금 당장!"

우지끈, 와르르, 우당탕! 우리가 묵은 게스트하우스가 통째로 울린다. 순식간에 정신이 번쩍 들었다! 꿈이 아니다, 생시다! 금세 맥박이 180까지 올라간다. 아드레날린이 온몸에 쫙 퍼지는 게 느껴지며 소름이 돋는다. 단 1초만에 팬티만 걸친 채로 복도로 뛰쳐나갔다. 왼쪽을 보니 얇은 대나무벽 사이로 불꽃이 일렁이며 우리 방 쪽으로 다가오는 게 보인다. 그러자 꼭 약속이나 한 듯, 살겠다는 본능이 나에 대한 통제권을 휘어잡는다. 본능의 첫 번째 명령은 이거다. "도망쳐!"

가능한 침착하게 남은 시간과 위험성을 가늠한다. 몇 분 버틸 수 있지? 2분? 아니면 1분? 다시 어둡고 좁은 우리 방으로 허겁지겁 뛰어 들어간다. 밖에서는 사람들이 큰 소리로 아우성이다. 매캐한 연기 향이 코끝에 닿고 점점 다가오는 불길의 거친 숨소리가 내 가슴을 쿵쾅쿵쾅 뛰게 한다. 들고 메고 이고 아무튼 내가 옮길 수 있는 건 죄다 가지고 계단을 뛰어내려가 건물 바깥으로 탈출한다. 그 순간 불길이 건물 외벽을 집어삼켰다. 덜덜 떨리는 무릎을 겨우 움직여 몇 발짝 더 안전한 곳으로 피신한다. 여행객 몇 사람과 많은 마을 주민들이 길에 우두커니 선 채로 모든 광경을 쳐다본다. 우리도 활활 타오르는 불꽃이 우리가 묵던 방을 사르고 결국 건물 전체를 삼키는 모양을 지켜보아야 했다.

인접한 네 채의 건물을 화마가 고스란히 태워먹는 동안 마을 사람들이 온갖 원시적인 방법으로나마 불길을 잡은 덕에, 그다음 희생양이 될 뻔한 자그마한 오두막은 무사히 살아남았다. 남은 건 잿더미로 변한 집

게스트하우스에 불이 났다!

네 채와 가벼운 부상을 입은 사람들, 그리고 모두를 훑고 지나간 강한 전율이다. 지금 이 글을 쓰는 와중에도 그 느낌이 다시 생생히 떠올라 부르르 몸이 떨린다. 다행히 우리는 소소한 물건만 불 속에 남겨 두었을 뿐 피해는 거의 없었다.

그런데 화재를 겪은 이곳 주민들의 태도가 신기할 뿐이다. 비록 아무도 크게 다치거나 하진 않았지만, 불에 탄 집에서 살던 사람들은 삶의 기반 자체를 잃어버린 셈이었다. 그런데도 그들은 그 타격을 겉으로 드러내지 않으려고 안간힘을 쓴다. 우리가 전날 저녁을 먹었던 식당의 주인도 마찬가지다. 그도 이번 불 때문에 전 재산을 다 잃었는데도, 폐허를 수습하다가 우리와 마주치자 웃으며 인사를 한다! 눈가에 고인 눈물자국이 아니었다면 그가 얼마나 힘들어 하는지 아마 눈치재지 못했을 거다.

우리가 짐작하기에는, 전형적인 불교식 사고방식이자 생활습관에서 나온 태도 같다. 문제가 생겼을 때 그것을 극복하고 운명을 온전히 받아들이고 다시 마음의 평정을 찾는 것은 오직 자기하기 나름이라는 것. 한편 불을 끌 때나 뒷수습을 할 때나, 독일과 비교하면 훨씬 '우리'라는 테두리에서 모든 걸 함께 하려 한다. 누구든 힘 닿는 대로 불탄 집들에 손을 보태고 도움을 주려 했다.

이날 저녁 우리는 다시 열 시간 넘게 배를 타고 태국으로 건너는 접경지로 이동했다. 마지막 기억이 사뭇 충격적이지만 라오스는 많은 것들로 내 기억에 강하게 남았다. 어쩜 저리도 순박할까 싶을 정도로 정겨운 사람들, 차분하지만 삶의 활기가 넘치는 분위기, 눈부시게 아름다운 산과 들, 생명의 젖줄 메콩 강, 특히 잊을 수 없는 두 사회적 기업가 앤디 슈뢰터와 윌 톰린슨까지.

DEPDC – 황금 삼각주의 인신매매에 맞서 싸우다

이른바 '메콩 유역(Mekong-Sub-Region)'이라 불리는 지역은 버마, 라오스, 중국 윈난성, 캄보디아, 베트남, 태국 등 여러 국가로 형성된다. 안타깝게도 이 지역은 인신매매단들이 치밀한 수법을 이용해 온갖 불법과 악행을 저지르며 활개 치는 곳으로 악명이 높다. 인신매매단은 해마다 수천 명의 아동과 여성을 교묘히 빼내어 인근 국가의 성매매업자들에게 팔아넘긴다. 피해 여성과 아동들은 때론 인신매매단의 거짓된 꼬임에 속아 넘어가거나 강제로 끌려간다. 그 원인은 대개 어찌할 수 없는 지독한 가난과 교육 부족이지만, 국적을 갖지 못한 주민들이 국가의 제도적 보호망에 들지 못하는 것도 주된 요인이다.

제일 큰 위험에 노출된 산간 주민들 ____ 곧잘 '힐 트라이브Hill Tribes(산악 부족)'라고 불리는 산간 주민들은 대개 난민 신분으로 태국 영토로 이주해왔다. 현재 태국에는 약 55만 명이 사는 것으로 집계되는데 이중 80퍼센트 이상이 태국에서 출생했지만, 겨우 20퍼센트만이 태국 국적을 갖고 있다. 자연히 나머지 대다수는 불법이민자 신세로 살아가며 심각한 차별과 사회적 방치와 불이익에 내몰린다. 교육, 보건 등의 기본적인 공적 서비스조차 그들에게는 그림의 떡이다. 그들이 성매매를 선택하는 것도 어찌 보면 당연한 결과다. 사실 그것 말고 별다른 선택의 여지도, 앞날의 가망도 없다.

설상가상으로, 이 삼각주 지역 내에서 어린 대상과 성매매를 원하는 수요가 급격히 증가하고 있다. 특히 이 현상은 태국이 심각한데, 아직 성경험이 없는 어린 소녀와 관계를 하면 회춘을 하고 에이즈 같은 질병에서도 보호된다는 속설을 믿기 때문이라고 한다. 그러다 보니 엄청난 돈을 주고라도 처녀와 미성년자를 성매매 하려들고, 이것이 곧 더 많은 아동들이 인신매매 현장에 끌려나오게 하는 악순환을 일으킨다.

다만 불행 중 다행인지 현지 구호단체들의 말로는 해외에서 오는 성매매 관광객들이 처녀나 미성년자를 찾는 일은 거의 사라지고 있다고 한다.

솜퐆 잔트라카 : 포주들과의 전쟁을 선포하다 ____ 솜퐆 잔트라카Sompop Jantraka는 1957년 태국 남부에서 태어났고 가난하게 자랐다. 설상가상 부모가 헤어지자 청소년기부터 일찌감치 거리에서 닥치는 대로 일하여 스스로 생계를 해결했다. 그런 혹독한 가난 속에서도 태국 북쪽에 위치한 치앙마이Chiang Mai 대학에서 정치학을 공부했다. 졸업 후 곧바로 대학에서 시행한 성매매 관련 연구조교로 근무를 시작했는데, 그 과정에서 황금 삼각주 산간 지역의 젊은 여성들이 성매매에 끌려들어갈 위험에 얼마나 많이 노출되어 있는지 알고 경악한다. 더구나 구체적인 통계 숫자까지 접하고 난 그는 깊은 충격을 받고, 급기야 본격적으로 인신매매에 개인적인 관심을 돌리기 시작했다.

버마와의 국경.

수업에 참여한 얀.

매사이 지역에 있는 DEPDC 본관.

그 후, 일본인 동료 연구원과 함께 태국의 아동 성매매 실태를 속속들이 조사했고, 갈수록 놀라움에 치를 떤다. 잔트라카는 이때가 자기 평생에 가장 결정적인 순간이었다고 생각한다. 이 아이들을 도와야겠다는 일념 하나만으로 그는 이론에만 그쳤던 연구의 테두리를 뛰쳐나왔기 때문이다. 1989년 잔트라카는 앞서 말한 일본 친구의 원조로 DEP(Development and Education Programme), 즉 '개발과 교육 프로그램'이라는 단체를 설립한다.

그전의 연구에서도 그는 지역개발과 교육이야말로 여성과 아동이 성매매의 수렁으로 빠져들지 않도록 보호하는 최고의 예방책이라는 점을 알고 있었다. DEP는 당장이라도 성매매 현장에 끌려갈 위험에 처해 있던 매사이Mae Sai 구역 출신의 소녀 열아홉 명을 데리고 첫 활동을 시작했다. 당시 이들이 가진 건 아무것도 없었다. 오직 무언가 바꾸고 싶다는 굳은 의지 하나뿐이었다.

힘없는 이들을 위한 배움과 삶의 공간 ____지금 DEP에는 초등교육과 중등교육을 제공하는 정규 프로그램 외에도 많은 특수 프로젝트와 프로그램이 활발히 돌아가고 있다. 그중에서 파탁Patak 학교는 국적도 없고 극심한 가난을 겪는 산촌 가정의 아이들에게 초등교육을 무상으로 실시한다. 수공예, 바느질, 대나무 공예, 요리 등 여성 청소년들이 선택해서 들을 수 있는 실무 직업교육 과정도 제공한다.

가장 최근에 시작한 프로젝트 중에 2004년에 시작한 메콩 유스 넷Mekong Youth Net은 특히 주목할 만하다. 메콩 강 유역 청소년들이 조를 짜서 각자 자기 지역을 위해 책임활동을 하도록 교육받는다. 이들은 그들이 사는 메콩 유역을 개괄적으로 공부하고 문화연구, 사회문제, 세계와 국제 이슈, 조사활동 수단, 경영훈련, 사회학 이야기 등을 함께 배운다. 매사이에서 진행되는 1년간의 교육이 끝나면 엄격한 선정 과정을 거친 청년 활동가들이 다시 고향으로 돌아가 인신매매 퇴치를 위해 국경과 지역을 넘나드는 네트워크를 공동으로 구축할 예정이다.

그러나 예나 지금이나 DEP의 핵심사업은 현재 인신매매 위협을 받는 마을의 남녀 아동들을 제때 식별하여 구출하는 일이다. 1년에 한 번씩 현지 교사, 성직자, 촌락대표들로 이뤄진 네트워크가 정기모임을 갖고, 지난 몇 년간 정교하고 정확해진 선정절차를 통해 현재 급한 위험에 처한 아이들을 선별한다. 그리고 부모와 일가친지들에게 하루빨리 DEPDC (Development and Education Programme for Daughters and Communities)

의 보호하에 아동을 인도하도록 설득하거나 강력히 압박한다.

행운의 소녀들이 사는 집 ____ 매사이의 DEPDC 센터에서 지내는 며칠 동안 솜폽 잔트라카가 하는 일의 범위를 제대로 경험했다. 우리는 반년 일정으로 자원 활동 중인 영국 아가씨 로나Lorna의 안내를 받으며 널찍한 구내를 이곳저곳 둘러봤다. 지금 여기 캠프에서 생활하는 소녀는 백여 명 남짓, 거의 17세에서 18세다. 읽고 쓰기, 산수, 외국어 등을 익히며 DEPDC를 나가서 생활할 수 있는 준비를 갖춘다. 로나가 이곳에서 겪은 것을 얘기해주는데, 어린 시절 워낙 끔찍한 경험을 하고 상처받은 채 오는 아이들이 대부분이라, 그들이 고통스런 기억을 극복하고 자립해서 살 수 있도록 도와주려면 웬만한 노력과 프로그램이 아니면 어렵다고 한다. 그중엔 인신매매꾼에게 끌려가기 직전 겨우 구출되어 여기 온 아이들도 간혹 있다. 워낙 살림이 궁한 데다, 값비싼 아편에 중독되어 약값을 얻는 데만 혈안이 된 부모가 단 몇백 달러에 자식을 팔아넘기는 일도 흔하다.

캠프에 사는 람 사이Lam Sai는 1989년 처음 DEP를 세웠을 때 합류한 열아홉 소녀 중 하나다. 람 사이가 살던 마을은 젊거나 어린 여자들 중 80퍼센트가 성매매를 하고 있었다. 지금 람 사이는 딸을 키우면서 DEPDC의 집행부에서 일한다. 그리고 스무 살 나이에 비해 굉장히 똑똑하고 성숙해 보이는 오이Oy를 만나 이야기를 나눴다. 캠프에 들어온 지 9년째고 막 마지막 학년을 상당히 좋은 성적으로 수료한 차였다. 오이는 긍지에 찬 표정으로 우리에게 내년에 시작되는 메콩 유스 넷의 소수정예 과정에 입단하게 됐다고 이야기했다.

inter view **솜폽 잔트라카**

"내가 무슨 일을 하는 건지 정확히 몰랐어요"

이곳 센터에서 보낸 마지막 날 드디어 잔트라카와 차근차근 이야기를 나눌 기회가 왔다. 우리가 만난 오이, 람 사이, 그리고 수많은 소녀를 성매매의 수렁에 빠지기 직전에 구출해낸 장본인이다. 우리가 사무실에 들어서자 솜폽 잔트라카의 따뜻한 미소가 우리를 환하게 감쌌다. 둥근 얼굴, 잿빛 머리카락, 카리스마가 물씬 풍기는 웃음에서 그의 마음속에 자리한 평화가 방을 가득 채운다. 나 역시 그 고요한 카리스마에 전염되어 대화 내내 마음을 빼앗겼고 강렬한 영감을 받았다. 그가 던지는 나직한 이야기가 머릿속 깊이 각인되어 오랜 시간이 지난 후에도 내 마음에 잔잔한 파문을 일으켰다.

단순한 아동보호소가 어떻게 교육의 장으로 변신하게 되었나요?

"처음엔 나도 내가 무슨 일을 하는 건지 정확히 몰랐어요. 우선 부모가 없어서 당장 오갈 데 없는 아이들에게 초점을 뒀죠. 그러다 이 아이들한테만 집중해선 안 되겠다는 걸 깨달았어요. 가족이 뻔히 있는 아이들이 인신매매에 더 많이 희생되고 있고, 지독한 가난, 교육 부족, 이주, 마을공동체 안에서의 관계가 그런 결과를 초래하는 경우가 많다는 걸 알아냈습니다. 이 상황을 바꾸려면 사회 자체를 변혁해야 합니다. 법 체계 역시 마찬가지고요."

> "어떤 비전을 좇아 일하고 있다면 그것이 현실과 맞아떨어지는지, 아니면 그냥 막연한 몽상인지 분명히 판단해야 합니다. 나는 답을 찾기 위해 관련된 모든 걸 닥치는 대로 듣고 보고 알아내려고 애썼습니다. 그리고 절대 포기한 적이 없습니다. 포기란 내 삶의 원칙에 완전히 위배되는 일이니까요."

그럼 처음의 비전을 빨리 포기해야 했겠군요.

"어떤 비전을 좇아 일하고 있다면 그것이 현실과 맞아떨어지는지, 아니면 그냥 막연한 몽상인지 분명히 판단해야 합니다. 내 경우엔 연구자의 본능이 작용했죠. 나는 답을 찾기 위해 거기 관련된 모든 걸 닥치는 대로 듣고 보고 알아내려고 애썼습니다. 그리고 절대 포기한 적이 없습니다. 포기란 내 삶의 원칙에 완전히 위배되는 일이니까요. 그러다가 어느 날 학교를 세우자는 생각이 들었습니다. 일본 친구에게 얘기해서 그의 고국인 일본에서 학교 설립기금 기부 캠페인을 벌였죠. 우여곡절 끝에 DEPDC라는 이름하에 교육 프로그램이 시작된 거고요."

DEPDC가 성공한 이유는 뭐라고 보십니까?

"첫째, 우리가 맞서 싸우는 문제를 모두가 인정하고 있기 때문이고, 둘째, 내가 문제에 접근하는 방식 때문이라고 생각해요. 행동하면서 배우기, 그리고 결코 포기하지 않기. 이것 말이죠."

듣다 보니 모두 간단한 것 같은데요?

"아니, 아니에요! 최근 몇 년간 우리에게도 좋은 시절, 나쁜 시절이 있었어요. 어떤 땐 참 좋다가도, 이따금 힘들어서 질질 짜고 푸념을 늘어놓은 적도 있죠.

솜폽 잔트라카와의 대화.

우리가 처음 이 일을 시작할 때는 한심할 만큼 작고 초라했어요. 그 조그맣던 씨앗에서 크고 튼튼한 나무가 자라난 겁니다. 중요한 건 성장 과정이죠. 나무 한 그루가 크면서 겪는 모든 문제를 우리도 겪었어요. 그중엔 당연히 가뭄처럼 혹독한 시절이 있었지만, 나중엔 우리가 쑥쑥 크고 훨씬 강해지는 때가 왔답니다."

앞으로 계획을 알려주세요.

"지금으로선 먼저부터 있던 나무 한 그루를 더 크게 키우기보다는, 새 씨앗을 심으려고 합니다. 그래서 일종의 지침서도 만들려고 합니다. 또, 일할 때 양이 아니라 질에 초점을 두어야 하고요. 현재 이 상태에서 뭔가 더 확장하기보다는 지금 있는 네트워크를 더 강화하는 데 주력할 생각입니다. 이 네트워크에서 소규모의 DEPDC들이 동시다발적으로 생겨나서 우리가 먼저 시험해본 모델들을 따라하는 겁니다. 우리가 그들을 안내하고 이끌어주면 되니까요. 현재 우리가 가진 장래 계획은 이렇습니다."

일을 하면서 개인으로서 희생한 것은 뭐가 있습니까?

"인생이란 게 잃었다가도 얻고 그러는 거 아니겠어요? 때론 너무 친구가 없다는 생각이 들어요. 그게 뭐 힘들진 않지만요. 여기서 하는 일이 다 참 재미있고 또 무한한 기쁨을 주니까요."

선생님의 평범한 하루 생활을 말씀해주신다면요?

"하루라도 아침 다섯 시보다 늦게 일어나면 큰일 납니다. 일이 산더미거든요. 어떨 땐 일하면서 점심을 먹고요. 저녁 일곱 시나 여덟 시에 집에 갑니다. 그래도 3년 전부터는 내 일이 '모두 다'에서 '몇 가지'로 줄어서 상황이 좀 나아졌습니다. 행정과 운영을 잘 아는 직원들과 활동가들이 생겼으니까요."

'사회적 기업가'란 어떤 사람이라고 보십니까?

"말 자체는 새롭지만, 사회적 기업가가 하는 일은 늘 있어왔죠. 사회자본, 인적자본을 형성하는 것이 사회사업의 본질입니다. 인간이란 존재는 늘 사회라는 것을 소비합니다. 오직 사회적 기업가만이 그렇게 소비한 것을 다시 사회에 돌려주죠. 취하는 것과 베푸는 것을 균등하게 행하는 겁니다. 남을 생각하고, 나 아닌 다른 생명을 염두에 두죠. 사회적 기업가가 생각하는 방식 때문에 독특한 목표가 생깁니다. 사회적 기업가는 늘 무언가를 행해서 무언가를 바꾸고 싶어 합니다. 발전하지 않은 것을 발전한 것으로 바꾸고 싶어 하죠. 사회적 기업가는 자기가 택한 길을 가며 그것을 결코 놓지 않습니다."

좀 더 알고 싶으세요?

DEPDC

솜폽 잔트라카가 태국 북부의 여성과 아이들을 성매매 도구로 전락시키고 있는 인신매매 범죄에 대항하려 만든 구호 교육단체. 이 지역 주민들 대부분은 불법 이주자 신분으로 절대적인 사회적 고립과 빈곤에 시달리는 터라 인신매매단이 워낙 쉽게 영향력을 뻗친다. 잔트라카는 1989년부터 개발촉진 프로그램과 교육을 통해 이 지역의 난제를 해결하고자 팔을 걷어붙였다. 특히 교사, 성직자, 촌락대표 등이 치밀한 네트워크를 조직해 인신매매에 희생될 위험에 처한 아동과 어린 여성들을 제때 발견하고, DEPDC의 보호 아래 그들을 양도하도록 가족과 친지를 설득, 압박하는 일이 가장 중요한 일이다.

● 홈페이지	www.depdc.org 블로그 depdcblog.wordpress.com
● 위치	태국, 매사이
● 활동가 현황	상근 활동가 48명, 외국인 자원 활동가 4명.
● 도움이 필요한 일	다양한 분야에서 도움을 필요로 한다. 청소년들에게 영어, 수학 등을 가르칠 인력이 특히 절실하다. 최소 6개월 이상 일할 수 있어야 하고, 유연성, 문화적 개방성이 반드시 요구된다.
● 숙박 및 식사	자원 활동가는 공간이 허락하는 한 캠프 구내에서 무료숙박이 가능하다. 혹은 근처 호텔에서 자비로 숙식 가능. 식사는 본인이 직접 해결.
● 사용 언어	영어
● 이메일	info@depdc.org

태국 —— 쓰나미 자원봉사자 센터 TVC

재앙을 딛고 뿌리는 희망의 씨앗

Tim
팀의 이야기

방콕에서의 하룻밤

매사이에서 여러 번 버스를 갈아타고 인구 6백만이 넘는 대도시 방콕으로 향한다. 우리 중 태국 전문가라 할 만한 얀은 여러 번 여기 와본 경험 덕에 방콕을 참 잘 안다. 얀은 태국에 왔으니 배낭여행자들의 집결지 카오산로드Khaosan Road를 꼭 가봐야 한단다. 어째서 이 거리와 그 주변 구역이 전 세계 젊은 여행자들의 집합소가 되었는지는 아무도 모른다. 카오산로드는 저렴한 호텔, 가게, 술집이 꽉꽉 들어차 있다. 길에도 발 디딜 틈 없이 수많은 노점이 옆구리를 맞대고 늘어섰다. 여기서 사지 못하는 물건은 없다. 기념품, 액세서리, 여행가방, 옷, 비행기표와 버스표, 온갖 종류의 먹을거리와 마실거리, 심지어 성매매 여성, 마약, 위조 여권도 있다.

저녁이 되면 거리는 놀이공원이 된다. 여기저기서 음악 소리가 쿵쿵 밤공기를 뒤흔들고, 호객꾼들은 '도저히 거절하기 힘든' 흥정을 걸고, 곳곳이 파티 분위기다. 몇백, 몇천 명이 끊임없이 앞으로 뒤로 바글바글 몰려다닌다. 소름끼치는 혼란이며 금방이라도 까무러칠 듯한 광기 투성이지만 한번 그 안에 몸을 담은 사람이라면 거부하기 힘든 무언가가 있다. "처음엔 딱 한 번만 이 분위기를 느껴보고 싶을 뿐이었는데, 꼭 다시 찾아오게 되더라고." 얀이 싱글싱글 웃으며 말한다.

물론 즐기려고 방콕에 온 건 아니다. 동남아에 온 이상, 쓰나미가 가져온 결과를 눈으로 확인하는 게 의무다. 태평양 한가운데에서 일어난 엄청난 강도의 해저지진은 동남아 해안에 엄청난 해일을 밀어 보냈다. 가공할 파괴력의 쓰나미는 2004년 크리스마스를 즐기던 관광객들과 주민 20만 명의 목숨을 앗아가는 한편 단 하룻밤 사이에 1700만 명의 보금자리를 파괴해 거리로 나앉게 만들었다. 태국에서만도 8천 명이 목숨을 잃었고 수많은 이들이 난민으로 전락했다. 평소에 아름다운 해변을 찾아 많은 관광객이 모여드는 카오락Khao Lak은 그중에서도 특히 큰 타격을 입은 곳 중 하나다. 지금 우리가 가는 곳도 이 카오락이다. 그곳에서 대재앙 뒤에 열심히 복구 활동을 하고 있는 '쓰나미 자원봉사자 센터(Tsunami Volunteer Center – TVC)'를 방문하기 위해서다.

혼잡한 거리를 떠나 스카이 트레인에 몸을 실었을 땐 일종의 안도감마저 들었다. 스카이 트레인은 콘크리트 기둥 위 지상에 설치된 선로를 달리는 지상철이다. 타고 있으면 높은 건물 안에 자리한 사무실이나 주거 공간 바로 곁을 스쳐 지나는 일이 흔하다. 열차 안 에어컨에서 나오는 냉기가 하루 종일 흘린 땀을 서늘히 식혀준다. 하지만 열차에서 플랫폼으로 발을 내딛자마자 후끈한 열기가 얼굴을 확 덮친다. 그야말로 살인 더위다.

하지만 적어도 오늘은 이 무더위에서 벗어나는 게 쉬울지도 모른다. 지금이 바로 손크란Sonkran, 그러니까 태국의 봄 축제 주간이기 때문이다. 이 일주일 동안은 태국 어딜 가나 물세례를 받기 일쑤다. 지금처럼

카오락의 해변은 꼭 한번 가볼 만한 곳이다.

숨이 턱 막히는 더위에는 물 한 양동이 둘러쓰면 딱이겠지만, 호텔로 돌아가 짐을 챙긴 뒤 다시 버스정거장으로 서둘러 가려면 최대한 보송보송한 상태를 유지하는 게 관건이다. 아쉽긴 하지만 어쩌랴.

"야호, 우리는 해변으로 간다!" ____ 그렇게 땀을 뻘뻘 흘려가며 서둘렀건만 결과는 헛수고. 우리가 탈 버스가 한 시간이나 늦게 방콕을 출발한단다. 우리처럼 버스 출발을 기다리는 여행자가 수백 명이다. 갈색으로 그을린 금발의 스칸디나비아인들, 야구모자와 물총으로 무장한 미국인들, 이 시대 마지막 남은 히피인 양 기타를 둘러메고 독특한 차림새를 한 배낭여행자들이 뒤섞여 알록달록한 무늬를 이룬다. 다들 버스 출발 신호가 울리면 바로 뛰어나가려는 듯 엉거주춤 서 있다. 이어질 여행은 버스에서 밤을 보내야 하는 긴 여정이다. 조금이라도 좋은 자리를 차지하고 싶은 게 인지상정이다. 다들 코팡안Koh Phangan의 멋들어진 해변에서 열리는 그 전설적인 보름달 파티(Full-Moon party)에 가는 중이다.

차가 출발할 때쯤 되자 분위기는 최고조다. 다들 아름다운 해변으로 떠나는 생각에 들떠 있다. 차에 타고 있는 건 죄다 백인 승객뿐이다. 유럽에서 학생들끼리 왁자지껄 엠티라도 가는 기분이다. 버스가 드디어 움직인다.

환승, 그리고 물세례 ____ 이튿날 아침 우리는 수라트타니Surat Thani에서 갈아타야 했다. 버스에 탄 사람 중에서 카오락으로 가는 사람은 오직 우리 세 사람뿐이다. 어쩐지 다행이다 싶어 안도의 한숨을 내쉬는 순간, 갑자기 물벼락이 철썩 나를 덮친다. 경고 한마디 없이 내 얼굴엔 하얗고 끈적한 덩어리가 내려앉고, 마티와 얀에게도 한 양동이 가득 물세례가 퍼부어졌다. 그럼 그렇지, 아무도 손크란을 비켜갈 수는 없다. 다행히 우리 셋은 이럴 때를 대비해 짐을 모두 방수덮개로 싸놨고, 얼굴 붉히는 일 없이 희생양(?)이 된 걸 즐겼다. 다시 우리가 탄 지선 버스가 다섯 시간 동안 180킬로미터를 이동하는 사이 광기에 찬, 그러나 선의가 담긴 물 공격이 이어졌다. 놀이꾼들이 물에다 색색가지 물감을 풀지 않았다면 우리 버스가 그냥 어디 세차 터널에라도 오래 있다 나온 줄 알았을 거다.

시간이 갈수록 풍경이 달라지기 시작한다. 살을 파고드는 강렬한 햇빛, 물기를 가득 머금은 거대한 야자수와 바나나나무가 무성한 열대우림, 갑작스레 우드드 쏟아졌다가 뚝 그치는 열대 소나기 등. 적도가 가까워지고 있다는 신호들이다. 버스는 원뿔형으로 생긴 구릉 사이를 구불구불 누비며 해안도로 쪽으로 달려간다. 카오락까지 남은 마지막 몇 킬로미터부터는 왜 우리가 여기 와 있는지 새삼 느끼게 해주는 풍경이 펼쳐지기 시작했다. 수많은 구호단체의 알림판과 재건 관련 업체들의 광고가

도로를 따라 즐비하게 늘어섰다.

카오락에 도착하기 전 우리는 텔레비전에서 보여준 쓰나미가 휩쓸고 간 직후의 광경을 떠올렸다. 그러나 막상 내려서 둘러보니 놀랍게도 생각보다 훨씬 복구가 많이 되어 꽤 정리된 모습이다. 아직 몇몇 곳은 물에 잠겨 있기도 하고, 여기저기 뭍에 널브러진 작은 보트와 어선 잔해, 거꾸로 공중에 솟아 있는 부서진 호텔 설비물 등이 간간이 눈에 띄긴 하지만, 카오락에는 다시 삶이 약동하는 게 느껴진다. '그날 이후'의 삶이 이어지는 것이다.

요즘 들어서야 관광객들은 다시 이곳을 찾기 시작했다. 대부분 배낭을 둘러멘 배낭여행자들이 찾아와 모래사장에 누워 태양과 바다를 즐긴다. 카오락이 큰 여행사들 카탈로그에 다시 하이라이트로 표시되어 올라 있는 모양이다. 우리가 숙소로 잡은 방갈로는 해변보다 훨씬 위쪽에 있고 해일이 덮쳐온 지점보다 더 안쪽에 위치했다. 쓰나미가 휩쓸고 지나간 길목마다 남겨진 폐허가 줄줄이 이어지는 풍경이 사뭇 을씨년스럽다. 부서진 호텔 잔재, 진흙이 가득 찬 수영장, 산처럼 쌓인 부서진 목재와 건물 파편이 곳곳에 흩어져 있다. 지난 2004년 무슨 일이 있었는지 생생히 말해주는 증거인 셈이다.

TVC를 현장에서 진두지휘하는 레크 애Lek Ae는 방콕 출신 개발전문가다. 한손에 커피잔을 든 채 우리를 맞이한 레크 애는, 약간 서툰 영어로 카오락에 도착할 당시 얘기를 해준다. "2005년 1월 초엔 그야말로 끔찍한 대혼돈 상태였어요. 수백 개 단체, 수천 명의 사람이 구호를 위해 몰려들었죠." TVC가 제일 먼저 했던 일은 시신을 수습하는 것. 그 혹독한 첫 임무가 마무리된 지금, TVC는 생존자들에게 예전 직업이나 새로운 직업을 다시 영위할 수 있게 돕고, 살 집을 마련해주는 일에 주력하고 있다.

'타이키Thaikea' 가구 ____ 재앙이 카오락을 휩쓸고 간 직후 한 외국 독지가가 수백 개의 관을 보내왔다. 그런데 시신을 넣기엔 관이 너무 작았다. TVC의 자원봉사자들은 이 관을 뜯어 스웨덴의 한 가구 제조업체가 알려준 방식으로 단순하고 현대적인 개념의 가구를 만들기로 했다. TVC는 이렇게 만든 가구를 새로 복구된 가옥에 제공했다. 관으로만 가구를 만든 건 아니다. 뿌리 뽑힌 나무나 부서진 목재도 열심히 활용했다. 이렇게 만든 가구는 TVC 사무실 옆에 마련된 전시장에서 팔기도 한다.

대홍수 이후의 생활, 그리고 새 조선소 ____ 자원봉사자들은 '케이프 파카랑 보트 야드Cape Pakarang Boat Yard'라는 이름의 새 조선소도 지었다. 이 주변 마을 850여 주민은 거의 어업으로 생계를 이었는데 그중 500여 명이 숨졌고 배는 거의 다 부서졌다. 당연히 남은 주민들이 쓸 어선 만드는 일이 시급했다. 워낙 조선소가 작아 처음엔 급하게 만든 배 한두 척으로 겨우 어민 몇 사람만 다시 조업을 나갈 수 있었다. 하지만 부지런히 어선을 더 마련해 꽤 많은 가구에 어선을 제공하게 됐다. 현재까지 이곳의 조선 작업은 TVC의 관리와 지원을 받지만, 머지않아 태국인들이 운영을 맡는 현지 단체 하나를 세워 사업을 계속할 방침이다.

2008년부터는 여기서 수집된 경험과 정보를 취합해 쓰나미를 연구하는 한 기관에 의탁할 예정이다. 돕겠다는 마음 하나만 갖고 즉석에서 결성된 자원봉사자 모임이 한 일 치고는 상당히 뛰어나며 대단히 의미 있는 일이다. TVC의 설립자인 솜바트 분가마농Sombat Boongamanong은 우리와의 대화에서 이 모든 일이 어느 날 갑자기 '급물살'을 탄 듯 시작됐다고 털어놨다.

interview 솜바트 분가마농

"딱 닷새만 가서 돕자"

자원봉사자들이 어떻게 한 자리에 모이게 됐죠?

"텔레비전에서 쓰나미 참사가 일어난 걸 봤을 때 곧바로 든 생각이, 여기 방콕에 눌러앉아 있으면 안 되겠다, 가서 어떻게든 도울 거리를 찾아봐야 한다는 거였어요. 그래서 친구한테 전화를 걸어 앞으로 닷새간 카오락에 구호 작업을 하러 갈 테니 누구든 같이 돕고 싶은 사람은 그리로 오라고 말해달라고 했죠. 그렇게 카오락에 스물세 명이 모였어요. 일하다 보니 겨우 며칠 가지곤 턱없이 부족하더군요. 그래서 방콕으로 돌아가지 않고 쓰나미 자원봉사자 센터를 만들었어요. 각지에서 오는 자원봉사자들을 배치하는 게 TVC의 주업무였죠."

닷새가 여러 해가 됐네요. 이것 때문에 그냥 놔두고 온 일은 없었나요? 그 전에 하던 일은 무엇인가요?

"사실 전 내일모레면 마흔이에요. 대학 때 친구들이랑 극단도 만들었어요. '미러 아트 그룹'이란 건데, 우리 사회의 문제를 가지고 연극을 하죠. 벌써 10년간이나 태국 각지에서 공연도 했어요. 사회의 잘못된 점과 문제, 특히 우리나라

어선 제작 프로젝트 – 쓰나미에 부서진 어선을 대신할 새 배를 부지런히 제작하고 있다.

북부에서 불이익에 시달리는 소수자들의 상황을 보여주고 문제의식을 일깨우고 싶었어요. 국적 없는 산간 주민들에게 태국 국적을 주고 그들이 국민으로서 의무와 권리를 모두 수행하게 하자는 얘기를 많이 전하고 있죠. 아직까지 아주 대단한 성과를 낸 건 아니지만 말이죠."

카오락으로 온 게 개인적으로 큰 희생을 각오한 거였나요?

"아뇨. 그렇게 말할 만한 일이 딱히 떠오르지 않네요. 물론 일이 너무 많으면 문제가 좀 있죠. 그런데도 일이 참 재미있어요. 일하면서 만나는 사람들이 나를 재미있게 해줘요. 물론 친구는 별로 없어요. 사생활도 없어요. 어쩌다 휴가라도 얻으면 그게 또 골치 아파요. 자꾸 다시 일하고 싶은 병이 도지거든요."

스스로를 사회적 기업가라고 생각하시나요?

"사회운동가와 사회적 기업가 사이엔 차이가 있다고 봅니다. 운동가는 로비스트처럼 생각하지만 사회적 기업가는 더 큰 맥락을 떠올리죠. 조금이라도 더 많은 사람을 돕기 위해 시스템 자체를 바꾸고 싶어 합니다. 사회적 기업가는 또 두 가지를 동시에 해야 합니다. 자기가 몸담은 영역을 잘 알아야 하고, 경영 마인드도 함께 겸비해야 합니다. 저를 이런 사회적 기업가에 포함해도 될지는 여

> “텔레비전에서 쓰나미 참사가 일어난 걸 봤을 때 곧바로 든 생각이, 가서 어떻게든 도울 거리를 찾아봐야 한다는 거였어요. 일하다 보니 겨우 며칠 가지곤 턱없이 부족하더군요. 그래서 쓰나미 자원봉사자 센터를 만들었어요.”

러분 판단에 맡길게요.”

보통 일하는 날이 어떻게 흘러가는지 설명해주세요.

“제 일은 축구 훈련코치랑 비슷해요. 팀을 소집하고, 지금 달성해야 할 목표가 뭔지 고민하고, 함께 힘을 합쳐 ‘더 나은 플레이’를 할 수 있는 방법이 뭘까 생각하죠. 복구 프로젝트마다 각기 프로젝트 매니저가 따로 있어서 동시다발로 여러 가지가 운영됩니다. 하지만 프로젝트끼리 틈날 때마다 서로 얘기하고 조정하고 약속을 정해야 하죠. 그런 일정을 짜는 게 제 몫이에요. 제 일은 대개 그렇습니다.”

‘성공’이 뭐라고 생각하세요?

“나한테 성공은 중요한 말이에요. 난 젊은 사람들한테 같이 참여할 기회를 많이 줍니다. 되도록 많은 사람이 동참해야 한다고 생각하거든요. 작년에 우리 단체를 찾아와 카오락에서 일한 자원봉사자는 4천 명이 넘었어요. 이런 게 성공이라고 봐요. 지금까지 타인을 돕고 싶은 사람들을 우리 프로젝트에 아주 많이 참여시켰어요. 참 대단한 일이죠?”

10년 뒤에는 어떤 일을 할 거라고 생각하세요?

“아마 계속 자원봉사를 할 거 같아요. 다른 구호단체들은 복구 프로젝트 자체에 집중하지만, 우리는 그런 일을 하는 '사람들'에 치중하죠. 도울 마음이 있는 사람들을 귀중한 노동력으로서 적재적소에 배치하는 임무입니다."

시밀란 군도의 스쿠버다이빙 ___ TVC를 방문하고 나서, 쓰나미로 인한 피해가 복구된 지역을 찾아 휴가를 가졌다. 두 달 전 히말라야 등산을 한 뒤로 두 번째 갖는 휴가다. 이번엔 유명한 다이빙 포인트가 있는 태국 서부 시밀란Similan 군도로 떠났다. 물론 비용은 개인부담이다. 물속에서 본 환상적인 세계는 결코 잊지 못할 기억으로 남았다. 휴가 뒤엔 태국 남부로 가서 피지트 차른스노Pisit Charnsnoh라는 환경운동가를 만난다. 어민들과 연대해, 해양생태와 조화를 이루는 조업활동을 하자는 운동을 벌이는 활동가다. 남획과 산호초 파괴도 그들이 문제로 삼고 견제하는 대상이다. 며칠간의 다이빙 경험으로 해양생태를 잘 보존하고 자연 그대로 유지하는 것이 얼마나 가치 있는 일인지 새삼 깨달은 우리는 다음 인터뷰를 위해 길을 떠난다.

좀 더 알고 싶으세요?

Tsunami Volunteer Center

쓰나미 자원봉사자 센터는, 방콕 출신의 솜바트 분가마농과 자원봉사자 스물세 명이 만든 단체다. TVC는 피해 상황과 필요한 복구가 무엇인지 판단하고 자원봉사자를 파견하며, 각 프로젝트 운영을 컨트롤해서 구호의 손길이 효과적으로 닿도록 관리한다. 다른 단체들과도 연계해 광범위한 인력과 자원을 적재적소에 배치한다.

● 홈페이지	www.tsunamivolunteer.net/english
● 위치	태국, 여러 지역(카오락 포함)
● 활동가 현황	상근 활동가 6명, 시간제 활동가 2명, 국내외 자원 활동가 12명.
● 도움이 필요한 일	다양한 건축 및 건설 프로젝트, 태국 학생들에게 외국어 가르치기 등. 역시 이곳도 유연성과 열린 마음이 가장 중요하며, 직접 손과 발을 움직여 몸으로 일할 자세가 필수.
● 숙박 및 식사	단체가 입주한 건물에 숙소가 있다. 게스트하우스 등 다른 숙소를 알아봐도 좋음.
● 사용 언어	영어, 독일어
● 이메일	sombat@bannok.com

태국 —— 야드폰 Yadfon

맹그로브 숲, 위기에 처한 생태계

Jan 얀의 이야기

자연 그대로의 생태계를 위한 '빗방울'

야드폰은 태국어로 '빗방울'이란 뜻이다. 또한 피지트 차른스노가 1985년 태국 남부 트랑Trang 시에 세운 환경보호단체의 이름이기도 하다. 트랑은 작은 주도州都다. 도착 후 첫인상은 아늑하면서도 도시 전체가 잠들어 있는 듯한 분위기다. 도착 당일 저녁은 야드폰 프로젝트 방문을 준비하는 일로 보냈다. 실제 태국 연안 일대 개발이 어떤 환경훼손을 불러 왔는지 찾아보고 나니, 피지트 차른스노와 야드폰이 지금껏 해온 일이 어떤 것인지 윤곽이 잡힌다.

곳곳에서 일어나는 환경훼손 ___ 태국만과 안다만Andaman 해 양쪽에 형성된 태국의 해안선은 2614킬로미터다. 1960년대까지 이곳은 자연 그대로 보존된 채 서로 영향을 주고받는 건강한 생태계가 존재했다. 맹그로브Mangrove(아열대나 열대의 해변이나 하구의 습지에서 자라는 관목이나 교목 – 옮긴이) 숲, 해초밭, 산호초가 풍부하게 조성된 천혜의 바다였다. 이 생물군이 완충지대 구실을 해준 덕분에 육지는 바닷물에 곧

바로 침수되는 일이 적었고, 새우, 오징어, 게, 조개 등 각종 어류가 서식하는 연안성 해양동물의 낙원이 형성됐다. 이 지역의 풍성한 동식물 생태계는 연안 주민들을 먹여 살리기에 부족함이 없었다.

그러다 개발 바람이 밀어닥치고 나서 연안 지역이 변화의 급물살을 탔다. 특히 맹그로브 숲이 대대적으로 벌목되기 시작한 것이 발단이었다. 과거 그토록 풍성했던 숲의 50퍼센트가 무참히 잘려나갔다. 그리고 그 수많은 나무가 잘려나간 자리를 새우양식장이 차지했다. 일본, 미국, 유럽 등 세계 각지에서 태국산 새우를 찾는 수요가 급증했기에, 맹그로브 숲보다 새우를 키워서 파는 일이 더 중요하게 취급되었다.

새우양식에서 발생하는 수입이 점점 늘어나자, 새우양식업자들은 더욱 많은 수익을 올리려는 욕심에 제한된 공간에 한계 이상으로 많은 개체를 양식하는 우를 범했다. 당연히 양식장에 병이 돌았고 살충제 등 강한 약품을 양식장에 풀어야 했다. 또 화학 성장촉진제까지 함부로 써서 몇 년 안 되는 사이 양식장은 정화가 불가능할 정도로 엄청난 독성물질

현지 어민들은 다시 살아난 맹그로브 정글이 반갑기만 하다.

이 축적되고 말았다. 그러면 업자들은 오염된 양식장을 쉽게 버리고 다른 곳에다 다시 양식장을 만들었다. 그냥 맹그로브 나무를 베어내기만 하면 그만이었다. 양식장에서 흘러나오는 독성 하수는 주변 해양 수질까지 심각하게 망가뜨렸다.

또 하나의 문제는 태국 정부의 해안 임대정책이었다. 정부는 15년 기한으로 맹그로브 숲을 벌목해 목탄 생산을 하도록 허가했다. 물론 부분 벌목을 지킬 것과 지속적으로 맹그로브를 다시 심어서 숲의 일정 면적을 유지한다는 것이 조건이었다. 그러나 이렇다 할 규제가 없었던 탓에 임차인들은 재조림 의무를 게을리 했고, 임대기간이 끝난 뒤에는 깡그리 헐벗은 빈터만 남기고 나 몰라라 등을 돌렸다. 2001년이 되어서야 문제의 심각성을 깨달은 정부가 임대정책 시행을 중단했다.

맹그로브 숲이 유실되자 가장 직접적인 타격을 받은 것은 인접해 있는 넓은 해초서식지였다. 맹그로브 숲이 없어지면서 완충지대 없이 곧바로 흘러들어오는 민물 때문에 해초밭이 훼손되었고, 그로 인해 토양침식이 더 빨라졌다. 대형 수산업체가 관리하는 트롤 어선들은 점점 법규를 위반하면서 해안선 3킬로미터 이내 보호구역에서 조업을 일삼는다. 트롤 어선은 촘촘한 저인망을 끌고 다니며 해초를 짓이기고 해저 면을 손상하며 어린 물고기들의 서식지를 파괴한다. 설상가상으로 다이너마이트를 터뜨려 고기를 잡는 어선들 때문에 그 피해가 말로 할 수 없을 만큼 심각하다. 얕은 해역에서의 저인망 포획과 근해에서의 다이너마이트 남용으로 태국 근해에 형성된 산호초가 광범위하게 훼손되었다.

당연히 이런 일련의 변화는 가족 단위로 어업을 해서 생계를 꾸려가는 어민들의 생존 기반을 완전히 앗아갔다. 그 가능성을 다시 살리기 위해 악전고투하는 것이 바로 피지트 차른스노의 일이다.

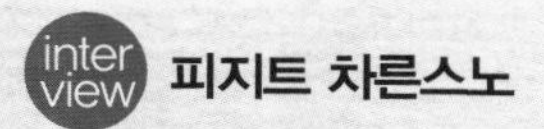

"온전한 생태계를 지켜 어민들의 생존을 보장합니다"

이튿날 정오 무렵 우리는 동남아의 전형적인 오토바이 택시 '툭툭'을 타고 야드폰 조합으로 향했다. 툭툭에서 내리자마자 다시 그 설렘이 나를 에워싼다. 새로 사회적 기업가를 만나기 직전이면 언제나 이런 설렘과 호기심이 마음속에서 요동친다.

짧게 깎은 수염과 희끗한 머리, 한 남자가 따뜻한 웃음을 띠고 입구에서 우리를 맞는다. 피지트 차른스노, 바로 그 사람이다. 전에 사진으로 봐서인지 인상이 낯익다. 수줍은 표정으로 인사하며 들어오라고 말한다. 벽에는 주변 지역 지도가 몇 장씩 걸려 있고 여러 가지 식물, 습지, 지역 생태계 등을 보여주는 그림과 설명이 벽을 도배했다. 이 모든 것을 묵묵히 해온 이 남자에 대해 되도록 빨리 많은 것을 알고 싶어 곧장 인터뷰에 들어갔다.

어떤 어린 시절을 보내셨는지요?

"1944년에 태어났고, 부모님은 벼농사 짓는 가난한 농민이었습니다. 열한 살 때까지는 이곳 태국 남쪽에서 살았죠. 그러다 공부 때문에 태국 북부로 올라갔어요. 1969년 농업 전공으로 대학을 졸업했습니다.

첫 직장은 NGO였어요. 그로부터 11년간 방콕에서 북동쪽으로 2백 킬로미터 떨어진 곳에서 농민들을 상담해주고 농법을 바꿔서 소득을 올릴 수 있게 도왔습니다. 그 일을 그만두고는 두 해쯤 치앙마이Chiang Mai와 치앙라이

> “ 같이 지내다 보니 주민들에게 어떤 지식을 주입하는 것이 별로 나은 방법이 아니더군요. 오히려 현지 주민들이 예부터 이어 내려오는 경험과 지식을 믿고 그걸 활용하도록 하는 게 더 효과적이었습니다. 말하자면 ‘지역 고유의 지혜’를 되살리고 적극 개발하는 거죠. ”

Chiang Rai 북쪽 인근 농촌에서 최소비용농법(Low-Cost-Farming) 프로젝트 운영자로 일했어요. 앞서 한 일이나, 이 일이나 경작 효율을 극대화하는 게 주 임무였죠. 그 뒤로도 여러 NGO와 함께 일을 했습니다.”

야드폰은 어떻게 설립하게 됐습니까?

“사실 난 내가 하는 일에 충분히 만족하고 있었습니다. 나처럼 이상과 목표를 현실에서 충족하며 사는 사람도 드물었을 거예요. 그러다 점점 상사가 정한 일을 하기보다 내가 책임자가 되어 어떤 임무를 완수하고 싶다는 욕구가 커졌어요. 마침 1985년엔가 아내의 출생지인 이곳 트랑으로 가족이 다 함께 이주하게 됐어요. 내 꿈을 실천에 옮길 기회였죠. 그래서 친구들을 모아 야드폰을 설립했습니다.”

어떤 일이 첫 업무였나요?

“처음 우리가 한 일은, 우리 도움이 가장 시급한 사람이 누군지 알아내는 거였습니다. 알아보니 이곳 어촌들이 아주 심각한 상황에 처해 있었습니다. 연해 식물계, 동물계가 광범위하게 망가져서 어민들의 수입원이 사라진 거나 마찬가지였습니다. 대안도 없어 보이는 막다른 상황이었죠. 특히 말레이시아 출신 무슬림들은 아주 참담했어요. 워낙 태국이 불교를 국교로 하기 때문에 무슬림의 권익을 인정하지 않았거든요.

두 번째 한 일은, 망가진 생태계를 복원하고 현재 남아 있는 것을 보존하는 것이었습니다. 태국의 경제개발과 급격한 성장이 환경에 큰 부담을 주게 되었습니다. 우리는 우선 현지 주민들을 설득해서 지역 환경을 신중하게 사용하고 꾸준히 보호하도록 독려했죠. 그 과정에서 손잡고 일한 조직이나 단체도 여러 곳입니다. 산에 있는 사람들, 바다에 있는 사람들, 가리지 않았죠.

세 번째 일은, 네트워크 결성이었어요. 우리는 어떤 걸 바꿀 때 한 마을이 통째로 달려들어도 별로 결과가 신통치 않다는 걸 깨달았습니다. 그럼 여러 마을이 한꺼번에 달라붙자 싶었죠. 그래서 지역간, 마을간 연대를 만들자고 주장했고, 다 같이 목소리를 내어 주민들이 함께 요구사항을 표출하는 걸 도왔습니다."

그간 어떤 어려움이 있었는지요?

"맨 처음 장애물은, 불교신자인 제가 무슬림 마을 주민들의 신뢰를 얻는 일이었습니다. 일단 그분들에게 신의를 얻으려고 그냥 조용히 어민들과 몇 달을 같이 생활했습니다. 함부로 나서서 뭘 조율하려고 하지도 않았어요. 그렇게 같이 지내다 보니 주민들에게 외부에서 어떤 지식을 주입하는 것이 별로 나은 방법이 아니라는 생각이 들었어요. 오히려 현지 주민들이 자기가 가진 지식과 예부터 이어 내려오는 경험을 믿고 그걸 활용할 생각을 하게 하는 게 더 효과적이었습니다. 말하자면 '지역 고유의 지혜(local wisdom)'를 되살리고 적극 개발하는 거죠."

야드폰이 많은 성과를 본 이유는 뭐라고 생각하십니까?

"땀 흘려 일하는 우리 활동가들이 마을공동체의 일부가 되어 함께 자고 먹고 일하며 많은 걸 배우기 때문입니다. 또, 처음 시작할 때 실수하지 않았고 여러 차원에서 신뢰를 얻었던 점도 성공요인입니다. 더욱이 시간이 가면서 다른 단체, 인근 대학들과 진행한 협력사업이 성공하기도 했습니다. 오래 믿고 같이 일할 수 있는 좋은 네트워크도 꾸준히 만들었고요. 항상 천천히 조금씩 변화를 시도했고, 우리가 아는 연구결과와 논리적인 사고를 십분 활용했습니다. 한 번도 항의나 시위를 기도한 적은 없습니다. 그보다는 농어촌 주민들을 꾸준히 교육해서, 뭔가를 바꾸려면 어떻게 해야 할지 스스로 깨닫게 도왔습니다."

선생님 개인에게 '성공' 이란 어떤 의미입니까?

"나는 현지 주민들을 존중합니다. 사람을 늘 떠올리죠. 내가 하는 일은 곧 내 삶이고요. 이런 게 내가 사는 방식입니다. 그래서 지금 이 사람들과 일하는 게 좋고, 친구도 엄청나게 많습니다. 그들은 다 내 일을 지지하고 후원합니다. 지금 하는 일이 만족스럽고 뿌듯합니다. 날마다 일을 할 때면 비록 소소하긴 해도 내가 참 성공했구나 하고 느낍니다. 이런 소소한 게 쌓이면 큰 게 되잖아요. 뭐 그렇다고 내가 하는 일이 죄다 성과가 있다고 말하는 건 아닙니다. 지금 있는 그대로, 되어가는 대로, 그것이 내 삶의 결과물이죠."

보통 하루 일과가 어떻게 흘러가는지요?

"아침 일찍 일을 시작해서 밤 늦게야 집에 옵니다. 지난 20년간 늘 그랬어요."

20년 전에 비해 일의 성격이 많이 달라졌나요?

"처음엔 가난하고 힘없는 지역 주민들과 살을 맞대고 일을 했어요. 시간이 지나니까 주민들도 강해지고 뭐든 스스로 할 자신감이 생겼어요. 이제 다른 지역에서 야드폰을 세울 생각입니다. 지금은 40여 마을과 협력해서 일합니다. 이렇게 우리 협력망이 커지면 커질수록 나는 더욱더 사무실에서 행정적인 일에 집중하게 되죠. 곳곳에서 벌어지는 행사와 프로젝트를 관리해야 하니까요. 지금 활동가가 열 명인데, 장차 마을 한 곳씩을 맡아 프로젝트를 이끌 수 있게 교육하고 있어요. 그 사이 내 일의 성격이 많이 변한 거죠. 책임은 더 많아진 반면 자유시간은 더 적어졌어요."

다시 한 번 더 야드폰을 새로 시작할 기회가 주어지면 뭐가 달라질까요?

"개발이란 나무를 심는 것과 비슷해요. 처음에 씨 하나를 땅에 심으면 나무가 점점 자라나죠. 나는 이 나무가 내 머리, 그러니까 내 마음속에서 서서히 자라는 거라고 생각해요. 다시 시작한다면, 글쎄요. 아마 과거에 내린 결정 중 몇몇을 조금 더 빨리 처리하는 정도 아닐까요?"

앞으로 몇 년간 달성하고 싶은 계획이 있다면요?

"우리 단체 얘기를 하는 거라면, 더 이상 예산을 늘리거나 활동가를 더 채용하지 않을 계획입니다. 지금처럼 작게 유지하고 싶어요. 덩치 큰 NGO가 되고 싶지 않거든요. 하지만 네트워크는 더 튼튼히 만들고 싶고, 그래서 우리 마을 공동체가 꾸준히 발전했으면 좋겠습니다. 이들이 진정한 삶의 질을 누리는 것 말입니다."

차른스노 씨가 생각하는 '사회적 기업가'란 무엇입니까?

"사회적 기업가요? 우리 사회를 보살피고 발전시키는 데 온 힘을 쏟는 사람이죠. 그 가능성과 방법은 참 다양할 겁니다. 다만 한 가지는 공통필수입니다. 바로 올바른 마음가짐이죠. 세계는 지금 수많은 문제를 떠안고 있고, 무수한 사람들이 생존조차 버거울 만큼 팍팍하게 살아갑니다. 다행히 어느 나라에나 더 나은 사회를 만들려면 노력이 필요하다는 걸 아는 이들은 있습니다. 이들이 사회적 기업가의 역할을 선택하고 실천하는 일은 갈수록 중요해질 겁니다."

●● 조개잡이 청년이 자기가 잡은 수확물을 뽐내며 웃는다.
●● 불볕 더위 속에 논을 지나고 사고야자 숲을 지나 행군하는 우리.

야자수 천국에서 ____ 인터뷰를 마치고 픽업트럭 짐칸에 올라탄 우리는 사고Sago야자가 나는 습지로 향했다. 작은 마을 한 곳에 내려서 야자수로 만드는 온갖 물건이란 물건은 다 구경했다. 야자잎과 줄기로 지붕도 만들고 돗자리도 짜고, 열매를 가루 내어 녹말도 만든다. 물에서 자라는 사고야자는 그야말로 이 습지 주민들에게 없어서는 안 될 중요하고 또 쏠쏠한 수입원이다. 하지만 단지 그래서 야자 숲이 중요한 게 아니다. 무엇보다도 이곳 생태계의 균형을 가장 잘 지켜주는 것이 바로 이 사고야자다. 다른 식물이 잘 자랄 수 있게 그늘도 드리워주고 지하수 양을 일정하게 유지해준다.

이튿날 아침, 일어날 때부터 몸이 생생한 기운으로 가득 찼다. 오늘은 피지트와 함께 맹그로브 숲에 가보고 거기서 야드폰이 생태계 유지를 위해 어떤 일을 하고 있는지 직접 확인하기로 했다. 우리 말고도 나콘Nakhon이라는 사람과 타마라트Thammarat 대학의 학생과 교직원들도 견학에 참가한다.

맹그로브 숲에서 게잡이를 ____ 먼저 작은 고기잡이배 몇 대에 나

논에서 일하는 여성 농민.

눠 타고 첫 번째 견학지를 향해 넓은 강 하류 위를 이동한다. 얼마쯤 본류의 물살을 헤쳤을까. 배는 서서히 좁은 지류로 접어든다. 맹그로브 숲 한복판으로 들어가는 거다. 맹그로브는 굵직굵직한 뿌리의 그 억센 갈퀴손에 달린 수백 개의 손가락으로 단단히 강바닥 땅을 붙들었다. 다음에 해일이 밀려오거나 홍수가 나도 끄떡없을 것 같다. 진흙 갯벌에 뿌리내리고 사는 키 작은 맹그로브 관목 사이에서 게를 잡는 어민도 만났다. 이 어부 아저씨는 자기가 직접 만든 그물 덫을 자랑스럽게 들어보였다. 그러고는 웃음 띤 얼굴로 철벅철벅 진흙밭을 밟으며 축축하고 어두운 정글 속으로 들어갔다. 겨우 몇 미터 멀어졌을 뿐인데 아저씨의 빨간 장화만 보인다.

얼마 안 가 배에서 내렸다. 좁다란 널빤지를 조심스레 밟으며 뭍에 오르니 작은 오두막으로 이어진다. 여기서 마을 대표가 태국 대학생들에게 마을공동체가 어떤 식으로 책임의식을 갖고 맹그로브 정글을 보호하는지, 그리고 그곳에서 어떻게 생업을 유지하는지 차근차근 설명한다. 오늘 긴 바지를 입은 게 다행이다. 모두들 바로 몰려든 모기 몇십 마리를 쫓아내느라 손사래를 치기 바쁘다. 이 흡혈귀들이 새끼를 낳고 키우기에 습지보다 더 좋은 곳이 어디 있겠냐마는.

다시 맹그로브 숲 가운데로 난 콘크리트 통행로를 1킬로미터쯤 더 걸어가자, 아까 설명을 맡은 대표가 사는 마을에 이르렀다. 여기서 피지트의 통역으로 마을 주민들과 대화를 나누게 됐다. 나는 오랜만에 만난 이 좋은 기회를 놓치지 않고 사람들이 질릴 때까지 이것저것 열심히 물어본다.

독일 속담에 '뜨거운 돌 위에 겨우 물방울 하나'란 말이 있다. 무언가 달라지기엔 너무 미미한 일을 뜻하는 말이다. 그러나 지금까지 20년간 피지트 차른스노의 '빗방울(야드폰)'은 '겨우 물방울 하나'가 얼마나 의미 있는 일을 할 수 있는지 보여줬다. 마흔 곳의 마을이 야드폰을 통해 생업을 개선했고 참담한 상황에서 벗어날 수 있었다. 또한 마을끼리 서로 연대하고 무엇이든 할 수 있다는 자신감을 갖게 되자, 주민 스스로 응당 누려야 할 권익을 당당히 요구하고 실행에 옮겼고, 환경까지 적극적으로 지키고 보존하는 놀라운 결과가 나타났다.

게잡이 어부가 맹그로브 정글로 들어가기 전 자기가 직접 만든 덫을 들고 환하게 웃는다.

좀 더 알고 싶으세요?

야드폰 Yadfon

태국의 해안 지역은, 1960년대 이후 급격한 경제 발전을 거치며 곳곳의 동식물계가 광범위하게 파괴되는 아픔을 겪었다. 그로 인해 소규모 조업을 주로 하는 어민들의 생업기반이 무너졌다. 야드폰은 피지트 차른스노가 그들을 돕기 위해 태국 남부 트랑에 설립한 시민단체다. 현재 마흔 곳의 마을이 네트워크를 이룬다. 야드폰의 최종목표는 사람들의 안위를 위해서라도 생태계를 정상으로 되돌리고 영구히 보존하는 것.

● 홈페이지	없음
● 위치	태국, 트랑
● 활동가 현황	상근 활동가 9명, 자국인 자원 활동가 15명.
● 도움이 필요한 일	생물종다양성 조사, 맹그로브 지역 마을 공동체에서의 필드조사, 환경보호와 생태계에 대한 사전지식 필수.
● 숙박 및 식사	자원 활동가 전용 숙소가 한 채 마련돼 있음. 태국 전통음식 등 식사는 자비부담.
● 사용 언어	영어
● 이메일	yadfon@loxinfo.co.th

인도네시아 —— 파킹 어텐던츠 Parking Attendants

자바 섬의 주차관리원 조합

Matti 마티의 이야기

한 방에 네 곳의 나라를 여행하다

피지트 차른스노와 함께 태국 해안 지역의 생태계와 어민들의 삶을 경험한 며칠은 그야말로 많은 것을 배운 풍성한 시간이었다. 이제 우리는 인도네시아로 향한다. 아시아에서 우리가 들를 마지막 나라다.

인도네시아까지 가는 길은 말레이시아와 싱가포르를 지나는 수백 킬로미터의 여정이다. 우리는 심야버스의 푹신한 좌석에 몸을 묻고 말레이시아 수도인 쿠알라룸푸르Kuala Lumpur로 들어갔다. 이번엔 다시 철도역으로 가서 8시에 출발하는 싱가포르 행 열차를 잡아타야 한다. 다행히 출발까지는 아직 2시간이 남았다. 그 유명한 페트로나스Petronas 트윈타워를 잠깐 둘러볼 짬이 난다. 높이 452미터. 세계에서 내로라하는 고층빌딩 중에서도 이름난 곳이다. 88개 층마다 켜켜이 만 명 넘는 사람들이 일도 하고 생활도 한다. 지면 위의 삶과 아무 상관도 없는 것마냥 하늘을 찌를 듯 솟아오른 하나의 독립된 도시다.

우리가 탄 열차칸은 이가 딱딱 마주치는 냉방 바람과 귀가 멍멍해지는 말레이시아 단체 여행객들의 수다로 꽉 찼다. 차창으로 스치는 풍경은 말레이시아 경제가 심히 걱정될 만큼 단조롭다. 그도 그럴 것이 여덟 시간 내내 보이는 거라곤 지평선 너머까지 이어진 엄청난 규모의 기름야자농원이다. 아무리 세계시장에서 식물성 기름의 수요가 날로 급증하고 그에 따라 원료가격이 상승한다고 해도, 우리가 지금 보는 건 용납이 어려울 만큼 무서운 단일경작 체계다. 돈이 되는 기름을 얻기 위해 그 넓고 풍성했던 열대우림이 벌목되어야 했을 테니까.

싱가포르는 쇼핑 중 ____ 동남아시아의 소국이자 대규모 항구도시인 싱가포르. 단지 하룻밤 경유지로 스쳐지나가기도 상당히 부담스러울 만큼 럭셔리한 곳이다. 가격이 맞는 호텔 하나 찾는 것도 하늘의 별따기다. 하루 30달러짜리 국제 유스호스텔은 침상 하나조차 남는 일이 거의 없단다. 정말 다행히도 장사수완이 능한 한 화교 식당주인이 식당에 붙은 깨끗한 방 하나를 보여주었다. 세 명이 묵는데 단돈 20유로. 비록 좁지만 가격 대비 괜찮은 수확이다.

숙소를 정한 뒤라 편한 마음으로 다시 바깥에 나왔지만 찜통 더위를 못이기고 가까운 큰 쇼핑몰로 피신했다. 그러고는 깜짝 놀랐다. 그곳은 말 그대로 구획별로, 상품별로 모든 것이 완벽하게 잘 정돈된 쇼핑의 성지다. 그리고 가는 곳마다 사람들로 북적인다. 마치 싱가포르 전체가 쇼핑하러 나온 사람들만 있는 것 같다.

저녁에는 그 유명하다는 클럽, '더 주크The Zouk'에 가봤다. 여기도 전 세계 사람들이 골고루 모인 듯 각양각색의 군중이 북적인다. 외국에서 공수되어 온 디제이들이 힙합이니 하우스뮤직이니 다양한 리듬을 흘려보낸다. 흥겨운 음악, 화려한 볼거리에 어느새 우리도 몸과 마음이 들뜬다.

자전거 릭샤를 타고 이동 중.

자카르타에서 반둥으로, 막간 미팅 ____ 다음 날 아침, 무소음에 가까운 스카이 트레인을 타고 싱가포르 국제공항으로 이동한다. 비행기는 45분쯤 지연되어 '섬들의 나라' 인도네시아 수도 자카르타Jakarta에 도착했다. 우리 하루 일정은 꽤 빠듯하다. 더구나 묻고 싶은 것 투성이인 사회적 기업가 한 사람이 우리를 기다린다. 인구 천백만의 거대도시 자카르타는 뒷전으로 미루고 반둥Bandung으로 가는 열차 중 가장 빠른 것을 잡아탄다. 반둥에 내리니 미라Mira가 우리를 맞는다. 미라는 짧은 머리에 살짝 염색까지 해서인지 무척 현대적인 인상을 풍기는, 친절하고 마음씨 좋은 인도네시아 여성이다. 미라의 안내로 전 세계 사회적 기업가들의 연합체인 아쇼카의 인도네시아 사무국에 들렀다. 인도네시아 사회적 기업가들이 어떤 일을 하는지 한눈에 알게 된 소중한 시간이었다.

세계 최대 무슬림 국가, 의외의 발견 ____ 다음 일정으로 넘어가기 전에, 하루쯤 컴퓨터 앞에 앉아 밀린 작업을 끝내야 한다. 그런데 이놈의 인터넷 카페가 도무지 보이지가 않는다. 인도네시아에서 세 번째로 크다는 대도시에서 몇 시간째 방황하고 있다. 그러다 보니 자연스레 이곳 시민들과 이래저래 얼굴을 맞대고 말을 걸고 이야기를 나누게 됐다. 솔직히 좀 놀랍고 의외다. 나는 인도네시아에 입국하면서 동남아시아의 따스한 온정을 경험하는 건 이제 끝이구나 싶었다. 인도네시아가 어떤 나란가. 세계에서 제일 큰 무슬림 국가, 인구 2억 4200만 중 90퍼센트가 무슬림이다. 그렇다고 내가 함부로 무슬림을 싸잡아 매도하는 일부 여론 형성자들에 영향을 받은 것은 아니다. 다만 나는, 유럽과 미국에서 이슬람에 비판적인 목소리가 심심찮게 흘러나오는 탓에 인도네시아 국민들이 꽤 기분 상했을 거라고 추측했고, 그 때문에 우리 같은 서양인을 별로 환대하는 분위기가 아닐 거라고 예상한 것이다. 하지만 얼마나 순진한 생각이었나. 반둥에서 만난 사람들, 그리고 그전 며칠간의 경험 역시 내가 전혀 틀렸다는 걸 말해주었다.

인도네시아 사람들은 거의 한 사람도 예외 없이 매우 친절했고 늘 우리 '코쟁이'들을 도와줄 마음의 준비가 돼 있었다. 극소수 장사치들이 짓는 억지웃음을 빼고는, 그들의 아름다운 미소는 순전히 천성에서 흘러나왔다. 그 미소 뒤에 보복심이나 비장함 따위는 숨어 있지 않다. 나는 인도네시아에 머무는 동안, 그전까지 경험한 불교 성향의 국가들에서와 같은 친절함을 기대해도 좋다는 결론을 내렸다. 적어도 이곳 인도네시아에는 아직 세상을 위협하는 종교간 갈등이 사회적인 해악을 미치지는 않은 것 같다. 드디어 발견한 인터넷 카페에서 마음 놓고 일을 시작하는 우리에게 더할 나위 없이 멋진 결론이다.

얀과 셰미 로리가 주차요금 안내문 앞에 서 있다.

자바 섬, 계단식 논의 천국 ____ 다음 날 아침, 반둥에서 솔로Solo까지 여덟 시간의 기차 여행이 시작됐다. 열차가 출발한 지 얼마 안 되어 얀이 졸고 있던 나를 흔들어 깨웠다. 뭔가 대단한 걸 발견한 표정으로 차창 밖을 가리킨다. 북인도의 사막 마을, 네팔의 히말라야 거봉, 다르질링의 구릉 차밭, 방글라데시의 논농사 평원, 태국의 야자 숲 등을 보고 난 다음에 아시아의 빼어난 절경은 다 봤다고 생각했다. 하지만 너무나 큰 착각이다. 우리가 탄 열차는 막 산기슭의 구불구불한 윤곽을 따라 전진하는 중이다. 얀의 손가락 끝 쪽을 바라보니 가파른 경사를 따라 계곡이 나 있고, 저 멀리 높다란 화산 산맥을 배경으로 수천 개의 계단식 논이 그 계곡 위를 수놓았다. 무릎까지 차오르는 논물 속에 선 농민들의 머리 위로 주변에 늘어선 울창한 야자나무와 활엽수가 시원한 그늘을 선사한다. 초록물이 싱싱하게 든 나무와 풀이 무성한 자바Java는 지금 완연한 우기다. 값진 자연 체험 하나를 더한 데다 한 시간의 달콤한 낮잠으로 기운을 보충한 우리는 자바 섬 남동부에 있는 솔로 시에 도착했다. 얀과 내가 아무리 깨워도 일어나지 않아서 결국 계단식 논의 장관을 놓쳤던 팀은, 나중에 우리가 정말 아름다운 풍경이었다면서 침을 튀겨가며 칭찬하자 샘이 나서 있는 대로 짜증을 부렸다.

주차관리원에서 사회적 기업가로

솔로에서 우리가 만날 사람은 셰미 로리Shemmy Rory, 25년간 장애인과 권익을 침해받는 소수자들을 위해 일해온 남자다. 셰미 로리를 만나러 가는 길에 얀이 우리에게 알려준 바에 따르면 그의 인생살이는 질곡이 꽤 많았다.

"셰미 씨는 태어날 때부터 손발에 장애가 있었어. 인터뷰 때 그걸 먼저 언급해선 안 되니까 조심하자구."

얀이 기차를 타고 오면서 아쇼카에서 받은 자료를 검토해본 뒤 우리에게 일러줬다. 현재 40대 중반인 셰미는 농민의 아들로 태어나서 도시로 나와 아르바이트와 거리악사를 겸하며 대학까지 마쳤다. 이 시간 동안 그가 산 곳은 기독교 단체에서 만든 철도역 여행자 쉼터. 셰미는 경제학과를 '최우등'으로 졸업했지만 누구도 그를 고용하지 않았다. 단지 그가 신체장애가 있다는 이유에서다.

"겨우 찾은 일자리가 바로 주차관리원(parking attendant) 일이었어. 도심에서 주차 자리를 지정해주고 요금을 징수하는 일, 그게 대학을 졸업한 그의 직장이었어. 경제학 학위는 구석에 처박아둘 수밖에 없었던 거야!" 얀이 약간 흥분한 목소리로 마지막 말을 덧붙였다.

셰미가 개발한 시스템은 이렇다. 1년에 한 번씩 지역 관청에서 도로 주차공간을 임대하는 경매를 시행한다. 가장 높은 금액을 부른 쪽이 1년간 주차공간을 관리하면서 요금을 징수할 수 있다. 얀이 설명을 이었다.

"물론 셰미 로리 씨 혼자 그 경매에 참여하는 건 아냐. '파킹 어텐던츠'라는 이름으로 만든 조합과 소속 조합원들이 각기 일정 구간을 맡아서 관리하기 위해 경매에 참가하지. 교통이 많고 적음에 따라 10미터에서 50미터까지 구간 길이를 구별해서 조합원 사이에 배분한대."

주차관리원들은 각자 맡은 구간에서 차량이 주차하고 출차하는 걸 돕고 요금을 정산해서 받는다. 그뿐 아니라 차에서 내리고 또 차에 오르는 손님이 비를 맞지 않게 우산을 씌워주고 도로를 무사히 건너도록 하는 것도 그들의 몫이다.

셰미 로리

"정치가들은 민중의 힘을 가장 무서워해요"

우리 역시 비 안 맞고 무사히 아쇼카 솔로 지부에 도착했다. 셰미 로리가 친절하지만 약간 수줍은 태도로 우리를 맞았다. 그가 미리 통역할 사람을 대동하여 우리의 대화는 별 문제없이 시작됐다. 그의 지난 삶에 대한 정보는 있던 터라 곧바로 일에 대한 질문으로 인터뷰를 시작했다.

주차관리원으로 일했을 때 생활을 알려주세요.

"그때 우리는 일하면서 인간대접도 제대로 못 받았어요. 어떤 권리도, 어떤 보호도 없었고 사회보험 혜택은 꿈도 못 꿨어요. 우리 처지가 사장 마음에 따라 달라졌어요. 형편없는 저임금을 받으면서도 언제 잘릴지 몰라 노심초사 했죠.

“처음엔 급진적으로 투쟁하고 부딪히는 것만 생각했어요. 그런데 얼마 안 가 더 나은 방식이 있다는 걸 알았어요. 단결의 정신, 연대의 힘이었죠. 정치가들이 제일 무서워하는 게 민중의 똘똘 뭉친 힘이니까요.”

게다가 폭력배들이 우리한테 주차료 받은 걸 빼돌리라고 수시로 협박하기도 했어요. 주차한 운전자들은 차에 난 흠집이 다 우리 탓이라며 책임을 물었고요. 지금도 이런 문제는 여전히 우리를 힘들게 합니다만.”

주차관리원들의 권익을 지키기 위해 일할 시간과 여유가 있었나요?

“다행히 부모님이 작은 땅을 물려주셔서 그 임대료로 기본적인 생계를 이을 수 있었어요. 그 덕에 우리 일을 시작할 시간을 냈죠.”

어떤 계기로 이 활동을 시작하셨나요?

“1980년대에 제가 이 일을 시작했을 때 인도네시아에는 천백만 명의 장애인이 있었습니다. 당시 장애인에 대한 처우가 형편없다 못해 참담할 지경이었죠. 나도 그중 한 사람이었고요. 이 나라에서 아예 예외로 취급당하는 이들이 있는데, 성매매 노동자, 주차관리원, 릭샤 인력거꾼이 대표적이었어요. 하지만 그 사람들이 나쁜 게 아니라 시스템이 나쁜 거예요. 그걸 해결할 열쇠가 정치고요. 처음엔 급진적으로 투쟁하고 부딪히는 것만 생각했어요. 그런데 얼마 안 가 더 나은 방식이 있다는 걸 알았어요. 단결의 정신, 연대의 힘이었죠. 정치가들이 제일 무서워하는 게 민중의 똘똘 뭉친 힘이니까요. 우리 조합은 그 생각에서 비롯된 겁니다.”

'파킹 어텐던츠' 조합원이 일하는 모습.

조합의 힘은 어디서 나옵니까?

"우리 조합은 단위조합마다 약 스무 명이 가입해 있어요. 힘을 합쳐 고용인의 횡포에 맞설 수도 있고, 당연히 누려야 할 권익을 적극적으로 요구한다든지 보험이나 노후 대책을 착실히 마련할 수 있어요. 더 중요한 기능도 있죠. 우리가 단체로 대출금을 마련해 주차 공간 경매 때 우리 조합 명의로 경매에 참여하는 거예요. 조합이 낙찰금을 받으면 고용주에 종속되지 않고 직접 주차시설을 관리할 책임과 권리를 얻지요. 수익은 공평하게 배분하고요. 수익 중 일부를 다음 경매를 위해 저축하거나 보험 가입에 사용하거나, 젖소 같은 가축을 매입해 부가수입을 꾀하기도 하죠."

조합의 결속력은 어느 정도입니까?

"만약 누구 한 사람이 아프면 다른 사람이 대신 일을 맡아줍니다. 그래야 사장한테 해고되지 않으니까요. 이처럼 조합원들이 서로 지켜주고 안정된 일자리와 생계를 위해 애쓰면서 사회적인 연대가 가능해졌죠. 각 단위조합들은 다른 단위조합과 결속하고 힘을 합쳐 법률 개선을 끌어내려고 애쓰기도 합니다."

조합의 구조를 설명해주세요.

"각 단위조합마다 두세 명의 운영위원이 있습니다. 제가 운영위원들에게 조언과 독려를 하긴 하지만, 거의 백 퍼센트 제 개입 없이 조합이 굴러갑니다. 지금까지 솔로에서만도 1500명 이상의 주차관리원이 각 단위조합에 가입해서 단결을 과시하고 있습니다. 다른 도시에서도 여러 단위조합이 결성되어 활발히 운영되고 있어요. 그 과정에서 우리 솔로 조합들이 많이 도움을 주었죠."

너무 쉽고 단순하게 들려서 이상할 정도인데요.

"글쎄요, 어떤 조합이든 처음에는 문제를 잔뜩 안고 시작해요. 초반엔 각 조합 상태를 철저히 연구해서 해결책을 찾는 게 제 임무예요. 그 일에 노하우도 생겼고요. 문제가 있을 때마다 저 역시 지도부를 돕기 위해 조합원들을 교육하는 데 열심히 동참합니다."

당신에게 '성공'이란 어떤 의미인가요?

"성공은 세 가지 형태를 띱니다. 원하는 것을 얻어내는 차원에서 투쟁의 성공이 있겠고, 경제적인 성공이 있겠고, 공동체를 위한 성공이 있겠죠. 나는 항상 이 세 가지를 골고루 얻어내려고 많이 노력합니다. 그게 지금 제가 도전해야 할 과제죠."

스스로를 '사회적 기업가'라고 보십니까?

"네, 전 사회적 기업가가 맞죠. 사회적 기업가의 길은 두 가지입니다. 하나는 사람공동체로 가는 수평의 길이고, 다른 하나는 신을 향한 수직의 길입니다. 사회적 기업가는 차별에 맞서 싸울 용기를 지녀야 합니다. 또, 남에게 자신이 가진 지식을 나눠줄 능력이 있어야 합니다. 그리고 성공을 바라볼 때 언제나 균형감각을 잃어서는 안 됩니다."

좀 더 알 고 싶 으 세 요 ?

파킹 어텐던츠 Parking Attendants

셰미 로리는 우수한 성적으로 경제학 학위를 취득했지만 신체장애가 있다는 이유로 아무런 일자리도 얻지 못했다. 대학을 졸업하고 시작한 일이 주차관리원. 아무런 보호도, 권리도 보장받지 못한 채 착취당하고 무시당하는 직업이다. 셰미 로리는 자신과 동료들의 상황을 개선하기 위해 조합을 설립했다. 조합에 가입한 주차관리원들은 공동으로 고용주의 횡포에 맞서기도 하고, 단체로 대출을 받아 주차공간 연간 임대 경매에 입찰할 힘이 생겼다.

● 홈페이지	없음
● 위치	인도네시아 자바 섬, 솔로
● 활동가 현황	현재 직원 없음.
● 도움이 필요한 일	현재 자원 활동 지원 불가능.
● 사용 언어	영어, 인도네시아어

인도네시아 —— 카팔라 Kappala

자바의 화산 폭발

Jan
안의
이야기

자바 섬의 화산과 화끈하게 만나다

오후 1시, 에코 테규 파리푸르노Eko Teguh Paripurno와 약속이다. 아쉽지만 파리푸르노는 시간이 별로 없다. 온갖 종류의 재앙에 대비해 시민들을 교육하고 대책을 마련하기 위해 인도네시아 전역을 바삐 돌아다니기 때문이다. 그는 자신의 일을 가리켜 'Disaster Management', 즉 '재해 관리'라고 부른다. 욕야카르타Yogyakarta 대학 캠퍼스에서 만난 에코는 땀을 뻘뻘 흘리며 바쁜 인상을 풍기는 남자다. 입이 귀까지 벌어질 만큼 호탕한 웃음, 악수를 청하며 내민 곰 앞발처럼 두툼한 손, 떡 벌어진 어깨, 다정함과 솔직함이 툭툭 묻어나는 태도로 마치 오랜 친구인 양 털털하게 인사하는 그에게 단번에 호감이 간다. 사실 처음엔 우리 앞에 선 수수한 검은색 티셔츠와 삭발하다시피 한 머리의 이 사람이 파리푸르노라고 상상하지 못했다. 하지만 첫 마디 인사말과 신뢰감을 주는 강한 악수를 주고받는 순간 의심은 씻은 듯이 날아갔다. 이 사람이 에코 테규가 아니면 누가 에코 테규랴. 곧 이어 에코를 "교수님"이라고 부르는 지질학과 학생들과도 인사를 나눴다. "사실 난 그냥 강사예요"라고 에코는 굳이 설명을 덧붙인다.

인터뷰를 시작하면서도 그는 "짧게 합시다. 지금 좀 시간이 없어서요. 뭐가 궁금하죠?"라고 서두른다. 나중에 들은 얘긴데 이 섬에서 제일 위험한 화산이 지금 폭발 직전이라 에코가 1단계 주민대피 조치를 지휘하는 중이라고 한다.

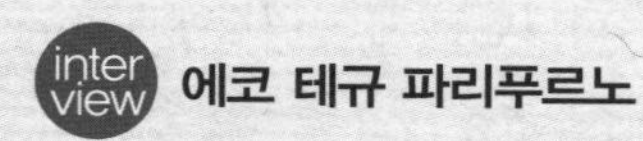

"정부가 생각을 바꾸게 만들어야죠"

어떻게 이 일을 시작하게 됐는지 알고 싶습니다.

"음, 전 어릴 때부터 자연이 참 좋았어요. 나중에 좀 더 크니까 우리나라가 항상 맞닥뜨리는 자연재해에 관심이 갔죠. 내가 지질학을 전공하고 화산학으로 박사학위를 딴 것도 우연이 아닙니다. 그 뒤 친구들과 의기투합해 '카팔라'를 세웠습니다. 원래는 지역공동체들과 환경보호 운동을 펼치는 게 취지였어요. 그러다 1994년 메라피Merapi 화산이 분출했고, 끔찍한 피해를 직접 눈으로 보고 복구 작업에도 뛰어들었죠. 그때 우리 카팔라는 인도네시아의 재해 대책이 얼마나 형편없는지 심각하게 깨달았어요. 그래서 처음부터 우리가 제대로 해보기로 결심한 겁니다. 위험에 노출된 지역 주민들에게 우리가 아는 걸 모두 알려주고 정부의 생각도 바꿔놓자고 말입니다."

> "1994년 끔찍한 피해를 직접 눈으로 보고 복구 작업에도 뛰어들었죠. 그때 우리 카팔라는 인도네시아의 재해 대책이 얼마나 형편없는지 깨달았어요. 그래서 처음부터 우리가 제대로 해보기로 결심한 겁니다. 지역 주민들에게 우리가 아는 걸 모두 알려주고 정부의 생각도 바꿔놓자고 말입니다."

어떤 식으로 정치계에 압력을 행사하십니까?

"나는 전국 각지를 돌아다니면서 재해 위험에 노출돼 있고 직접 피해를 입을 국민들에게 최대한 정보를 주고 대비 훈련을 시킵니다. 사실 인도네시아 정부가 해야 할 일을 대신하는 거죠. 정작 그 일을 해야 할 관영기관은 빈껍데기만 남아서 유명무실 상태입니다. 설사 정보 제공을 한다 해도 위험에 처했거나 피해를 입은 현지 주민들에게 하지 않고, 지역 관료 체제에 형식적으로 툭 던져 놓을 뿐입니다."

정부에 제안을 한다면 무슨 얘길 하고 싶으세요?

"내가 만든 통합 재난관리 개념을 받아들이고 정착하면 사상자도 훨씬 줄어들 겁니다. 재해 때문에 생존 기반 전체를 한순간에 잃어버린 사람들은 낯선 곳에 가서 모든 걸 새로 시작하느라 막막해 합니다. 우리가 제안하는 방식을 도입하면 그런 일도 줄어들 거예요. 생각해보세요. 이 나라 사람들은 자연재해란 자연재해는 다 겪고 살아요. 지진, 홍수, 해일, 화산 폭발, 산사태, 이런 게 다 인도네시아에서 가장 잘 일어나니까요."

이 대목에서 잠깐 말을 멈춘 그의 표정이 상당히 굳어졌다. 그의 머릿속에서 수없이 직접 보고 겪은 끔찍한 재앙의 장면이 다시 주마등처럼 스치는 것이었

메라피 화산 폭발이 일어날 때
대피하도록 만든 벙커.

을까. 그의 태도가 다시 누그러지자 우리도 다시 질문을 던졌다.

이곳 사람들은 위험에 어떤 식으로 대처하죠?

"여기 사람들은 어느 정도는 이런 재해를 피할 수 없는 운명이라고 생각해요. 그래서인지 이재민에 대한 구호도 느릿느릿 아무렇게나 이뤄지죠. 그러다 보니 재해가 일어나도 그저 가족들, 친구, 이웃의 도움에 손을 뻗을 수밖에 없어요. 국가차원의 구호는 공백 상태나 마찬가지입니다. 하지만 더 시급한 건 사전경보와 예방이에요. 재해 대비 교육을 하고 각종 보호조치를 시행하는 일도 그렇고요. 지금 우리가 하는 일이 바로 그 일입니다."

말을 마치자 그는 시계를 들여다보며 입을 열었다. "미안하지만 이제 가야겠네요. 우리 학생들에게 5단계 시스템에 대해 들어보세요. 여기 세 사람이 여러분을 메라피 화산에도 데리고 갈 겁니다. 거기 상황도 둘러보고 우리가 하는 일이 뭔지 확인하면 되겠죠. 너무 위험할까요?"

이 질문과 동시에 그는 세 대학생을 돌아봤다. 잠깐 그들끼리 얘길 나누더니 에코가 빙그레 웃으며 결론을 내렸다. "'약간' 위험하댑니다." 그의 승인으로 인도네시아에서 제일 위험한 화산으로 나들이가 결정됐다. 우리에게 작별을 고하고 그는 서둘러 떠났다.

카팔라 모델 : 폭발 후는 곧 다음 폭발 전이다

대학 내 카페테리아에서 세 명의 대학생과 머리를 맞댄 우리는 '카팔라 모델'에 대해 자세한 얘기를 들었다.

1. 재난 경보 : 첫 단계에서는 경보와 대피계획이 주를 이룬다. 단, 인도네시아의 시골 사람들은 전기 신호에 거부감을 느끼고 사용할 줄도 모르므로, 카팔라는 경보수단으로 대나무나 목재악기를 두드리는 등 마을 주민들과 지역공동체 안에서 전승되어온 옛 방식을 취한다.
2. 신속한 대응 : 재앙 직후 되도록 빨리 집으로 돌아가 멸실과 파손 정도를 평가하고 복구와 수리를 시작하는 일이다.
3. 재건 : 세 번째 단계에선 도로와 수도 등 기간시설 재건이 관건이다. 이것 역시 국가차원의 구호는 거의 기대하기 힘들기 때문에 주민간 연대체계를 발동시켜야 한다. 방식은 단순하다. 피해를 덜 입은 마을이 더 많은 피해를 입은 마을을 돕는다는 원칙이다.
4. 예방 : 네 번째, 예방조치에 힘을 쓴다. 위험을 현실적으로 평가하고 다음번에는 더 빨리 대피하는 법을 고안하거나, 피해를 줄이는 방식을 찾는다.
5. 대비 : 마지막으로 재해 가능성이 높은 지역공동체에 응급의료 대책을 교육하고, 대안 통신수단을 가르친다. 대피훈련도 여러 차례 실시한다.

메라피 화산으로 ____ 다음 날 아침, 전날 만난 지질학과 학생 세 명 페트라Petra, 라티Ratih, 프레디Freddy의 오토바이를 타고 메라피 화산으로 출발한다. 욕야카르타를 벗어나 국도를 탄 지 얼마 되지도 않았는데 벌써 무시무시한 몸체가 모습을 드러내며 우리를 압도한다. 메라피

빈번한 폭발을 일으키는 활화산 메라피, 이곳에서 우리는 용암이 흘러 형성된 마른 냇가를 따라 트레킹을 했다. 3주 후, 메라피는 또 폭발했다.

화산이다. 멀리서도 산봉우리에서 연기가 뭉게뭉게 피어오르는 게 보일 정도다. 30분도 안 되어 군인이 지키는 검문소를 만났다. 여기서부터 위험지대다. 출입자 목록에 이름을 적는다. 나중에 시신으로(!) 발견되었을 때 신원 확인을 좀 더 쉽게 하기 위해서란다. 제발 그런 일이 없길 바랄 뿐이다. 해발 수백 미터를 올라가자 대나무 목재로 만든 차단벽에 다다른다. 이제 오토바이에서 내려 걸어가야 한다. 사실 지역 주민들 역시 지금쯤이면 위험지대 바깥쪽에 있는 대피소로 퇴거해 있어야 하지만, 아무도 그 규정을 따르지 않는다. 가축들 먹이 주느라 매일 아침 마을로 되돌아오고 저녁이면 다시 대피소에 가서 잠을 잔다.

'약간 위험'의 의미 ____ 메라피는 이름 자체가 '불산', 즉 화산이라는 뜻이다. 1548년부터 지금까지 68번이나 폭발했으니 이름대로 화산의 대명사다. 20세기 들어서 가장 큰 폭발은 1930년에 일어났는데 사망자만 천 명이 넘었다. 폭발이 워낙 빈번한 데다 인구 3백만의 대도시 욕야카르타가 바로 가까이 있어 인도네시아에서 가장 위험한 화산으로 일컬어진다. 특히 메라피에서 나오는 뜨거운 가스구름이 치명적이다. 이 가스구름은 보통 '타오르는 구름'이라는 뜻의 프랑스어 '뉘에 아당테Nuée ardentes'라는 용어로도 불린다. 폭발 직후 엄청난 고온의 기체 입자구름이 최대 시속 100킬로미터의 속도로 메라피의 산허리와 뜨거운 분출물로 도배된 절벽 등을 스치고 지나가면서 가공할 에너지를 얻는다. 뉘에 아당테는 분화구 가장자리에 형성된 용암 돔이 붕괴하면서 단 몇 초 사이에 뜨거운 먼지구름이 폭발적으로 분출되는 현상이다.

화산 북서쪽 사면에만 약 5만 명이 거주한다. 또한 최고 위험지대 안에는 약 30군데 군락에 1200명이 흩어져 산다. 이들은 대개 농업으로 생계를 잇는다. 물론 그들도 메라피가 얼마나 위험한지 잘 알지만, 그들 중 누구도 위험지대 바깥으로 쉽게 이주할 상황이 안 되고 또 할 의사도 없다. 생계 기반이 오직 그곳에 다 있기 때문이다.

최근에는 1994년에 용암 돔, 일명 분화구 마개가 터졌고 가스구름이 8킬로미터 상공까지 치솟았다. 당시 6천 명 넘는 주민이 대피하는 소동이 벌어졌다. 에코 테규는 화산 분출 뒤에 생존자들을 찾아다니며 이 엄청난 재해의 결과를 일일이 기록했다. 당시 에코가 집계한 사망자는 68명이었다. 그 후에도 극심한 화상을 입은 중상자 중 상당수가 잇달아 명을 달리했다고 한다.

열운이 앗아간 결혼식장의 행복 ____ 우리가 찾아간 생존자 중 한 사람인 마르조 우토모Marjo Utomo는 그때 일을 생생히 기억한다. 화산 폭발이 일어났을 때 그는 집에서 식구들과 식사를 하던 중이었다. 갑자기 일어난 일이라 도망치는 건 불가능했다. 뜨거운 가스구름이 되도록 위를 스치고 지나가길 빌면서 땅바닥에 납작 엎드리는 게 다였다. 그러나 불행히도 옆집에서는 결혼식 피로연이 한창이었고 미처 정신을 차릴 새도 없이 열구름에 38명이나 목숨을 잃었다. 마르조 우토모가 살아남은 건 빨리 행동을 취한 데다 돌로 지은 집 안에 있었던 덕분이었다. 두꺼운 돌벽이 강력한 고온을 어느 정도 막아주었기 때문이다.

이 마을 역시 에코가 재난교육을 실시하는 곳이다. 화산이 분출하면 해야 할 일을 주민들이 충분히 숙지하도록 교육하고 예방과 대비조치도 단단히 해두었다.

마을 주민들을 만나고 난 뒤, 마른 강바닥이 펼쳐진 곳을 들렀다. 마른 냇바닥에 분출 때마다 용암줄기가 흐르고 지나간 자국이 선명히 드러났다. 최고위험지대를 이렇게 걸으니 지독히도 가슴이 뛴다. 내가 지금 걷고 있는 곳이 바로, 화산이 폭발하면 용임이 콸콸 흘러넘칠 주요경로 아닌가. 한 걸음 한 걸음 산길을 걸으면서도 내 눈은 금방이라도 화산이 끓어오르면 뛰어서 몸을 숨길 만한 곳을 부지런히 찾는다. 내가 좀 불안증인 걸까? 하지만 인간의 모험심과 탐색욕구는 공포보다 더 강하다. 더욱이 이 경험으로, 사람이 사는 '터전'이 가진 의미를 생각해보게 되었다. 만약 내가 지금 사는 곳이 내가 태어난 곳이며 가족이 사는 고향이자 동시에 생계의 발판인 곳인데, 하필 그곳이 언제든 죽음을 각오해야 하는 위험한 곳이라면. 그 어떤 위험이 있더라도 감히 떠나지도 못하고 또 떠나고 싶어지지도 않는 게 당연하지 않을까?

●● 용암이 흘러내린 흔적. ●● 지질학과 학생들의 이야기를 듣고 있다.

지진

이 위험천만한 산행 후 3주가 흐른 뒤, 우려했던 일이 현실로 나타났다. 물론 우리는 이미 그곳을 떠난 뒤였지만 그곳의 수천 명 주민에게는 피할 수 없는 일, 화산 폭발이 일어난 것이다. 2006년 5월 27일 화산을 품은 이곳 지반이 흔들려 6천 명이 목숨을 잃고 4만 6100명이 중경상을 입었다. 집을 잃은 이재민만 60만 명이다. 우리가 카팔라를 통해 만난 모든 사람들 중엔 다행히 다치거나 세상을 떠난 이가 없었다.

그래서 더욱, 에코 테규의 작업이 얼마나 중요한지 새삼 드러난다. 정치가들의 생각을 바꾸려는 그의 끈질기고 지칠 줄 모르는 시도가 특히 그렇다. 인도네시아의 모든 국민이 예기치 못한 재난에 더 잘 대비하고, 더 빠르고 효율적으로 피해를 복구하고 구호활동을 펴기 위해서.

좀 더 알고 싶으세요?

카팔라 Kappala

인도네시아는 자연재해가 무척 많이 일어나고 그 정도도 심한 나라다. 그러나 유달리 사상자와 생활 기반을 통째로 잃어버리는 이재민이 많이 생기는 이유는, 위험에 노출된 지역에 대한 정보 제공과 재해 대비 훈련, 보호조치 등이 거의 전무하다시피 하기 때문이다. 이런 상황을 극복하고자 에코 테규 파리푸르노는 카팔라를 설립해 통합훈련 체계를 개발해 보급해왔다. 정작 이 임무를 수행해야 할 관련 관영 단체는 지역 관료 조직에만 정보를 건넬 뿐 실질적 효과를 등한시하고 있다. 그래서 에코는 직접 발 벗고 나서서 인도네시아 전역을 돌아다니며 교육을 실시한다.

● 홈페이지	www.psmbupn.org
● 위치	인도네시아, 자바, 욕야카르타
● 활동가 현황	상근 활동가 6명, 시간제 활동가 4명.
● 도움이 필요한 일	새로 설립한 단체 DREaM의 국제 인터넷 웹사이트 구축, 영상물 및 사진 등의 자료 기록.
● 숙박 및 식사	자원 활동가는 에코 테규를 비롯해 인근 인도네시아 가정에서 홈스테이 가능. 전통 인도네시아 식단 가능.
● 사용 언어	영어
● 이메일	dreamupn@gmail.com

인도네시아 ── 미트라 발리 Mitra Bali

관광의 섬에서 이루어지는 공정무역

Matti 마티의 이야기

꿈의 낙원, 발리 섬으로

아시아에서 우리가 들러야 할 마지막 장소는 그 유명한 휴양지 발리Bali 섬이다. 도내 중심지인 우부드Ubud로 가는 길에 호주 관광객 수천 명이 숙소를 정하는 쿠타Kuta 지구에 들렀다. 지금 내게 누군가 발리 가는데 해줄 말 없냐고 묻는다면, "쿠타만은 꼭 피해가라"고 말해주고 싶다. 예전에는 고즈넉한 시골 어촌이었다는데, 지금은 제어할 길 없는 대규모 관광산업에 휩쓸려 덕지덕지 요란한 치장을 한 마을이 됐다. 관광산업이 어떤 식으로 얼마만큼 문화를 파괴할 수 있는지 보여주는 슬픈 사례다. 이 섬의 눈부시도록 아름다운 면모를 눈으로 확인하고 나니, 역설적으로 여기서 앞으로 어떤 안 좋은 일이 더 생길지 걱정이 앞선다.

발리에서는 명절과 축제가 잦다. 우리가 있었던 주말 역시 축일에 속해서 섬 곳곳이 신에게 바치는 공물로 섬세하게 단장됐다. 집집마다 코코넛, 쌀, 바나나 잎, 향 등으로 공들여 치장한 제단이 문 앞에 놓였다. 남자들은 금실로 수놓은 치마를 허리에 둘렀고, 이마에도 독특한 머리장식을 감아서 꼭 해적처럼 보인다. 그 광경들이 너무 근사해서, 시간과 여유만 있다면 나도 이 축제에 동참하고 싶은 마음이 굴뚝 같았다.

하지만 한 시간 안에 이번에 방문하는 공정무역 기업인 '미트라 발리'의 설립자 아궁 알리트Agung Alit를 만나러 가야 한다. 아궁 알리트는 아주 유명해서 발리에서 그를 모르는 사람이 없을 정도다. 우리가 아시아의 마지막 경유지로 이 눈부신 낙원 발리를 선택한 것과, 미트라 발리를 방문하게 된 게 참 잘된 일이라는 생각이 든다.

내 앞에는 향기로운 발리 커피 한 잔이 놓여 있다. 나는 마지막 한 모금까지 맛을 음미하며 가까이서 들리는 귀뚜라미 소리에 귀를 기울인다. 어디선가 나타난 흰 애완 비둘기 한 마리가 날개가 묶인 채 잔디밭 위를 종종거리며 뛰어다닌다. 잠시 후 총명하고 말주변 좋은 한 발리 남자가 다가와 인사를 건넨다. 콤만Komman이라는 이름의 이 남자는 미트라 발리 본사로 우리를 데려갈 사람이다.

미트라 발리 – 고급 수공예품에 정당한 가격을

콤만은 미트라 발리 국제 사업부의 마케팅 코디네이터다. 아궁 알리트가 라디오 프로그램에 출연할 일이 있어 우선 콤만이 대신 본사와 여러 활동을 보여주기로 했다. 재밌는 건, 콤만이 미트라 발리에 오기 전 다른 일반 무역회사에 있을 때도 지금과 똑같이 발리 산 수공예 제품을 유럽, 일본, 미국 같은 해외에 파는 일을 했다는 사실이다. 그래서 그는 미트라 발리가 지금 어떤 관행에 맞서 싸우고 있는지 누구보다도 잘 안다.

"그 회사에서는 수공예 제품을 만드는 주민들을 마음대로 주물렀어요. 이를테면 목각 코끼리 인형 하나의 납품가를 놓고 주민들을 경쟁시키는 거죠. 그럴 때마다 예외 없이, 당장 한 푼이 아쉬운 나머지 말도 안 되는 가격에라도 납품을 하겠다는 작업장이 한 곳씩은 있었어요."

원재료에서 완성된 제품으로. 멋진 공정무역 제품.

그러니 그 회사는 해외에 제값을 받고 막대한 이익을 남기지만, 정작 민예품을 만드는 수공업자들은 겨우 입에 풀칠만 하고 있었다.

미트라 발리는 인구 4백만의 섬 발리에 있는 수많은 조각가, 수공업자 등 생산 제작자들이 더 나은 입지에서 협상할 수 있게 돕고, 이를 통해 임금 수준을 높여 안정적인 소득을 얻도록 노력한다. 생산자들은 생산품을 공동 판매하고 서로 해가 되는 경쟁 입찰을 피한다. 또, 미트라 발리 역시 무역상의 역할을 수행하여 지난 한 해만 해도 80만 달러어치의 공예품을 해외로 수출했다. 여기서 생긴 수익은 현지 생산자들의 워크숍에 재투자된다. 생산자는 워크숍을 통해 경제적 사고방식을 배우고 해외 고객들의 구미와 요구를 충족할 수 있도록 품질 개선을 연구한다.

아궁 알리트 – 학살된 공산주의자의 아들

설립자 아궁 알

우부드의 한 공정무역 워크숍.

가게에 진열된 각양각색의 모빌.

리트의 정체성도 미트라 발리의 기업 개념에 일조했다. 그는 소외받는 이들의 권익을 위해 일하며 살아왔다. 왜 그런 태도를 갖게 됐는지 들으니 마음이 뭉클하다. 아궁은 다섯 살 때 일어난 일을 얘기해주었다. 전 인도네시아 대통령 하지 무함마드 수하르토Hadji Mohamed Suharto가 1965년 권력을 쥐자 공산당에 대한 대대적인 학살이 자행되었다. 그때 아궁의 아버지와 숙부 다섯 명이 공산당원으로 지목되어 총살당했다. 수하르토가 권좌에서 떠난 지 오래 되었지만, 아직까지도 1965년 국가에 의해 자행된 이 엄청난 살인 행위와 충격적인 인권 파괴에 대해 아무런 공론이 제기되지 않았다. 보복과 억압이 두려워서다.

아궁 알리트는 세상의 부당함에 맞서 끈질기게 싸우는 사람이다. 하지만 우리가 본 그의 또 다른 모습은 우리를 기분 좋게 놀라게 한다. 아궁은 더 나은 세상을 만든다며 자기 인생을 희생하는 그런 타입은 아니다. 오히려 삶을 즐기고, 웃고 노래 부르며 유쾌하게 사는 사람이다. 그가 제일 좋아하는 취미는 아들과 함께 음악을 즐기는 일이다. 직접 노래를 작곡하고 동료들과 같이 연주하고 녹음도 한다. 우리랑 차를 타고 함께 생산자 마을로 가는 도중에도 재미 삼아 만들었다는 '공정무역 송'을 큰 소리로 불러젖히는 것만 봐도 충분히 상상이 간다. 직원은 물론이고 손님에게도 편하게 친구처럼 대하는 것도 참 멋져보인다.

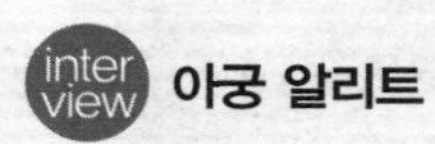

아궁 알리트

"기성 관광산업은 몇 사람만 부자로 만들어요"

성장 과정을 얘기해주세요.

"난 아버지 없이 자랐어요. 아버지는 1965년 공산당원으로 지목되어 군부에 의해 살해되셨죠. 어머니는 돈을 벌려고 아이들만 집에 놔두고 일하러 다녔어요. 처음엔 다들 공산당원의 아내라고 일자리를 안 주는 바람에 고생을 하셨대요. 전 어렸을 때 논을 헤집고 다니면서 다른 애들이랑 뛰어놀기 바빴죠. 커서는 대학에 가서 법학을 공부했어요. 시민운동을 한 건 나중의 일이죠. 내가 쿠

> 좋은 물건을 팔고 싶다면 내 안의 품질, 즉 내 성품이 그것에 맞아떨어져야 해요. 그 물건만큼 창의적이고 능동적이어야 하죠. 뭔가 바꾸고 싶은 마음이 있는 사람이라면 성공하기 위해 반드시 갖춰야 할 요건이에요.

타 해변 가까이 살아서였는지 영어를 일단 열심히 배웠어요. 그때가 막 발리 관광객이 점점 늘어나는 때였거든요. 한 친구가 가이드를 하기에 나도 같이 했어요. 그런데 나는 꼭 내가 맡은 단체 관광객을 다른 관광객들이 잘 안 가는 곳으로 데리고 갔어요. 멋지고 낭만적인 곳 말고 발리의 진짜 생활을 보여준 거죠. 그러면서 손님들에게 이런 기성 관광산업은 겨우 몇 사람만 부자로 만들어 줄 뿐이라고 거듭 얘기했어요."

미트라 발리를 만들게 된 배경을 설명해주세요.

"민속공예품 생산자들이 눈물겹도록 힘들게 만든 생산품을 상인들의 강요로 어쩔 수 없이 헐값에 넘기는 걸 익히 봐왔어요. 가난한 사람은 더 가난해지고 부자는 더 부자가 되죠. 내가 그걸 바꿀 수 없을까 생각했어요. 어느 날 공예품 하나를 촬영해서 옥스팜Oxfam으로 사진을 보냈어요. 그러자 나한테 연락이 왔어요. 우리 섬 공예품 생산자들의 권익을 되찾기 위해 일할 마음이 있는지 묻더군요. 그러겠다고 했어요. 얼마 뒤 옥스팜이 몇 가지 물건을 주문해왔죠. 그게 시작이었어요. 주문은 점점 많아졌고, 1993년 몇몇 일본인의 재정 후원을 받아 미트라 발리를 세웠습니다."

초기 어려움은 어떤 게 있었습니까?

"사람들이 내 말을 안 믿었어요. 머리도 덥수룩하니 긴 데다 어딜 봐도 사업은 커닝 딱 대충 사는 한량처럼 보였거든요. 하지만 차츰 내 이미지가 바뀌었고 점점 나를 믿기 시작하더군요. 미트라 발리 전에는 마음 붙이고 일할 곳을 찾기가 쉽지 않았어요. 그런데 이젠 평생 할 일을 찾은 것 같아요. 발리 수공예 생산자들이 만든 물건을 전 세계에 공정무역 형태로 판매하고 그걸로 그들에게 공정하고 안정된 생활수준을 보장하는 일 말이죠."

미트라 발리가 성공한 이유가 뭐라고 보세요?

"우리는 언제나 공정무역 개념을 충실하게 이행합니다. 훌륭한 제품, 정당한 가격, 좋은 품질. 내가 보기에 제일 중요한 지점은 품질(Quality)인 것 같아요."

당신에게 '성공'은 어떤 의미죠?

"방금 한 대답과 비슷해요. 나는 질(Quality)이 척도라고 봐요. 좋은 물건을 팔고 싶다면 내 안의 품질, 즉 내 성품이 그것에 맞아떨어져야 해요. 그 물건만큼 창의적이고 능동적이어야 하죠. 뭔가 바꾸고 싶은 마음이 있는 사람이라면 성공하기 위해 반드시 갖춰야 할 요건이에요."

당신의 성공 척도는 무엇인가요?

"사업 측면에서는 단순해요. 판매 신장수치를 보면 되죠. 하지만 사회적 측면에서는 사실 그걸 재기가 어려워요. 그래서 내가 추구하는 성공은 이 두 가지, 사업부문과 사회부문을 현명하게 조합하는 데 달렸죠. 그건 우리 미트라 발리의 목표이기도 해요. 우리가 어디에 종속되지 않고 자립을 유지하려는 이유도 그거고요. 우리 수입은 괜찮은 편이에요. 하지만 저기 바깥에서 일하는 수공예 생산자를 다 돕고자 한다면, 그에 맞게 시장을 더욱 개척해야 해요. 그것이 지금 우리가 하는 일이고, 최선을 다하고 있습니다."

'사회적 기업가' 의 정의를 내린다면요?

"사회적 기업가가 되기는 쉽지 않죠. 우선 그 사람의 마음속에서 한 사람의 사회적 기업가가 자라나야 한다고 봐요. 돈에 연연한다면 그 사람이 사회적 기업가가 될 거라고 볼 수 없겠죠. 그렇다고 갖고 있는 돈을 다 내놔야 한다는 건 아니에요. 다만 없는 사람들을 돕는다는 게 무엇인지 기본적으로 이해해야 해요. 가난한 사람들과 기꺼이 나눠야 하고요. 누가 나를 그렇게 불러준다고 해서 저절로 사회적 기업가가 되는 건 아니에요. 마음속에 정말 사회적 기업가가 들어 있어야 하는 거죠."

아시아와 작별을 고하며 ____ 아궁과 함께 마을을 찾아가 다양한 수공예품을 생산하는 제작자들을 만난 것을 마지막으로 미트라 발리에서의 일정이 끝났다. 이로써 아시아에서의 일정도 끝났다. 이틀간 인터넷 카페에 죽치고 앉아 그간 밀렸던 일을 처리했다. 그리고 드디어, 자카르타를 경유해 도쿄로 가는 비행기에 올랐다. 도쿄에서 다른 비행기로 갈아타기까지 여덟 시간이 남아서 잠깐 도심으로 나가 마지막으로 아시아의 내음과 분위기를 만끽했다. 마침내 15시 20분, 라틴아메리카로 가는 비행기가 이륙한다!

항공기가 태평양 한가운데로 향하는 동안 내 시선은 아시아 대륙의 해안선 끝자락을 계속 서글프게 좇는다. 아시아에서 보낸 시간은 어느 면에서 보나 더할 나위 없이 근사했다. 107일동안 9개 나라를 누볐고 16명의 사회적 기업가를 만나고 그들의 프로젝트를 조사했다. 숙소만 37곳을 옮겼고, 비행기로 9300킬로미터, 버스로 7360킬로미터, 기차로 3980킬로미터, 자동차로 3410킬로미터, 배로 700킬로미터, 오토바이로 370킬로

발리 섬의 축제에 쓰이는 제물이자 장식.

미터를 이동했다.

여정을 시작하기 전엔, 우리가 잘 모르는 아시아 대륙을 첫 목적지로 하면서 너무 야심찬 일정을 세운 게 아닐까 걱정도 했다. 하지만 워낙 이동 속도와 조건이 최적으로 맞아떨어진 데다, 우리가 견학한 프로젝트들이 서로 활동 분야는 달라도 내용 면에서 상당히 교차하는 점이 많아서 다행히 그런 우려는 현실로 나타나지 않았다. 오히려 정반대로 그토록 많은 단체를 찾아다닌 것이 이득이 됐다. 비단 우리 소식을 기다리는 유럽 학생들과 우리 자신의 조사 때문만은 아니다. 우리가 빨리 이 여행에 적응하고 만나는 사람들을 더 잘 이해하는 데도 무척 도움이 됐고, 쓸데없이 생각만 하면서 이리저리 표류하지 않아도 됐다.

중남미에서의 일정 역시 그와 비슷하게 잘 흘러갔으면 하는 바람이다. 우리가 지금 가는 남미 대륙에 가까이 다가갈수록 아시아 땅을 떠나며 느꼈던 아쉬움은 새로운 땅에 대한 설렘으로 바뀌었다. 일단 로스앤젤레스에 내려, 도쿄 다음으로 큰 도시인 멕시코시티로 가기 위해 비행기를 갈아탄다. 우리가 라틴아메리카에서 처음 발을 내딛는 도시 멕시코시티도 이제 세 시간 후면 도착이다.

좀 더 알고 싶으세요?

미트라 발리 Mitra Bali

아궁 알리트는 관광낙원 발리 섬에서 공정무역 기업을 설립해 수공예품을 세계 각국에 판매한다. 생산자들과 그 가족들에게 정당한 수입을 확보해주고 정기적인 임금을 보장하기 위해서다. 해외 판매자들과의 가격 협상 등에서 불리한 위치에 놓이거나 서로 상처만 남기는 경쟁을 하지 않기 위해, 생산자들끼리 집단으로 연대하도록 돕기도 한다. 남은 수익금은 생산자들의 재교육과 연수에 투자한다.

● 홈페이지	www.mitrabali.com
● 위치	인도네시아, 발리, 우부드
● 활동가 현황	상근 활동가 34명. 현재 자원 활동가 없음.
● 도움이 필요한 일	제품디자인, 그래픽, 웹디자인, 마케팅, 영업
● 숙박 및 식사	자원 활동가가 일정 금액을 지불하고 묵을 수 있는 민박 가정이 있다. 식사와 숙박에 드는 경비 일부는 미트라 발리가 지원한다.
● 사용 언어	영어
● 이메일	agungalit@mitrabali.com

〈바이오플라네타 Bioplaneta〉
멕시코, 멕시코시티

〈시르코 볼라도르 Circo Volador〉
멕시코, 멕시코시티

〈타이드 TIDE〉
벨리즈, 푼타고르다

〈러닝 인 커뮤니티 Learning in Community〉
니카라과, 마나구아

PART___ 03

중앙아메리카

ZENTRALAMERIKA

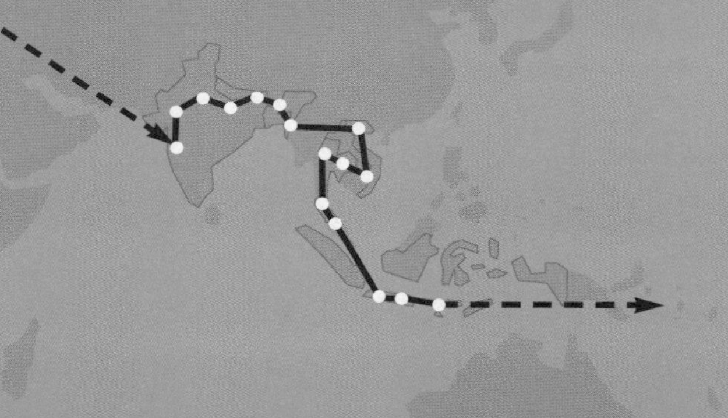

멕시코 — 바이오플라네타 Bioplaneta

실천하는 연대 네트워크

Jan 얀의 이야기

멕시코시티에서

비행기가 두꺼운 구름층을 뚫고 내려왔다. 발아래로 인구 2200만 대도시 속의 거주 구역이 눈에 들어왔다. 공항까지 50킬로미터는 더 가야하지만, 어쨌든 멕시코시티가 우리 발밑에 있다. 비행기는 서서히 우회 곡선을 그리며 새로운 목적지를 향해 고도를 낮춘다.

팀의 친구인 마루Maru가 공항으로 우리를 마중 나왔다. 여기 있는 며칠 동안 자기 집에서 묵으라고 흔쾌히 제안한 것도 마루다. 그걸 보면서 멕시코 사람들이 손님 접대가 극진하다는 걸 새삼 느꼈다. 마루가 모는 폭스바겐 차창 밖으로 보이는 멕시코시티 밤거리에 온통 호기심을 빼앗긴다. 휘황찬란한 조명 아래 널찍하게 뻗은 고속도로 위를 갖가지 매끈한 자동차들이 달린다. 도시 전체가 다 발전한 듯 보이고 모두가 부자인 것 같다. 가난한 동네는 눈에 들어오지 않는다. 마루가 말하길, 지금 차를 타고 지나가는 길이나 도심지에는 빈민가가 없단다. 정말 가난한 동네는 변두리로 가야 나온다고 한다.

다음 날부터 조금씩 멕시코 풍토에 익숙해지려 애썼다. 멕시코시티는 해발 2240미터 높이에 있고, 동남아시아 기후와는 완전 딴판이다. 높은 지역인지라 한 발짝 떼는데도 숨이 헐떡거린다. 하지만 멕시코 전통문화 구역을 처음 찾아간 날 우리는 피로를 싹 잊어버렸다. 알록달록 칠한 조그마한 집들이, 그리고 거리 악사들과 여러 예술가들로 북적대는 거리 풍경이 우리 마음을 완전 사로잡았다. 근사한 음식점이 어깨를 나란히 한 채 늘어섰고, 간간이 조그만 공원과 카페가 놓였다. 내 눈에는 멕시코가 유럽과 다른 점이 거의 없어 보였다. 그렇게 마음을 홀딱 사로잡힌 그 다음 날, 우리는 헥토르 마르첼리Hector Marcelli라는 중미 사회적 기업가 한 사람을 찾아 갔다.

헥토르 마르첼리가 '바이오플라네타(Bioplaneta-Network, 생명의 지구 연대)'를 지금처럼 멕시코 전역의 소규모 생산자들을 위한 영업대행사이자, 교육시설이자, 정보교류의 중심으로 만든 데는 수십 년의 오랜 세월이 걸렸다. 우리와 대화를 나눈 시간도 거의 다섯 시간에 달했다. 마르첼리의 사무실을 나올 때는 그의 얘기와 독려에 깊이 감화될 수밖에 없었다. 앞으로 며칠간 멕시코 남부 오악사카Oaxaca 주에서 바이오플라네타의 회원사들을 만나는 게 무척 기대됐다.

바이오플라네타 – 실천하는 연대 네트워크

바이오플라네타는 1980년대 초부터 중반까지 멕시코에서 붐처럼 일어난 환경운동과 사회운동에서 비롯된 단체다. 바이오플라네타라는 이름 자체가 '네트워크의 네트워크'를 추구하며, 수많은 비영리 단체를 총괄하여 연결하는 중개자 구실을 한다. 활동 영역이 서로 달라도 넓게 보면 서로 교차점이 많은 단체나 사업분야를 이어주는 소통창구이자, 싱크탱크, 이해대변인 등의 역할을 담당해왔다.

생태관광은 중요한 수입원이다.

바이오플라네타 네트워크는 멕시코시티에 관리자 격인 본부가 있고, 13개 주 58개 공동체에서 각기 중점사업인 생태농업을 비롯해, 고급화 상품, 수공예품, 공정무역, 지속가능 관광사업 등을 추진한다. 다만 이 사업 범위를 굳이 따로 구분하지 않고 연계·통합해서 운영하는 경우가 많다.

그 밖에도 지역공동체들끼리 '바이오플라네타 생태관광 네트워크'를 꾸리기도 했다. 사업 중점은 지속가능한 관광, 그리고 관광사업을 통한 농촌 지역 발전이다. 특히 오악사카 주와 베라크루즈Veracruz 주의 빈곤 지역에서 농업 관련 개발사업이 가장 왕성히 진행되고 있다.

실천하는 연대 ____ 바이오플라네타는 '직접 행동하는 연대'를 원칙으로 삼는다. 이를테면 이미 성공한 프로젝트들은 다른 곳에서 새로 시도하는 사업을 후원해야 할 의무를 가진다. 각 산하단체들은 서로 교류하고 보완하며 바이오플라네타 내 다른 사업 분야와 교섭하고 연계사업을 펼친다. 예를 들면, 생태관광에 온 손님들에게 타 지역 화장품을 판매하고, 추진 중인 농업 프로젝트에 관광객을 유치해 견학 프로그램을 만든다. 사업간 경험과 노하우도 부지런히 교환한다. 재정 면으로도 서로 뒷받침을 해주고 제품과 서비스를 공동 마케팅하기도 한다. 특히 바이오플라네타 생태관광 네트워크 내 회원과 협력체들은 협동조합 형태로 조직을 이루거나 공동자산 운영제를 채택한다.

평화의 공존을 향한 철학 ____ 바이오플라네타는 '지속가능한 발전'이라는 틀 안에서 독립성을 유지하면서 모든 구성원들을 지원한다. 이런 작업이 시작된 것도, 서로 다른 문화와 공동체, 여러 인종(백인, 원주민, 혼혈인)과 저마다 가진 제도나 관습이 평화롭게 공존하게 하자는 생각이 씨앗이 됐다. 그 전면에는 지역만의 가치관과 전통을 존중하고, 자연환경을 지키고 되살려내겠다는 의지가 깔려 있다. 이 네트워크 창립자와 이야기를 나누다 보니 이 철학이 설립자 개인의 지나온 삶과 깊은 관계가 있다는 걸 깨달았다.

헥토르 마르첼리

"나는 요가와 명상 지도자였습니다"

선생님의 성장 배경은 어떻게 됩니까?

"어렸을 때부터 요가와 명상을 수련하는 영적 스승인 구루Guru를 많이 만났

“ 세상을 바꾸는 데 참여할 능력을 항상 간직하세요. 대기업 같은 회사에 취직하는 건 하나도 중요한 게 아닙니다. 물론 하고 싶다고 해서 누구나 다 사회를 위해 헌신할 수 있는 건 아닙니다. 다만 여러분이 어디서 무엇을 하든, 잘못된 것을 바꾸려는 힘과 의지는 잃지 마십시오. ”

습니다. 꼬마 때는 땅에다 콩을 심고서 20분 동안 깊은 명상을 하고 나면, 콩이 순간 20센티미터쯤 훌쩍 자라나는 게 아주 당연한 일인 줄 알았습니다. 누구나 꼬마 때는 그런 게 이상하지 않잖아요. 초등학교에 들어가고 나서야 평범한 세상에서는 그런 일이 하나도 평범한 게 아니라는 걸 알았답니다. 사람들은 대부분 눈에 보이는 현실만 이해한다는 것도 납득해야 했어요. 더 커서는 자연을 사랑하는 법을 배우게 됐어요. 원시림과 그 안에 사는 갖가지 것을 모두 사랑했죠. 그리고 스물다섯 살 때 요가와 명상 지도자가 되었어요.”

그것이 바뀌게 된 계기는 언제였습니까?

“어느 날 영적 스승을 한 분 만났는데, 내 삶이 확 바뀌었지요. 그때 나는 두 가지 길을 놓고 깊은 고민에 빠졌어요. 영적 지도자가 될 것이냐, 지역공동체에서 자연을 위해 일할 것이냐. 결국 후자를 택했습니다.”

그 다음은 어땠습니까?

“그때 친구들과 나는 이런 얘기를 했어요. 현실을 보고도 눈을 감아버리는 일을 그만두자고 말이지요. 인간이 삶의 질을 높이기 위해 경제를 발명했다는 걸 아시나요? 경제의 의미는 원래 이것입니다. 그런데 오늘날은 경제가 사람보다 더 중요한 것이 돼버렸어요. 이 나라 멕시코 대통령이 말하기를 경제가 잘 돌아가고 있고 착실히 다 잘 되고 있다고 합니다. 하지만 먹을 게 없어 굶어죽는

사람이 부지기수입니다. 그런데도 거기 관심 갖는 사람은 없습니다. 다들 경제 지표가 좋으냐 나쁘냐, 이것만 신경 쓰니까요."

그렇다면 선생님도 세계화에 반대하시겠군요.

"세계 인구의 대다수가 점점 더 가난해지기만 한다면, 세계경제 시스템이 제대로 돌아가는 걸까요? 열린 눈으로 세상을 본다면 누구라도 인정하지 않을 수 없을 겁니다. 가난하니 물건 살 돈이 없고, 따라서 소비자도 점차 사라질 겁니다. 극소수 사람들만이 경제가 아니라 사람에 관심을 가져야 한다고 주장합니다. 반면 세계은행은 빈곤 타파를 위해 전문가들을 고용했습니다. 그리고 그들이 하는 연구와 조언에 시간당 4백 달러나 줍니다. 그 전문가들 자신이 가난하지도 않은데 어떻게 가난을 잘 알겠습니까. 세계은행은 허울뿐인 가난구제 전문가들에겐 많은 돈을 주면서, 정작 필요한 일을 하는 사람들에겐 한 푼도 주지 않습니다."

그렇다면 무엇을 바꿔야 할까요?

"모두가 이윤을 말합니다. 그러나 기업의 이윤이 민중의 이익이 되는 일은 거의 없습니다. 이윤이란 한쪽으로 치우치게 마련이고, 어디서 생겨나 어디로 가는지 잘 보이지도 않습니다. 하지만 모두를 위해 이익을 창출하는 건 가능합니다. 그것도 아주 간단한 아이디어만 있으면 됩니다. 지역공동체, 환경, 기업, 시민단체 등 모든 구성원이 추구할 만한 공동의 목표를 찾는 겁니다. 각 당사자들이 이윤을 내는 게 가능하다고 생각하거나 그것을 믿는다면, 정말 이윤은 발생합니다. 그것도 모두가 평등하게 이익을 나눠가질 겁니다."

어려움이 있었다면 어떤 것이었습니까?

"사업계획서를 만드는 것이 예나 지금이나 유행처럼 번지고 있죠. 어떤 프로젝트를 하고 싶은데 사업계획서가 없으면, 자금조달도, 대출도, 보증도 해결하기 무척 어렵습니다. 모두가 사업계획서를 달라고 합니다. 환경사업과 사회사업, 대도시 노숙청소년 문제를 해결하기 위해서도 사업계획서를 써야 해요. 계획서 안에는 시장조사, 타당성조사, 경제성조사, 사회적 조사가 들어가야 합니다. 그러니 그 많은 조사를 진행하느라 벌써부터 막대한 돈을 써야 합니다. 하지만 성공하느냐 마느냐는 이런 조사니, 사업계획서니 하는 종이 나부랭이가 아니라 사람 손에 달린 겁니다. 그런데도 조사보고서니 사업계획서니 하는 것을 애써 만드는 이유는 그래야만 자금 지원을 받을 수 있기 때문입니다. 이 서류를 준비하느라 얼마나 많은 시간과 에너지를 쏟아부었는지, 그리고 세계은행 사무실에서 얼마나 쓸데없이 시간을 낭비했는지 모릅니다. 이런 게 다 왜 필요할까요? 그 서류뭉치를 다 보관하려면 어마어마한 창고가 있어야 할 겁니다. 그 안에다 서류를 계속 쌓고 또 쌓아도 가난한 사람은 계속 늘어나고 또 늘어날 것입니다."

이 단체를 창립하게 된 계기가 무엇입니까?

"멕시코 어딜 가나 발전이라는 미명하에 자연이 계속해서 파괴됩니다. 도시는 계속 커지고, 공장을 짓고, 숲을 밀어내고, 물과 공기가 오염됩니다. 오늘날까지도 멕시코에는 지속가능한 개발을 깊이 고민하는 사람이 별로 없습니다. 제 친구들과 저는 이렇게 나 몰라라 해서는 안 되겠다고 결심했어요. 이렇게 해서 바이오플라네타를 세우게 됐고, 운동을 시작한 지 얼마 되지 않아서 우리만으로는 자연을 지키고 보전하는 게 힘들다는 걸 알았습니다. 자연을 사랑하는 사람들, 즉 농민, 원주민이 반드시 함께 해야 했던 거죠. 우리 비전이자 지금껏 내 삶을 이끌어온 목표는 이렇습니다. 풍부한 다양성을 지지하고 더 나은 삶을 추구할 것, 더 나은 세상을 일굴 것. 말하자면 모든 것을 향상시키는 겁니다. 문화적 다양성, 비전의 다양성, 생물종 다양성이야말로 지속가능한 지구를 위한 중요한 밑거름입니다."

실수한 적은 없었나요?

"예전에 잘못한 적이 꽤 있지요. 사람들에게 뭔가를 가르치겠다고 덤비다가 말이에요. 이젠 잘못을 줄이는 법을 알았어요. 남들 말에 귀를 기울이는 거죠. 특히나 원주민과 농촌 지역공동체 구성원들 얘기를 잘 들어야 합니다. 그분들은 자연과 각별한 관계를 맺고 살아갑니다. 자연을 느끼는 능력이 남다르고 자연과 살을 부비며 사니까요. 이런 농촌 공동체들은 천 년도 넘게 한곳에서 형성되어 자연과 인간 사이에 조화로운 관계를 만들어왔습니다.

그런 분들에게, 더 잘살게 해줄 수 있다는 미명 아래 내 입맛대로 이것저것 함부로 바꾸겠다고 나서는 건 어불성설입니다. 이분들이 뉴욕 중심가에 사는 사람들보다 훨씬 더 뛰어난 삶의 질을 누린다는 걸 모르는 거죠. 그걸 깨닫는 게 몹시 중요한 일입니다. 삶의 질은 과학기술이나 돈이 아니라 정말 내 인생을 즐겁게 사느냐, 그리고 내 이웃 역시 행복하게 사느냐로 결정됩니다. 진정한 삶의 질에는 많은 것이 필요하지 않아요. 하지만 내일 당장 먹을 게 없다면, 행복하긴 힘들겠지요."

바이오플라네타가 성공한 이유는 뭐라고 보십니까?

"사업계획서가 쓸모 있었을 수도 있습니다. 하지만 사람들의 마음을 움직인 것이 결정적이었다고 봐요. 바이오플라네타의 성공은, 자기 손으로 직접 발전을 꾀하고 행동에 옮긴 사람들이 만들어낸 성공입니다.

그 밖에 성공을 확인하는 징표가 있다면, 나와 가족, 주위 사람들이 '함께 행복한가'입니다. 나 자신이 행복한지 묻지 말고, 내 이웃이 행복한지 물어야 합니다. 그게 바로 내가 짊어질 책임입니다. 하지만 행복한 것만 바라선 안 됩니다. 땅에 심은 씨앗을 잘 자라게 하고 세상을 더 좋은 곳으로 바꾸는 것도 중요한 일입니다. 생명은 자연의 선물이며 신의 선물입니다. 이 세상에 있는 수천 가지 신 중 하나가 됐든, 우주지성이 됐든, 이름이 무엇이든 상관없습니다. 다만 생명은 선물이며, 우리도 받은 만큼 보답을 해야 합니다. 예컨대 바이오플라네타와 같은 연대를 통해서 말이지요."

'사회적 기업가'라는 말의 정의를 내린다면요?

"글쎄요, 사회적 기업가라는 이름이 새 유행어가 되다시피 했는데, 이름 자체가 중요한 건 아닙니다. 이 말 속에 숨은 느낌과 사실이 중요하지요. 사회적 기업가란 자기 스스로 '종'이 되겠다고 마음먹은 사람입니다. 사회적 기업가는 자신의 삶과 머리를 혼자만을 위해 쓰지 않고 타인을 위해 내놓습니다. 이 세상이 더 나아질 것이라고 굳게 믿는 사람들이고요. 그리고 그렇게 만들려고 열심히 일하는 사람들입니다. 정말 세상을 바꾸느냐 마느냐가 아니라 그러려고 노력한다는 게 중요한 거죠. 이들은 이 목표를 항상 마음에 품고 부지런히 일합니다. 문제에 부딪혀도 꺾이지 않습니다. 무슨 일을 하든 항상 문제는 있기 마련이니까요. 문제에 봉착해도 헤쳐나갈 길을 찾는 이들, 그들이 사회적 기업가입니다."

앞으로 사회생활을 해나갈 젊은이들에게 한 말씀 해주십시오.

"세상을 바꾸는 데 참여할 능력을 항상 간직하세요. 대기업 같은 회사에 취직하는 건 하나도 중요한 게 아닙니다. 물론 하고 싶다고 해서 누구나 다 사회를 위해 헌신할 수 있는 건 아닙니다. 다만 여러분이 어디서 무엇을 하든, 잘못된 것을 바꾸려는 힘과 의지는 잃지 마십시오."

천연화장품과 관광사업으로 농촌 수익을 ___ 멕시코시티에서 며칠을 보내고 나서, 멕시코 남부 해안에 자리 잡은 작은 도시 마순테Mazunte를 찾아 갔다. 여러 마을로 구성된 '오악사카 해안 연대'라는 단체가 생겨난 곳도 여기다. 처음 시작은 1995년 '마순테 천연화장품' 이라는 작은 화장품 제조사를 세웠을 때로 거슬러 올라간다. 협동조합 형태의 이 회사는 여기서 직접 근무하는 여성조합원 열두 명과 세 명의 남성조합원 소유이기도 하다. 마순테 천연화장품은 행락철에 이곳을 찾는 많은 관광객들에게 반응이 좋아 월 매출액이 3만 유로를 넘고, 날로 유명세를 누리게 됐다. 이에 따라 멕시코 대도시에 있는 호텔과 화장품 가게에도 다양한 상품을 출시했다. 한편 다른 바이오플라네타 산하 단체의 거의 모든 환경상품도 마순테 천연화장품 직영매장에 진열되어 있다(친환경 초콜릿, 유기농 커피, 나무 장난감, 비누, 천연물감, 잼, 땅콩버터 등). 더욱이 '마순테 천연화장품'은 벤타니야Ventanilla에 자매 기업이 생길 당시 자사 수익금 중 일부를 출자해 설립에 필요한 재정을 지원했다.

생태관광으로 지역 발전을 ___ 그 덕분에 벤타니야 마을공동체는 '벤타니야 생태관광 서비스'를 설립했다. 주민들은 해변에 직영 레스토랑을 차리고, 관광객 전용 방갈로를 짓고, 맹그로브 투어 프로그램을 만들었다. 이 모든 프로그램은 야생동물 보호, 생태서식지 복구, 환경보호 운동을 연계해 이루어진다.

벤타니야는 주민이 125명밖에 안 되는 작은 마을이다. 그중 스물다섯 가구가 생태관광 회사를 조합형태로 공동소유한다. 마순테 화장품과 함께 벤타니야 조합 역시 바이오플라네타 네트워크 중에서 최고로 성공한 사례로 꼽히며, 이곳도 역시 사업 수익을 출자해 북부 해안의 토마탈Tomatal 마을에 있는 친환경 땅콩 농민협동조합에 지원을 해준다. 현재는 마순테, 벤타니야, 토마탈 이 세 공동체가 다 함께 해안자치연합을 이룰 네 번째 마을을 지원하고 있다. 시골 마을 톨테펙Toltepec에 있는 유기농 커피·카카오 협동조합이다.

벤타니야 조합은 주민 스무 명이 공동으로 설립했고 일도 직접 한다. 성수기에는 무려 관광객 3500명이 이곳 서비스를 이용하므로 모두가 전

바다거북이 지나간 자리.

업으로 근무해도 모자랄 지경이다. 조합원 한 명의 일자리가 한 가구를 충분히 먹여살린다. 또, 여성들 일자리 마련을 위해 역시 공동출자와 기획하에 '엘 마이스 아술El Maiz Azul'이라는 해변 레스토랑을 개업했다. 현재 여섯 명의 여성이 이 레스토랑 운영을 맡고 있다. 지금까지 조합원들 스스로 해온 레스토랑 경영은 꽤 순조로웠고, 일종의 일자리 나누기도 실천한다. 남자 열세 명은 맹그로브 늪지 보트 탐사 같은 관광상품을 담당하며, 야생동물 서식지 복원, 환경 프로그램, 쓰레기 처리, 퇴비형 화장실, 맹그로브 묘포 관리도 그들 몫이다.

모든 사업을 주민들 의사에 따라 창설하고 진행해왔기 때문에, 어떤 일이 필요하면 주민들이 결정부터 시행, 그리고 상황에 따라 수정과 보완까지 모두 직접 한다. 그만큼 다들 사업을 자기 일로 여기고 자긍심도 상당히 높다. 마을 사람들의 열의가 피부로 느껴질 정도다.

바이오플라네타 네트워크는, 잘 만든 관광산업이 사회적 책임에 걸맞은 지역 발전을 이루고 빈곤 타파에 기여할 수 있다는 사실을 입증해낸 셈이다.

좀 더 알고 싶으세요?

바이오플라네타 Bioplaneta

바이오플라네타는 멕시코에서 환경운동과 사회운동 붐이 한창이던 1980년대에 설립됐다. 친환경 농업과 고급화 상품, 수공예품, 공정무역, 지속가능한 관광산업 등을 중심사업으로 삼는 비영리기구로서, 멕시코 13개 주 58개 지역공동체에 골고루 산하단체들이 퍼져 있다. 바이오플라네타는 '직접 행동을 통한 연대'를 원칙으로 삼는다. 말하자면 새로운 사업을 시작하는 단체가 있으면 이미 성공을 거둔 다른 단체가 재정적인 지원을 해주고, 상품과 서비스를 공동으로 판매하며, 경험과 노하우를 서로 나누는 방식이다.

● 홈페이지	www.bioplaneta.com(2011년 7월 현재 접속 안 됨)
● 위치	멕시코, 여러 지역(멕시코시티와 마순테 등)
● 활동가 현황	상근 활동가 10명, 자국인 자원 활동가 2명, 외국인 자원 활동가 5명.
● 도움이 필요한 일	웹디자인, 각지의 프로젝트 현장 실무, 공정무역 상품 관련
● 숙박 및 식사	자원 활동가에 지급되는 경비수당은 없다. 다만 투입 지역에 따라 사무실에 딸린 공간이나 호스텔에서 숙식을 해결할 수 있다.
● 사용 언어	영어, 스페인어
● 이메일	hmarcelli@bioplaneta.com

멕시코 — 시르코 볼라도르 Circo Volador

범법 청소년을 위한 서커스

Matti 마티의 이야기

끝내주는 세 사람

바랑카델무에르토Barranca del Muerto는 멕시코 수도 175개 지하철 역 중의 하나다. 여기서 인구 2200만 대도시의 반대쪽 끄트머리로 가는 길에 올랐다. 헥토르 카스티요Hector Castillo가 운영하는 사회적 기업으로 가기 위해서다. '날아다니는 서커스'라는 뜻의 시르코 볼라도르는 범죄조직에 가담하기 쉬운 거리 아이들에게 미래의 꿈을 심어주기 위해 카스티요가 만든 청소년 문화 센터다. 여느 도시 지하철과 마찬가지로 여기 지하철도 승객들로 득실득실하다. 살짝 웃는다거나 서로 이야기를 건네는 것도 힘겨운지, 모두 자기만의 생각에 빠져 있다. 갑자기 살사 음악이 숨 막힐 듯 답답한 차내를 가로지른다. 맹인 한 사람이 휴대용 오디오를 등에 짊어지고 몸에는 여러 가지 장신구를 매단 채 승객들 사이를 솜씨 좋게 헤치면서 라틴 민속음악 CD를 팔았다. 물론 복사한 CD겠지만, 어쨌든 그분이 자신의 운명을 이겨나가는 모습이 놀라웠다. 하루 종일 좁고 더운 지하철을 누비며 사람들 틈바구니에서 장사한다는 게 여간 힘들지 않을 듯하다.

지하철을 타고 가면서 이번에 만나는 사회적 기업가는 어떤 사람일지 궁금해졌다. 어쨌든 헥토르 카스티요가 만나는 이들은 청소년 범죄자니까. 아무래도 발리에서 만난 수공예 제작자들처럼 우리를 따뜻하게 맞아주진 않을 것 같은 느낌이다. 얀과 팀도 약간 긴장한 듯 보였다. 그러나 한 시간 후 다시 땅 위로 올라와보니 이 동네 풍경도 별반 다르지 않아 보이고 살벌하리라 예상했던 범죄 구역은 평범함 그 자체였다. 여느 길거리 마냥 큰 극장이 있고, 큰 간판에는 'Circo Volador'라고 써 있다. 근사한 그래피티가 외벽을 멋지게 장식하지 않았다면 그냥 심심한 회색 콘크리트 건물이었을 법하다. 입구 위에는 지난 지 꽤 되어 보이는 쇼 광고가 걸려 있다. 1층 카페에 방탄조끼를 입은 경찰관 두 명이 지루한 듯 앉아 있다. 경찰관을 보니 오히려 더 불안해진다. 소년 갱단과 경찰이라니, 뭐 어울리는 조합이긴 하다. 경찰관들에게 시르코 볼라도르 운영자인 빅토르 트레호Victor Trejo가 어디 있는지 물어봤지만, 퉁명스럽게 고개만 가로젓는 게 대답의 전부다. 대신 옆 테이블에 앉은 두 아이한테서 도움을 받았다. 아이들은 편한 말투로 인사를 건네더니, 입구를 가리킨다. 스무 살쯤 돼 보이는 아가씨가 나와 문을 열어주더니 멋스러운 주철 난간이 달린 나선형 계단을 지나 빅토르의 사무실까지 안내해 주었다.

예술 감독 빅토르 트레호 ___ 사무실에서는 두 젊은이가 컴퓨터 작업을 하느라 바쁜 모양인지 우리를 보고 잠깐 눈인사를 건넨다. 노트북 한 대가 놓인 책상에는 회색 머리카락을 뒤로 질끈 묶은 뚱뚱한 중년 남자가 담배를 피우고 있다. 우리가 온 것도 모르고 자기 일에 깊이 몰두해 있다. 아무도 반기지 않는 작은 사무실 안에서 우리는 멋쩍은 듯 서 있다. 어쨌든 그 틈을 타서 사무실 내 집기를 둘러보았다. 게시판에 가수와 음악가의 사진이 수백 장이나 붙어 있고, 군데군데 커다란 콘서트 포스터도 몇 장 걸렸다. 담배 연기 자욱한 책상 쪽에서 뭔가 움직임이 있는 것 같아 긴장한 채 몸을 돌렸다. 순간 남자가 벌떡 일어서더니, 쭈뼛쭈뼛 서 있는 세 사람을 보고 재미있다는 듯 빙그레 웃는다. 그가 바로 빅토르다.

빅토르 트레호는 예술감독이자 시르코 볼라도르 운영자로서 헥토르 카스티요의 오랜 친구다. 이 두 사람은 예전에 같은 록밴드에서 친구가 됐다고 한다. 1996년부터 헥토르는 빅토르에게 청소년 문화 센터의 운영을 맡겼다. 시르코 볼라도르의 창립자이자 책임자인 헥토르 카스티요는 스위스 제네바에 갔다가 오늘 저녁에야 돌아와서 내일 만날 수 있다고 한다.

서커스를 돌아보다

빅토르와 헤어지고 나서, 스물두 살 곱슬머리 여성이 우리를 데리고 센터 내부를 안내했다. 커다란 공연장에서 아이들이 현대무용을 배우는 중이다. '카포에이라Capoeira(브라질 격투기)'를 추는 무용수(카포에이리스타Capoeiristas)들이 곡예사처럼 리듬에 맞춰 몸을 휙휙 돌린다. 호다Roda라고 불리는 원 안에서 옛날 노예들의 격투장면을 묘사한다. 호다는 카포에이리스타들이 춤출 때 만드는 둥그런 원형 공간을 뜻하는데 호다 안에서 두 무용수들이 상대를 건드리거나 실제로 가격하지 않고 놀이하듯 대전을 펼친다. 원 바깥의 카포에이리스타들은 특유의 민속악기를 연주하며 브라질로 잡혀왔던 아프리카 노예들의 고된 삶이 담긴 노래를 부른다.

뒤이어 '알레브리헤Alebrijes' 워크샵에 참관했다. 강사와 참가자들은 우리에게는 낯선 이 예술을 열과 성을 다해 설명했다. 알레브리헤는 1930년대에 멕시코시티에서 새로운 장르로 발전한 조형예술인데, 종이

시르코 볼라도르 본부.

와 철사로, 혹은 나무에 새겨 알록달록 화려한 상상의 동물을 만드는 것이다. 크기와 형태가 정해진 게 없어서 참 다양한 결과물을 감상할 수 있다. 그중에서도 용과 악마 가면은 아주 인기가 많고 잘 팔리는 품목이다. 교사와 몇몇 학생은 작품을 팔아서 생활비를 벌기도 한다. 더구나 청소년들에게 알레브리헤는 마음속에서 정리되지 못한 경험과 욕구를 마음껏 표현하는 수단이 된다.

매달 청소년 5천 명이 참여하다 ____ 저녁 늦게서야 깊은 감흥에 젖어 '날아다니는 서커스'를 떠났다. 여기서 벌어지는 왕성한 예술 활동에 감명을 받은 것도 있지만, 다른 한편으로는 카포에이라, 노래, 그래피티, 음악, 춤, 그림, 수공예 수업에 참여하는 청소년과 성인이 한 달에 무려 5천 명이나 된다는 사실에 놀랐다.

다만 우리가 자료로 접했던 폭력조직 일원이나 소외된 아이들은 어디 있는 건지 궁금해졌다. 오늘 우리가 만난 청소년들은 멕시코시티 곳곳에서 찾아온 평범한 아이들이었으니 말이다.

inter view **헥토르 카스티요**

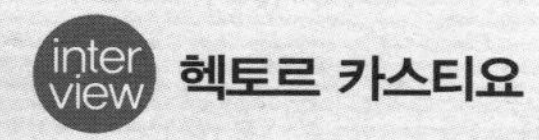

이튿날 빅토르는 근처에 있는 헥토르의 사무실로 우리를 안내해주었다. 사무실은 음악 스튜디오와 도서관을 섞어 놓은 것 같다. 딱 봐도 멕시코 사람처럼 생긴 헥토르가 "로스 트레스 판타스티코스Los Tres Fantasticos!"라고 외치며 우리를 환영해 주었다. '끝내주는 세 사람'이란 뜻이다. 빅토르가 그전에 우리에게 농담처럼 헥토르를 조심하라고 귀띔했다. 헥토르가 '위험 인물'이라나.

헥토르는 정말 순수혈통 멕시코 사람처럼 생겼다. 길게 묶은 새까만 말총머리와 또렷한 이목구비가 영화배우를 연상케 했다. 우리는 난폭한 조직폭력배처럼 보이는 두 소년을 소개받았다. 랩 가수처럼 차려입은 아이가 좀 더 거친 인상이다. 통 넓은 힙합 바지에 야구 모자를 쓰고 자기를 '그래피티 천재'라고 소개했다. 긴 곱슬머리를 한 다른 소년은 자기 록밴드의 연주를 녹음하러 들렀다고 한다. 헥토르가 자신의 삶과 시르코 볼라도르에 대해 어떤 얘기를 할지 자못 기대가 됐다. 헥토르는 서류 더미로 가득한 책상에 앉아서, 격의 없는 태도로 사무실 안에 있는 집기에 대해 설명하기 시작했다. 나는 이제나 저제나

" 일단 폭력조직과 만날 때는 음악을 이용했습니다. 나 자신이 타악기를 좀 치니까, 그런 데 관심 있는 아이들한테 같이 하자고 제안하기가 비교적 쉬웠죠. 그러면서 아이들한테 스스로 아이디어를 짜내서 처음부터 끝까지 알아서 기획하고 모든 걸 꾸며보라고 주문했어요. "

틈을 엿보다가 가까스로 자타 공인 '늙은 여우'라는 헥토르에게 질문을 던지는 데 성공했다.

어떻게 그렇게 강한 인상을 갖게 되었습니까?

"나는 멕시코시티 구시가지에 있는 중산층 가정에 태어났어요. 그 구역은 멕시코시티에서 제일 위험한 곳이죠. 내가 한창 클 때는 그야말로 어둠의 도시였어요. 십대 아이들 사이에서 암시장, 강도질, 조직간 전쟁 등이 일상이었죠. 아마 내가 대학에서 사회학을 전공한 이유도 아마 그런 것 때문일 거예요. 그렇게 혹독한 환경에서 사람들이 어떻게 행동하는지 그 의문을 풀고 싶었어요."

그때 선생님께 영향을 미친 사람은 누구입니까?

"중·고등학교 다닐 때, 아주 멋진 선생님이 계셨어요. 궁금한 것에 우리가 직접 답을 찾도록 유도했어요. 교과서에 쓰인 얘기만 주입하는 게 아니라, 스스로 생각해보라고 북돋웠어요. 그 덕분에 현실을 이해하는 법을 알았고 무엇을 바꾸고 싶을 때 어떻게 해야 할지 배웠어요. 일종의 의식 찾기 과정이었다고 할 수 있죠."

왕년에 록커였다고 들었어요. 그것만큼 선생님의 삶에 영향을 끼친 것들이 또 있었을 것 같은데요?

"물론이죠! 록큰롤이 1960년대 말 음악계를 휩쓸었어요. 히피들은 죄다 록큰롤에 열광했죠. 한편 1968년 멕시코에서 대학살이 일어났어요. 그때 난 열두 살이었죠. 저의 아버지는 대학교수였는데, 학생운동을 이끌었던 대학생들을 우리집에 숨겨주었어요. 이렇게 강력한 요구를 내세우며 저항하고 투쟁하는 대학생들과 만나게 되면서, 이 세상에 뭐가 잘못됐고, 무엇이 제대로 안 돌아가고 있는지 생각하게 됐습니다. 저 바깥에 부패가 횡행하고 모든 것이 더러운 것 투성이라는 걸 알게 된 거죠. 뭔가를 바꾸려 애썼던 이 대학생들 덕분에, 그 당시 나도 열심히 노력해서 그런 것과 싸우는 일을 하겠다는 바람이 생겼던 겁니다."

그런데 어떻게 '날아다니는 서커스'를 창단하게 되었는지요?

"좀 전에 말한 것처럼 사회학을 전공하면서 스물다섯 살쯤부터 이런 의문이 떠올랐어요. 기술자는 다리를 세우고, 건축가는 집을 짓고, 치과의사는 이를 고치는데, 사회학자는 대체 사회를 위해 뭘 할 수 있을까?

그래서 우선 특정 문제를 이해하기 위해 현장 조사를 하기로 했어요. 그래서 지난 25년 동안 조사해온 세 가지 분야가 바로, 쓰레기 문제, 먹을거리 문제, 청소년 범죄조직 문제였지요."

말하자면 쓰레기를 뒤지기라도 했다는 건가요?

"정말 그랬어요. 쓰레기 매립지에서부터 일을 시작했거든요. 스스로 문제의 한 부분이 되는 것이 현장조사의 한 방법이라고 생각했죠. 골목길을 청소하고, 집집마다 나오는 쓰레기를 수거해서 매립지로 가져갔죠. 맨 처음 쓰레기 매립지에 갔을 때, 거기에서 1만 5천 명이나 되는 넝마주이가 산다는 걸 처음 알았어요. 도시 안에 또 다른 도시가 있는 것 같았어요. 그들은 쓰레기 더미에서 먹고 자고 그렇게 살더군요."

말씀을 들으니 잠입취재의 한 장면 같네요.

"그러게요. 그렇게 석 달 동안 쓰레기 더미에서 그분들과 함께 살았어요. 쓰레기 냄새를 맡고, 쓰레기에 살을 부대끼며 남들이 내다 버린 쓰레기 더미에서 뭐 돈 될 만한 것이 있나 찾으며 자기 생명을 부지하는 사람들의 삶을 직접 체험했어요. 그때 나는 쓰레기가 진짜로 무엇인지, 또 정부가 뭐하는 곳인지, 내쳐진 게 뭔지 온몸으로 배웠습니다. 거기서 지독한 가난을 보았고, 사회의 틀 밖으로 내쳐진 사람들을 목격한 겁니다. 그리고 그분들과 얘기를 나누며 제안했어요. 우리가 이 모든 걸 바꾸자고. 정말로 내가 할 일을 알게 된 참된 시작이었지요."

학자가 사회체제에 맞서 싸우기 시작한 건가요?

"맞습니다, 난 학자죠. 책도 쓰고, 언론에 기고도 하고, 학술회의도 주관하고 대학에서 강의도 합니다. 문제를 학문적으로 볼 수 있는 노련한 시각이 나에겐 있습니다. 하지만 그걸로는 부족합니다. 문제 속으로 깊숙이 들어가야 하고 실제로 뭔가 바꾸려고 노력해야 합니다."

폭력 역시 선생님이 몰아내려는 대상에 들어가나요?

"1980년대 말 멕시코시티에서 소년 범죄조직이 자행하는 폭력 문제가 대두되었습니다. 서로 싸우고 죽이는 건 물론, 경찰도 살해했죠. 그리고 저항하다가 검거되어 감옥에 갔습니다. 일자리도, 돈도 없는 아이들이었어요. 어디나 널

린 문제였습니다. 1987년 이 일을 시작했을 때 확인한 소년 폭력조직 숫자만 도 멕시코시티 내 1500개, 시 외곽까지 치면 2500개나 됐어요. 이런 일이 생긴 건 크게 네 가지 이유가 있었죠. 학교의 학과교육과 소양교육 수준이 모두 형편없다는 점, 가족 해체로 인해 의지할 곳이 없어진 청소년들의 막막함과 사회구조 안으로의 편입능력 상실, 높은 실업률, 마지막으로 워낙 극심한 부패 탓에 무엇이든 매수할 수 있는 이 사회에서 경찰을 비롯한 사회적 권위와 위계질서가 존중받을 근거를 잃어버린 점입니다."

어떤 식으로 폭력조직에 접근하시나요?

"우리는 연구를 통해 알아낸 결과를 바탕으로, 폭력조직에게 그 일행들끼리 만나서 창의적이고 생산적으로 뛰놀 공간을 제공하자는 생각을 했습니다. 이 계획은 당시 멕시코시티 시장과 대학을 통해 후원도 받았죠. 일단 폭력조직과 만날 때는 음악을 이용했습니다. 나 자신이 타악기를 좀 치니까, 그런 데 관심 있는 아이들한테 같이 하자고 제안하기가 비교적 쉬웠죠. 그러면서 아이들한테 스스로 아이디어를 짜내서 처음부터 끝까지 알아서 기획하고 알아서 모든 걸 꾸며보라고 주문했어요."

시간이 가면서 처음 아이디어가 변한 점이 있나요?

"있는 정도가 아니라 매일매일이 변화의 연속입니다. 일을 시작하고 뭔가를 해보면, 어느새 저절로 저만치 진행이 되고 있어요. 때론 잘 된다는 생각도 들지만, 이따금 한꺼번에 엉망이 되는 적도 있어요. 그뿐인가요, 어떨 땐 그냥 이것저것 다 끔찍하게만 여겨져서 당장이라도 때려치우고 싶기도 해요."

선생님도 뭔가 실수한 게 있으실 텐데요.

"당연하죠. 처음엔 정부를 상대로 일을 벌인다는 인상을 줬나 봐요. 그래서 경찰이 오고 여러 사람 감옥에 갔어요. 나도 두 번이나 감옥에 갔다는 거 아닙니까. 언제나 생각하는 방식을 바꿔야 했어요. 그게 제일 중요했던 것 같아요."

지금까지 제일 큰 과제는 무엇이었습니까?

"예를 들면 이런 거죠. 어림잡아 8만 명은 되는 사내애들에게 내 메시지를 어떻게 전할까? 혹은, 최소 애들 수천 명쯤 모이는 행사를 어떻게 주관하지? 그것도 서로 치고받고 싸우지 않도록 평화롭게! 아니면, 괜찮은 음향을 갖춘 록 콘서트를 어떤 식으로 기획할까? 사람들이 국가의 감시 없이 해방감을 느끼면서 놀 만한 장소가 어딜까? 이런 식으로 수백 가지 과제가 있었죠."

시르코 볼라도르의 성공을 잴 만한 척도가 있나요?

"얼마나 많은 십대가 오나 세보는 거죠. 하지만 그 아이들 하나하나에게서 어떤 성과가 있었는지 잴 수는 없고 그냥 어렴풋이 느낄 뿐이죠. 우리가 이 빈민가에서 폭력과 살인이 중단되도록 만들었습니다. 더욱 중요한 성과는, '청소년 문화'라는 말이 정치적 의제에 오르게 만든 점, 그것이죠."

헥토르 카스티요의 비전은 남미 전역의 비슷한 단체들이 한데 모여 힘있는 네트워크를 만드는 것이다. 그래야 청소년들이 어딘가로 도망치고 싶을 때 피난처를 제공받을 수 있으니까 말이다. 더욱이 그는 틈날 때마다 학자와 연구자들에게 상아탑에 갇혀 있지 말고 세상으로 뛰쳐나오라고, 그리고 되도록 다양한 프로젝트와 조직을 만들어 현장에서 자신이 가진 지식을 사람들을 위해 쓰라고 권유한다. 그렇다면 그 자신이 성공했는지 아닌지 가늠하는 방법은 무엇일까? 바로 일을 시작할 때 처음 했던 질문의 답을 찾았느냐다. "사회학자는 사회를 위해 무얼 할 수 있는가?" 그리고 그 답은 이미 오래전에 찾았다고 본다.

"비엔베니도스Bienvenidos!" – 누구든 환영합니다! ____ 지금은 멕시코시티 전역에서, 혹은 다른 지역에서까지 수많은 청소년이 시르코볼라도르로 몰려든다. 여기서 함께 일하거나, 예술활동에 참가하거나, 큰 규모의 콘서트를 보러 오거나. 그 밖에도 이유는 다양하다. 이 책을 읽는 당신도 '날아다니는 서커스'에 오는 것을 진심으로 환영한다. 인턴

알레브리헤 공방에서 작업하는 소년.

십이든, 연구 목적이든, 아니면 그냥 잠깐 신명나게 같이 일해보고 싶어서든 상관없다.

작별을 고할 시간이 되자 갑자기 다시 바빠졌다. 이렇게 떠나는 게 한두 번도 아니고 이젠 익숙해질 대로 익숙해졌다. 다음 목적지인 멕시코 남쪽 마순테로 가려면 열여섯 시간의 장거리 버스 여행을 해야 한다. 앞장에서 미리 얘기한 바이오플라네타 네트워크 소속 프로젝트로 떠나는 길이다. 지난 한 주간 우리를 극진하게 대접해준 상냥한 마루의 뺨에, 좀 너무 급하게, 그러나 진한 감사의 뽀뽀를 남기고는 금방이라도 터질 듯이 빵빵한 배낭을 짊어진 채 전철역으로 달려갔다.

좀 더 알고 싶으세요?

시르코 볼라도르 Circo Volador

헥토르 카스티요는 시르코 볼라도르의 설립자이며 사회학 박사다. 1980년대 멕시코시티와 시 외곽에 있는 2500개가 넘는 소년 범죄조직을 연구하다가, 그들이 만나서 마음껏 창의성을 발휘하고 예술 활동을 할 공간을 제공하자는 아이디어를 떠올렸다. 이렇게 해서 시작한 문화 센터는, 오늘날엔 카포에이라, 노래, 그래피티, 음악, 춤, 그림, 수공예 수업을 들으러 매달 5천 명 넘는 청소년과 성인이 찾아오는 곳으로 성장했다. 문화 센터의 운영과 조직은 거의 모두 청소년들이 스스로 생각하고 결정해서 해나간다.

● 홈페이지	www.circovolador.org 트위터 @circovolador
● 위치	멕시코, 멕시코시티
● 활동가 현황	상근 활동가 12명, 시간제 활동가 60명.
● 도움이 필요한 일	사회학 관련 분야 프로젝트, 홍보, 자금조달 등.
● 숙박 및 식사	시르코 볼라도르 근처 게스트하우스와 호텔이 많다. 케사디야Quesadilla 등 멕시코 전통 식단을 쉽게 접할 수 있고 자비로 해결해야 함.
● 사용 언어	스페인어, 영어
● 이메일	berthier@servidor.unam.mx

맹그로브 숲을 보호하며 경제적 이득을

Tim 팀의 이야기

과테말라

멕시코 남부 마순테에서 더 남쪽으로 발길을 돌렸다. 과테말라의 도시 플로레스Flores에서 잠깐 머물렀는데, 이곳 플로레스는 페텐이차Peten Itza 호수 한가운데 있는 조그만 섬이다. 페텐이차는 고대 마야 문헌에도 나올 만큼 온갖 전설에 둘러싸인 호수다. 비바람에 색이 바랜 집들과 시내 중심가 성당 광장에서 뛰노는 아이들을 보면서 스페인이나 이탈리아 도시를 보는 듯한 느낌이 들었다. 하지만 숲과 나무를 보면, 이런 환상도 금방 사라진다. 우리는 지금 유럽이 아니라, 중앙아메리카에서 아직까지 큰 원시림을 잘 보존하고 있는 페텐Peten 주에 있다.

여기 페텐 주에서 고대 마야도시 티칼Tikal로 다시 여행을 떠났다. 일정이 빡빡해서 여유를 부릴 틈이 없긴 했지만, 그냥 지나치기엔 너무 아쉬운 곳이다. 티칼은 고대 마야문명(3~9세기)때 가장 크고 중요한 위치를 차지한 도시로, 지금 중앙아메리카 원주민을 연구하는 데도 빼놓을 수 없는 도시이다. 현재까지 신전, 궁궐, 경기장, 수로, 물탱크를 비롯해 3천 개 넘는 유적이 발굴됐다. 신전에는 마야 상형문자로 왕들의 행적이

과테말라의 플로레스.

나 도시의 역사를 새겨놓은 돌기둥이 2백 주나 있다. 이 끝없이 넓은 숲은 그동안 화전농업으로 많이 손상되긴 했지만, 재규어나 퓨마가 아직까지도 산다는 소문이 있다.

고대로 떠난 짧은 여행을 마치고 이제 우리는 유카탄Yucatán 반도 남동쪽, 벨리즈Belize를 향해 길을 떠난다.

벨리즈 ____ 다섯 시간 동안 버스를 타고 큰 문제없이 국경을 넘었다. 카리브 해 연안에 위치한 나라 벨리즈와 대도시 벨리즈시티는 처음 보는 새로운 세상이었다. 버스에서 내릴 때부터 카리브의 묘한 기운이 나를 감쌌다. 검은 피부의 라스타파리안Rastafarian(에티오피아의 옛 황제 하일레 셀라시에Haile Selassie를 숭상하는 자메이카 종교 신자. 이들은 흑인들이 언젠가는 아프리카로 돌아갈 것이라고 믿고 독특한 복장과 행동 양식을 따른다 -

옮긴이) 몇 명이 우리를 보고 쿨하게 인사를 하며 지나간다. 모퉁이 과일 노점상에서 튼 레게 음악이 거리를 쿵쿵 울린다. 많이 지치지만 않았다면, 나도 함께 음악에 맞춰 몸을 흔들었을 거다. 어깨에 들어간 힘이 풀리며, 이 나라의 한 부분이 된 것이 느껴졌다.

휴가 분위기가 물씬 풍기는 이곳에서 우리는 이 나라 사람들이 무슨 문제로 힘들어하는지 알고 싶었다. 얼핏 봐선 이 나라에 행복하지 않은 사람은 한 명도 없는 것처럼 보였다. 특히 메스티소mestizo(스페인인과 북미 원주민의 피가 섞인 라틴아메리카인 – 옮긴이)와 크레올Creole(특히 서인도 제도에 사는, 유럽인과 흑인의 혼혈인 – 옮긴이), 마야 민족 등 여러 혼혈인을 보면서 색다른 느낌이 들었다. 서로 다른 인종이 함께 잘 어울리는 모습이 놀라웠다.

벨리즈는 상당히 미국 분위기가 난다. 슈퍼마켓에서 파는 물건을 봐도 미국 물건이 대부분이고, 거리에도 미국 자동차가 많이 다닌다.

버스를 타고 푼타고르다Punta Gorda로 가다가, 미국에서 흔히 보는 노란색 스쿨버스도 보았다. 이 나라 공공버스 회사는 폐차된 미국 버스를 시외버스로 사용한다.

푼타고르다 시는 관광객이 많이 찾는 명소와는 거리가 멀다. 벨리즈 사람들은 이 도시를 짧게 PG라고 부른다. 여기 바다는 마치 넓은 호수처럼 보였다. 암초로 둘러싸인 온두라스Honduras 만에서부터, 파도 하나 없는 거울 같은 수면이 수평선 끝까지 펼쳐졌다. 우리는 곧 환경보전 감시단체인 '톨레도 개발환경 협회(Toledo Institute for Development and Environment – TIDE)'를 이끄는 윌 마헤이아Wil Maheia를 만나 카리브해 군도와 육지 쪽에 형성된 맹그로브 숲을 찾아갈 예정이다.

TIDE – 환경보호와 개발원조를 한번에

부채가 심각한 벨리즈의 국가기관들은 인력도 빠듯해, 그나마 훼손되지 않은 이곳 생태계를 지킬 여력이 전혀 없는 실정이다. 자연을 파괴하는 이들의 대부분은 생존을 위해 마구잡이로 온갖 어류와 동물을 남획하는 벨리즈 국민이다. 그래서 윌 마헤이아는 TIDE를 후원하는 미국과 유럽의 기부금을 이용해 '온두라스 항 해양 보존구역'과 '페인Payne 만灣 국립공원'을 지정하여 관리한다. TIDE는 자연보호구역을 지키는 것 말고도, 농어촌 주민들이 남획과 사냥을 하지 않고도 수입을 얻을 수 있도록 다른 수입원을 찾는 데 적극적으로 돕기도 한다.

TIDE 사무실에 와서 스무 명 직원이 매달 갖는 직원회의에 참석해 윌을 만나게 됐다. 모든 직원이 지난달 활동보고를 마치고 나자, 설립자인 윌이 보고를 시작했다. 모두가 기대에 부풀어 2천만 달러짜리 자연보호 프로젝트에 대해 카리브 해 연안국가들과 유럽연합이 협상한 결과가 나왔는지 알고 싶어 했다. 윌도 협상에 참가했지만, 이 프로젝트를 진행할지 어떨지, 당장에는 확실한 결정이 나지 않았다고 한다.

'사유지'에서 ____ 이튿날 만난 윌은 무릎까지 오는 고무장화를 신었다. 주말이나 아니면 평일에라도 꼭 한 번은 이 '사유지'를 찾아온다고 한다. 이 땅은 예전에는 기업과 개인의 소유였는데 TIDE가 자연보호구역으로 지정하려고 기부금을 걷어서 사들인 곳이다. 우리는 기대감에 부풀어 작은 트럭에 올랐다. 시가지를 벗어나서 열대우림으로 접어들자, 도로가 끊겨 차가 많이 덜컹거린다. 강둑 바로 앞에서 차가 멈추었다. 경사진 둔치에서부터 우리가 익히 태국이나 멕시코에서도 봤던, 맹그로브 숲이 모습을 나타냈다.

윌은 말없이 차에서 내리더니 쇠파이프로 바닥에 나뒹구는 드럼통을 두드리는데, 독특한 리듬이었다. 둔탁한 울림이 고요한 숲 속으로 퍼져 나갔다. 어리둥절한 우리는 아랑곳도 않은 채, 윌은 자기 고향인 푼타고르다에 얽힌 이야기며 어린 시절에 친구들과 맹그로브 숲 속을 뛰어놀았던 이야기 등을 풀어놓는다. 그러던 중 얀이 용기를 내서 질문을 했다. "맹그로브 숲으로는 들어가지 않아요? 여기가 끝인가요?" 윌은 싱긋이 웃으며 쇠파이프를 가리키며 동료 한 명이 신호를 받았으니 마중 나올 거라고 했다. 말이 끝나기 무섭게 보트 한 척이 나타났다. 보트를 조종하는 사람은 어제 본 적이 있는 폭스Fox다. 이곳 '사유지'의 맹그로브 숲을 지키는 환경지킴이 중 한 사람이다.

인터뷰 ____ 전에 사냥꾼 쉼터였던 건물을 몇 년 전부터 환경지킴이 오두막으로 사용한다. 인터뷰를 하려고 자리에 앉으니, 참을 수 없는 더위와 높은 습도 때문에 답답할 지경이다. 모기들도 기다렸다는 듯 우리에게 몰려든다. 윌이 주머니에서 시가를 꺼내 들었다. 담배 연기 덕에 벌레가 좀 덜 달려들 테니 좋은 방법이란 생각이 들었다. 하지만 윌은 담배에 불을 붙이지 않고, 가만히 들고만 있었다. 귓가를 윙윙 울리는 모기를 훠훠 쫓으며 윌에게 몇 가지 질문을 했다.

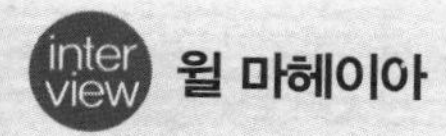

"환경보호는 경제 면에서도 이롭습니다"

어린 시절을 어떻게 보내셨나요?

"농장에서 자랐습니다. 쌀이나 그 밖에 먹을거리는 대부분 우리가 직접 재배했어요. 물고기도 직접 키운 것만 먹었어요. 저는 지금까지 이 지역, 이 강가를 벗어난 적이 별로 없어요. 여기서 나고 자랐다는 건 참 특별한 일입니다. 야생동물과 함께 뒹굴며 자연 속에서 살다 보니, 새 소리만 듣고도 어떤 계절인지 알 수 있는 정도가 되었죠."

어떤 일로 자연애호가에서 환경운동가로 변신했습니까?

"이 지역에서 듀공dugong(바다 포유류. 몸은 3미터 정도이며, 바다소와 비슷함 - 옮긴이)을 함부로 죽이는 사람들을 보고 이 걱정 저 걱정 하다가 이 일을 시작하게 됐어요. 미국에서 공부하고 돌아올 때, 저 자신에게 두 가지 약속을 했어요. 운동한답시고 이 땅을 벗어나지는 말자, 그리고 듀공을 함부로 잡아 죽이는 일을 막자. 그게 TIDE의 시작이었습니다. 이후로 이 지역에서 제일 직원이 많은 기업으로 성장했어요. 현재 이 지역에서는 우리가 정부 다음으로 사람 수가 많아요. 환경을 지키고 보존하는 일로도 금전적 이익을 창출할 수 있다는 사실이 입증된 셈이죠."

환경보호에 투자해서 이익을 얻는다고요?

"네, 환경에 좋은 일을 하는 만큼, 경제적인 이익이 생긴다고 믿어요. 이익이 없이는 환경을 지키는 일이 힘들어집니다. 사람들에게 함께 환경을 지키자고 말하려면 거기서 경제적 이익이 생긴다고 말할 수 있어야 합니다. 자신이 지킨 나무를 쉽게 베어낼 사람은 없습니다. 그래서 자기 손에 직접 돈이 생기는 게 중요합니다. 바로 그것이 TIDE의 성공원입니다."

어떻게 자연보호로 돈이 생기죠?

"마구잡이식으로 조업하는 어민들을 설득한 일이 대표적인 예죠. 낚시 가이드, 카약투어 가이드 등을 하게 가르쳐줬어요. 지금은 정말 인기가 좋아서 그전에 남획할 때보다 돈을 더 잘 벌어요. 사업하는 법을 가르치면서 동시에 지속가능한 방식으로 생활하도록 북돋워줍니다. 이제 물고기, 듀공, 돌고래, 거북이 개체수가 더 늘어났어요. 조사를 해보니 바다가재도 10년 전보다 훨씬 많아진 게 확인됐답니다."

자연이 번성하는군요. 그럼 사람이 사는 사회도 더 나아졌습니까?

"그 물음에는 우리가 해온 여러 가지 일이 모두 답이 될 수 있습니다. 예컨대

> “사람들에게 함께 환경을 지키자고 말하려면 거기서 경제적 이익이 생긴다고 말할 수 있어야 합니다. 자신이 지킨 나무를 쉽게 베어낼 사람은 없습니다. 그래서 자기 손에 직접 돈이 생기는 게 중요합니다. 바로 그것이 TIDE의 성공원입니다.”

견학체험 센터가 대표적이죠. 어린 학생들이 센터를 많이 찾아오는데, 이들을 데리고 해양보호구역으로 가서 여러 가지를 보여줍니다. 그럼 환경보호가 진짜 어떤 의미인지, 왜 필요한지 진심으로 이해하죠. 아이들은 우리의 미래입니다. 아이들에게 환경보호 얘기만 하는 게 아니라 환경자원을 오래오래 사용하는 방법도 얘기합니다. 우리 성인뿐 아니라, 아이들도 미래에 사용할 환경자원을 말이죠.”

참 근사한 얘기군요. 그런데 선생님은 잘못하거나 실패한 적은 없으세요?

“아마 그게 다 경험이 아니었나 싶고, 뭐 별로 안타까운 것도 없습니다. 모두 경험하면서 배우는 거니까요. 예외가 있다면 고등학교를 제대로 안 다닌 거 정도죠. 나처럼 학교를 지긋지긋해 한 친구들이 많아요. 하지만 그 시간에 다른 생산적인 일도 많이 했습니다. 다행히 저는 운 좋게 학교 교육을 다시 만회할 기회가 있었어요. 그게 TIDE를 설립하고 우리 공동체를 발전하게 만드는 데 큰 도움이 된 게 확실해요.”

10년 후에 TIDE는 어떤 모습일까요?

“10년 뒤에는 아마 여기 앉아서 듀공을 많이 볼 수 있을 거고, 재규어도 숲을 마음껏 돌아다니고 맥(중남미와 서남아시아에 사는, 코가 뾰족한 돼지 비슷하게 생긴 동물 - 옮긴이)도 다시 돌아올 거라고 확신합니다. 요즘도 보트를 타고 이 강을 돌아다니면 큰 맥이 가끔 보입니다. 5년 전만 해도, 온통 다 잡아대는 통에 이런 건 생각조차 못했어요. 그렇다고 우리가 사냥을 무조건 반대하는 건 아닙니다! 단지 사냥할 때도 책임의식이 필요하다는 뜻입니다."

선생님이 펼치는 환경운동은 성공을 거두었습니다. 선생님 개인에게 '성공'이란 어떤 의미입니까?

"저에게 성공이란 은행에 돈을 많이 쌓아두는 것이 아닙니다. 여기서 배를 타고 나가서 물고기 한 마리를 잡아 맛있고 깨끗하게 먹는 것, 그게 나에게는 성공입니다. 그리고 여기서 나랑 같이 나고 자란 이 고장 사람들이 단지 생계 때문에 자연을 파괴하지 않고도, 더 잘살게 되었다는 점을 들겠습니다."

젊은 사람들에게 한 말씀 해주신다면요?

"벨리즈에 살든, 독일, 미국, 그 밖에 어디에 살든 자연과 사회에 책임을 느끼며 살라는 말을 하고 싶습니다. 내 안과 밖의 관계를 잘 살펴보는 것이 아주 중요합니다. 그 모든 게 다 환경이라는 관계 속에 있기 때문이죠. 철새가 저 먼 곳에서 이리로 날아오는 것도, 날씨나 공기도 모두 다 이어져 있습니다. 여러분이 속한 작은 세계도 중요하지만, 울타리 너머 세상에서 무슨 일이 일어나는지 아는 것도 중요합니다. 사실 울타리란 없습니다. 우리는 누구나 세상 전체를 생각해야 하고 지구적 시각을 일깨워야 합니다. 그렇습니다. 우리는 서로 다른 고장에서 살지만, 모두가 서로 조화롭게 살자고 다짐해야 합니다. 온 세상 젊은이들에게 권합니다. 여기 벨리즈에 와서 우리와 함께 일해보세요. 이 아름다운 곳에서 정말 신나는 체험을 꼭 해보세요."

인터뷰가 다 끝나고 모기들에게 피도 듬뿍 빨린 뒤, 윌은 긴장을 풀고 등을 편히 뒤로 기대었다. 그러고서 시가 한 대를 맘껏 즐겼다.

시가를 다 피우고 나자 우리는 윌의 오랜 친구 폭스가 모는 작은 모터보트를 타고 맹그로브 숲을 따라 바다를 누볐다. 윌은 입으로는 끊임없이 광활하게 펼쳐진 자연을 칭송하며, 손으로는 낚싯대로 저녁에 먹을 물고기를 좀 잡았다.

환경지킴이 오두막으로 돌아와서는 자연을 지키는 파수꾼들 곁에서 고요한 밤을 만끽할 행운을 누렸다. 어두워지자 기름등잔에 불을 붙였다. 아까 잡은 물고기를 기름에 튀겨 먹으며 일렁이는 불빛 속에서 환경지킴이들이 들려주는 흥미진진한 맹그로브 밀림 이야기에 빠져들었다.

우리는 다음 날 일찍 일어났다. 다른 환경파수꾼 데니스 가버트Dennis Garbutt와 2백 마력짜리 보트를 타고 연안에 있는 섬 하나에 자리한 오두막에 도착했다. 천 제곱미터짜리 조그만 섬에 있는 외딴 오두막이 그

온두라스 만 한가운데 작은 섬에
환경지킴이 오두막이 있다.

림 같았다. 섬 꼭대기에는 전망대가 있고, 거기에서 보면 해양보호구역이 한눈에 다 들어왔다.

국립공원 관리도 맡아 하는 데니스는 근육질 몸매에, 경험 많은 스킨스쿠버 강사이고, 바다 통이며, 친절하기까지 하다. 성능 좋은 모터보트에 우리를 태우고 섬 사이를 헤집고 다니며 이곳저곳 보여주느라 애를 써준 그가 정말 고마웠다. 6월 15일부터 바다가재 시즌이다. 오늘은 산소통을 메고 바다 밑바닥에서 큰 가재, 작은 가재, 수컷, 암컷, 종류별로 자세하게 관찰하는 날이다. 하지만 우리는 아쉽게도 환경지킴이들이 바다에 뛰어들어 30분이나 있다가 다시 올라오는 모습을 밖에서 구경만 했다. 표정들을 보니 '바다 밑 숲'에서의 탐험을 흠뻑 즐긴 눈치다. 우리도 태국 시밀란 섬에서 환상 그 자체인 바닷속 세상을 구경했었는데, 오늘은 좀 아쉽다.

? 좀 더 알고 싶으세요?

타이드 TIDE

윌 마헤이아는 카리브 해 조그만 나라 벨리즈에서 TIDE라는 단체를 운영하며, 미국과 유럽에서 오는 기금을 거둬 '온두라스 항 해양보호구역'과 '페인 만 국립공원' 생태보전 운동을 이끈다. 현재 셀리아 마훙Celia Mahung이 장 자리를 넘겨받아 조직을 이끈다. 이들은 생태보호구역 감시 외에도 지역공동체 내에서 어업과 사냥으로 생계를 이어가는 주민들에게 다른 수입원을 지원하는 활동을 벌인다. 이곳 주민들이 물고기와 야생동물을 남획하여 자연 그대로의 생태계가 파괴되는 것을 막기 위해서다.

● 홈페이지	www.tidebelize.org 트위터 @TIDEBelize
● 위치	벨리즈, 푼타고르다
● 활동가 현황	자국인 활동가 30명.
● 도움이 필요한 일	IT, 산림학, 해양생물학, 정치학, 인류학, 학사과정 수료자나 이와 동등한 학위를 가진 사람은 대환영.
● 숙박 및 식사	스스로 해결해야 한다. TIDE 내에는 숙소나 취사 시설이 전혀 없다.
● 사용 언어	영어
● 이메일	executivedirector@tidebelize.org

다른 문화가 서로를 배울 때

Jan 얀의 이야기

카탈리나 루이스를 만나러 가는 머나먼 길

벨리즈를 떠난 우리 앞에 최고로 긴 여정이 기다린다. 우리는 다음에 만날 사회적 기업가 카탈리나 루이스Catalina Ruiz가 사는 니카라과에 가고 있다. 우선 배를 타고 과테말라를 향해 카리브 해를 건넜다. 거기서 다시 버스로 곧장 국경 통과지점으로 넘어간다. 몇 시간 뒤 온두라스에 도착했다. 이 나라 수도 테구시갈파Tegucigalpa에 잠깐 경유하는 틈을 타 전 세계를 열광의 도가니로 몰아넣은 2006년 월드컵 본선경기를 관전했다. 오늘은 특히 독일 국가대표 축구 팀이 두 번째 경기를 치르는 날이다. 노천카페에는 근사한 스크린까지 걸렸지만, 올리버 뇌빌Oliver Neuville이 후반전에 쏘아올린 결승골에 우리랑 같이 펄쩍펄쩍 뛰며 기뻐해준 관중은 하나도 없었다.

이튿날 늦은 밤 시간, 꼬박 하루 동안 버스를 타고 이동한 끝에 니카라과의 수도 마나구아Managua에 도착했다. 1990년대, 카탈리나 루이스는 이곳 마나구아에서 니카라과 농촌 주민과 산업국가 시민 간 문화·지식 교환 프로그램을 제공하는 회사를 설립했다. 특히 이 프로그램은 북미 출신의 취업체류자들이나 문화체험을 목적으로 온 여행자들에게 제공되었다. 각급 학교 학생들, 청소년들에게 좋은 참여활동이 되었고, 직장인들이 휴가 때 찾아와 중앙아메리카 시민들이 겪는 문제를 경험하고 현장에서 직접 후원할 방법을 찾을 때도 많이 이용됐다.

미국 기독교인들과 니카라과를 누비다 ____ 운 좋게도, 지금 막 미국의 어느 교회에서 온 고등부 학생들이 참여하는 프로그램에 합류할 기회를 얻었다. 이들은 열다섯 살에서 열여덟 살 사이 스무 명으로 구성된 그룹이다. 처음에는 마나구아의 한 병원을 방문해 이곳 의사들과 질의응답 식으로 대화를 했다. 특히 관심이 많이 간 것은 한 소액대출 은행을 견학하고 대출받는 사람들과 얘기를 나눈 일이다. 우리야 소액대출 제도를 처음 접하는 게 아니었지만, 학생들은 빵집, 양장점, 허리띠 공장 등을 돌아다니며 이야기를 듣는 게 무척 흥미로운 모양이다. 영세 자영업자들의 생활형편과 대출받은 뒤 무엇이 달라졌는지 열심히 묻고 진지하게 설명을 듣는다.

학생들은 우리가 합류하기 전 벌써 사흘간 농촌 마을에 가서 장애인 학교 짓는 것을 도와주고 왔단다. 잠도 현지 가정에 나눠 민박하면서 그곳 방식대로 먹고, 그곳 방식대로 화장실과 샤워시설을 쓰는 등 소박한 생활여건을 경험했다. 몸에 밴 생활습관을 바꾸는 게 쉽지 않았을 텐데, 대다수 학생이 그곳 체험을 인상 깊게 기억했다. 우리도 농촌 마을에 가서 그곳 사람들의 삶을 더 깊이 들여다보고 싶어서 학생들과 헤어져 다른 쪽으로 가기로 했다.

함께 배웁시다 : 관광객과 현지인이 함께 이익을

'러닝 인 커뮤니티'는 독특한 방식으로 니카라과의 문화와 환경을 지키고 보전하려고 노력한다. 그들은 최소한의 부가가치를 창출할 정도의 인원만 되면 규모의 대소를 크게 따지지 않고 니카라과에 오는 다양한 여행그룹에게 프로그램을 제안한다. 여행 프로그램은 현지 지역공동체와 여행그룹이 원하는 바를 협의해서 매번 각기 다르게 설계한다. 지난 몇 년간 러닝 인 커뮤니티는 니카라과 전역의 지역공동체와 손잡고 일했다. 발생한 수익은 투어 가이드 워크숍, 공동체 발전, 타 지역공동체 환경보전 지원금, 네트워크 확장과 영향력 제고 등에 재투자된다.

니카라과의 관광산업은 아직 유치원 수준이다. 그래서 러닝 인 커뮤니티가 개발한 개념이 견학 온 사람들이나 주민들 모두에게 이득이 되는, 새로운 관광 형식으로 정착되었으면 하는 게 카탈리나 루이스의 바람이다. 아마도 근래 몇 년 동안의 성장과 흥행이 더 큰 자신감을 심어주었으리라. 카탈리나 루이스는 마케팅에 그다지 수고를 쏟아붓는 편은 아니다. 그 대신 카탈리나와 동료 지미 멤브레노Jimmy Membreno는 자기

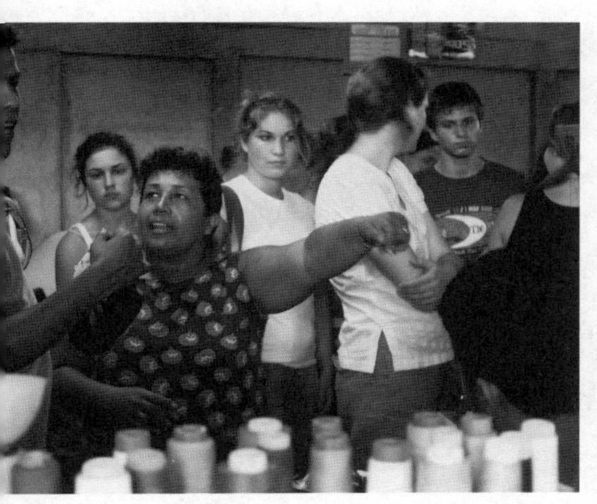

●○○비디오카메라, 사진기, 그리고 우리가 늘상 갖고 다니는 장비들.
○●○마나구아 병원에서 사회적 관광 중인 미국 고등학생들과.
○○●마나구아의 한 양장점에서.

들이 가진 폭넓은 인맥을 잘 활용한다. 러닝 인 커뮤니티가 소화할 수 있을 만큼의 일거리를 만들어내는 입소문이면 충분하다는 얘기다.

세상을 보는 창, 관광 ___ 카탈리나 루이스가 다루는 문제들은, 니카라과 지역공동체들이 안고 있는 실업, 기후 변화와 같은 많은 고민과 일치한다. 신개념 관광산업을 육성해서 지역 주민들의 호주머니로 직접 돈이 들어오는 점도 중요하지만, 다른 한편으로는 주민들도 문화교육과 사회교육을 받는 효과를 누린다. 보통 관광산업과는 상관없어 보이는 개념들이지만, 러닝 인 커뮤니티 프로그램에 참여하는 공동체 구성원들은 일을 하면서 더 강해지고 주도적으로 행동하는 법을 익힌다. 조직력이 자연스럽게 강화되고 스스로의 강점과 약점을 객관적으로 평가하는 기술도 생긴다. 아직 문맹률이 꽤 높지만, 농촌이 간직해온 지식과 기술이 얼마나 소중한지, 그리고 이것을 오래도록 보전하는 것이 얼마나 중요한지도 배운다. 이런 이점들은 사실 견학 온 관광객들과 서로 존중하고 대화하면서 얻는 것이다. 준비했던 행사를 성공리에 마치고 나면 양쪽 모두 풍부한 경험으로 마음이 뿌듯해지고, 이 경험을 계기로 생각과 행동이 달라지기도 하는 것이다.

카탈리나 루이스, 학교 중퇴자에서 책임자로 ____카탈리나 루이스는 외동딸로 세상에 태어났다. 열다섯 살 때 학교 다닐 마음이 별로 없었던 탓에 얼마 안 가 퇴학까지 당했다. 그 뒤 얼마 안 있어 결혼을 하고 열여섯에 첫 아이를 낳았다. 그 뒤 교회에 취직해서 일을 했는데, 워낙 학력이 없어서인지 가장 하등한 종류의 행정 업무만 시키더란다. 그때 자신이 잘못 생각했다는 걸 깨달았다. 그 뒤 둘째 아이가 태어났고, 가사와 직장을 병행하면서 스무 살부터 야간학교를 다니기 시작했다. 거기서 고등학교 과정와 대학 기초과정을 마쳤고, 드디어 1990년대 초 교회에 있는 '해외협력부장' 자리에도 올랐다. 카탈리나가 맡은 일 중 하나가 외국 신도들이 니카라과에 왔을 때 여러 가지 편의를 제공하고 도와주는 업무였다. 그러다 보니 지역 주민들과 밀접하게 협력하는 한편, 해외 교회에서 손님들이 올 때 현지인들이 벌이는 사업을 방문하고 견학할 수 있게 알선할 기회가 많았다.

정리해고, 그러나 뒤이은 새로운 시작 ____니카라과 농민들 대다수가 땅과 환경을 아무렇게나 관리하는 것이 일찍부터 카탈리나의 눈에 띄었다. 그리고 외국에서 온 손님 중 상당수가 이런 상황을 개선하는 데 도움을 주고 싶어 했다. 카탈리나는 손님들의 이런 협조를 이용해 농민들을 교육할 기회를 만들면 좋겠다는 생각을 하게 되었다. 일단 농민을 설득해, 외국 손님들을 받아 거기서 관광수입을 올리도록 만들었다. 처음엔 마을 한 곳에 사는 주민 세 명과 함께 프로그램을 시범적으로 운영해봤다. 예상보다 빨리 눈부신 성과가 나타났고, 곧이어 외국에서도 앞다투어 카탈리나에게 연락을 취해왔다.

하지만 1999년, 카탈리나가 25년이나 근무해온 교회의 해당부서가 문을 닫고 말았다. 카탈리나는 그 뒤에도 각지에서 계속 밀려드는 문의와 요청 때문에 전 동료였던 지미 멤브레노와 함께 독립된 회사를 차려 그간 설계해온 모델을 계속 시행하기 시작했다. 두 사람은 이것을 독창적인 형태의 사회관광 프로젝트로 확장하고 싶었다. 다행히 이 목표를 달성하는 것은 별로 오래 걸리지 않았고, 국제적인 사회적 기업 지원단체인 아쇼카에도 가입해서 초기 3년간 창업 지원을 받기도 했다.

inter view **카탈리나 루이스**

"주께서 우리를 도우시니까요"

설립 당시 상황이 궁금합니다.

"지미와 나, 우린 항상 팀워이 잘 맞았죠. 싸운 적 한 번 없고 항상 사이가 좋았어요. 처음부터 나는 우리가 하는 이 일에 확고한 신념이 있었어요. 주께서 우리를 도우신다고 믿습니다. 우리가 선한 일을 한다고 믿고요."

선생님께 '성공'이란 어떤 의미인가요?

"돈을 버는 것도 성공이겠죠. 다만 돈은 우리가 뭘 하는 데 필요한 수단일 뿐이

> 천천히 여기까지 왔고, 그렇게 천천히 자기 길을 가는 과정이 곧 인생이라고 믿어요. 태어날 때도 뛰어서 나온 게 아니잖아요. 한 걸음씩, 한 걸음씩 그렇게 왔거든요.

에요. 진짜 성공은 '느끼는' 거겠죠. 누군가에게 무엇을 베풀었다는 만족감 말이에요. 우리는 모두 나눔을 실천해야 합니다."

만약 다시 처음부터 해볼 기회가 주어진다면 어떻게 하시겠어요?

"한 번도 그런 생각을 해본 적이 없어요. 지금까지 해온 일은 그때마다 형편상 할 수 있는 최선을 다한 결과물이에요. 천천히 여기까지 왔고, 그렇게 천천히 자기 길을 가는 과정이 곧 인생이라고 믿어요. 태어날 때도 뛰어서 나온 게 아니잖아요. 한 걸음씩, 한 걸음씩 그렇게 왔거든요. 다시 모든 걸 하라고 해도 아무것도 바꾸고 싶지 않아요. 우리가 지금까지 해온 것들이 다 괜찮다고 생각해요."

'사회적 기업가'란 어떤 사람이라고 생각하십니까?

"사회적 기업가란 아이디어를 가진 사람이죠. 아주 혁신적인 아이디어일 필요는 없어요. 지금도 실현되길 기다리는 아이디어가 얼마나 많은지 몰라요. 그리고 우리가 하고 있는 일과 같은 것을 하는 사람이자, 그 일을 사랑의 마음으로, 아주 기쁘게 하는 사람입니다. 비전과 열린 정신을 가진, 나눌 줄 아는 사람입니다. 또한 용기와 자기규율을 가진 이가 사회적 기업가라고 생각해요."

청량음료를 파는 노점상.

카탈리나 루이스와 만남을 가진 뒤 그라나다Granada로 잠깐 여행을 떠났다. 중앙아메리카에서 가장 큰 호수인 니카라과Nicaragua 호에 바로 접해 있는 데다 주변에 많은 화산이 솟아 있어 지리적 특색이 강하다. 그리고 그라나다의 건축 또한 보는 이의 마음을 황홀하게 빼앗는다.

고풍스런 식민지 풍의 저택, 교회, 공원 등은 그 어떤 근사한 카탈로그에서도 볼 수 없었던 멋진 광경이었다. 나무 그늘에 앉은 나는 중앙 공원에서 벌어지는 생기 넘치는 장면을 물끄러미 지켜보았다. 멍하니 이런 저런 생각에 빠져 지나간 시간을 떠올리기에 딱 좋은 분위기였다. 편하고 느긋한 기분으로 우리는 3일 밤낮을 보냈고 충분히 휴식을 취하며 그

그라나다의 신문팔이 소년.

간 쌓인 긴장을 풀었다. 그리고 마침내 떠날 시간이다. 이제 우리는 남아메리카로 간다.

좀 더 알고 싶으세요?

러닝 인 커뮤니티 Learning in Community

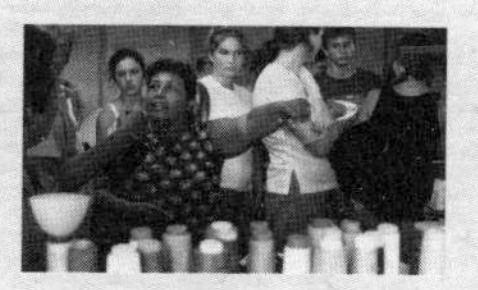

카탈리나 루이스는 1990년대 니카라과 농촌 주민과 산업 국가 시민 간의 문화 · 지식 교환 프로그램을 제공하는 러닝 인 커뮤니티를 창립했다. 특히 북미 지역에서 취업이나 문화체험을 위해 니카라과에 온 체류자들을 대상으로 사업을 많이 시행한다. 학생, 청소년, 직장인들 역시 방학이나 휴가를 맞아 중남미의 주민들과 함께 이곳 문제를 접하고 싶어 하며, 현지에서 직접 원조에 참여할 의지를 보인다.

● 홈페이지	없음
● 위치	니카라과, 마나구아 등 여러 지역
● 활동가 현황	상근 활동가 3명, 시간제 활동가 7명.
● 도움이 필요한 일	웹디자인, 단체 연수 프로그램 조직
● 숙박 및 식사	마나구아 호스텔, 혹은 프로젝트마다 제공되는 숙소. 니카라과 전통식사는 쌀과 콩을 이용한 요리인 가요 핀토Gallo Pinto가 있다.
● 사용 언어	스페인어
● 이메일	catalinaruiz@hotmail.com

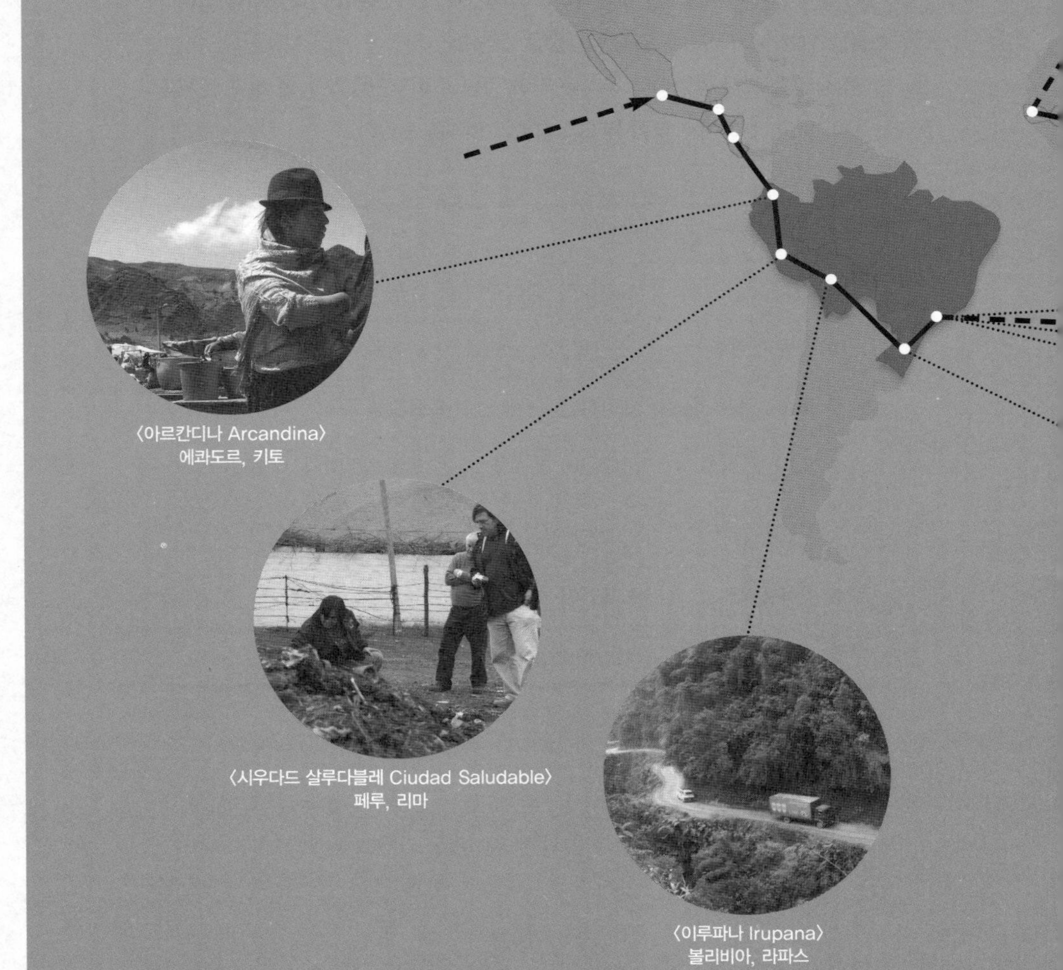

〈아르칸디나 Arcandina〉
에콰도르, 키토

〈시우다드 살루다블레 Ciudad Saludable〉
페루, 리마

〈이루파나 Irupana〉
볼리비아, 라파스

PART____ 04

남아메리카

SÜDAMERIKA

〈CDI〉
브라질, 리우데자네이루

〈헤나세르 Renascer〉
브라질, 리우데자네이루

〈코파 호카 Coopa Roca〉
브라질, 리우데자네이루

〈이데아스 IDEAAS〉
브라질, 포르투알레그레

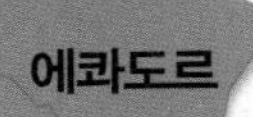

에콰도르 — 아르칸디나 Arcandina

TV 프로그램으로 배우는 환경의식

Tim 팀의 이야기

안데스에 도착해서

코스타리카는 '중남미의 스위스'로 불린다. 수도 산호세San José에 내렸을 때 꼭 스위스 취리히는 아니더라도 유럽 도시와 비슷한 점이 많아 보였다. 하늘을 찌를 듯 솟아 있는 화려한 고층 은행건물들, 맥도날드를 비롯해 현지 간이식당과 특이한 대조를 이루는 다국적 패스트푸드 체인점 등. 산호세에서 키토Quito로 이동할 때 오랜만에 비행기를 탄다. 에콰도르의 수도 키토는 온통 화산에 둘러싸인 도시다. 2년 전 키토에 가본 뒤 이번에 다시 보니 반짝반짝 새로운 광채가 나는 것 같다. 도시가 더 평화롭고 정갈하게 보이는 건 어쩌면 내가 우리 여행에서 얻은 그간의 경험 때문이리라. 이 도시의 삶의 질 역시 새로이 보인다. 내 에콰도르 친구들은 물론이고 2004년에 여섯 달 동안 홈스테이했던 토레스Torres 가족까지 모두들 우리를 열렬히 환영해주었다.

다음 날 아르칸디나 재단의 매력적인 여성 설립자이자 미디어 제작자인 마리아 엘레나 오르도녜스María Elena Ordóñez를 만나러 갔다. 마리아의 사무실 근처에는 비행장이 있어 비행기가 이륙할 때마다 건물 전체가 덜덜 흔들리고 굉음이 귓전을 때렸다. 마리아가 앉은 자리 뒤편 벽과 방 한쪽에는 온통, 그가 만드는 어린이 TV 프로그램에 나온 인형과 연출 도구가 걸려 있다. 책상에는 예쁘게 꾸민 나무배 모형도 보인다. 안데스 산맥의 노아의 방주, 이름하여 '아르칸디나'다.

화사한 여름 원피스라든지 확신에 찬 태도만 봐도 마리아 엘레나는 천상 미디어산업에서 일해야 할 사람으로 보인다. 거대 미디어 재벌이나 유수 프로그램 감독들이 일단 귀를 기울이게 만드는 내공과 권위가 느껴진다. 그러나 한편으로 다정한 유치원 선생님 같은 친근함과 열린 태도 역시 공존한다. 그 두 가지를 함께 소유한 데서 나오는 그녀의 힘, 그것이 곧 에콰도르 전체를 움직이게 했다.

'먼 곳'을 보지만 '진실'은 보지 않는다 ____ 남미 북서쪽에 위치한 에콰도르는 적도를 뜻하는 스페인어 'ecuador'가 그대로 이름이 된, 적도 상에 위치한 나라다. 지구 상에서 지형, 기후, 인종이 가장 다양하게 분포한 나라로, 남미 대륙의 세 가지 지형 특성, 즉 해안, 산간, 열대 우림을 모두 갖추었다. 그중에서도 특히 시선이 집중되는 곳은 지구 상에서 가장 다양한 생물종이 서식하는 갈라파고스Galapagos 제도다.

그러나 이런 화려한 면모 뒤에는 심각한 환경문제가 도사린다. 사막화, 대기오염, 동물 멸종, 삼림 남벌이 그렇다. 하지만 에콰도르 사회는 환경파괴의 심각성과 그것이 사람의 생활에 미치는 막대한 영향을 거의 깨닫지 못하는 실정이다. 한 국제 조사에 따르면 에콰도르 인구의 78퍼센트가 환경보호는 국가 소관일 뿐 개인이 참여할 이유가 없다고 여긴다. 더욱이 몇몇 민간단체를 제외하고는 아무도 이런 고정관념을 바꾸려는 노력을 하지 않는다.

●● 마을 시장의 풍경. ●● 전통 의복을 입은 여성.

남미의 다른 나라와 마찬가지로 에콰도르 어린이들 역시 하루 네 시간 이상을 텔레비전 앞에서 보낸다. 그러나 어린이를 위해 만든 프로그램이 따로 없어서 오후와 저녁시간에 방송되는 성인용 드라마나 오락 프로그램에 그대로 노출된다. 이런 프로그램이 아이들 정서나 교육상 별로 도움이 되지 않는 건 물론이다.

아르칸디나 : TV 프로그램이 어린이를 환경운동가로

〈아르칸디나〉는 마리아 엘레나 오르도네스와 그가 이끄는 팀이 어린이와 청소년에게 환경의식을 심어주고 그들의 자연을 대하는 태도를 바꾸기 위해 만들어낸 혁신적인 의사소통 방식이자 교육 개념이다. 아르칸디나가 주요 수단으로 삼는 매체는 텔레비전이다. 오르도네스는 1996년부터 환경을 소재로 미국의 〈세서미 스트리트Sesame Street〉를 연상케 하는 인형극 형태의 버라이어티 영상물을 제작해 방영해왔다.

이 이야기의 중심에는 전 세계를 누비며 어린이들에게 자연존중과 환경보호를 고취하는 커다란 돛단배 '아르칸디나'가 있다. 행동하는 주인공으로 위기에 처한 세 종의 동물이 등장한다. '하구이Jagui(재규어)' '투칸Tucan(왕부리새)' '코리Cori(바다사자)'는 각기 땅, 공기, 물을 대표하며 매회 모두 등장한다. 하구이와 투칸은 멸종위기에 처해서 선택된 등장인물이고, 코리는 갈라파고스 제도 생태계를 대표하는 동물이라서 주인공이 되었다고 한다. 이 세 주인공은 점점 힘이 세지면서 지구별에 온갖 해를 끼치는 나쁜 괴물 '아바리시우스 막시무스Avaricious Maximus'에 대항해 열심히 싸운다. 쓰레기를 먹는 쥐 '라타수라Ratasura'는 악당이지만 때로 마음먹으면 착한 일도 할 줄 아는 캐릭터다.

매회 캐릭터들이 겪는 흥미진진한 모험 이야기와 자연을 보호하는 방법 등 유익한 정보가 적절하게 조화를 이룬다. 또, 아이들이 새로 배운 지식을 학교에서, 친구들에게, 그리고 특히 집에서 다른 사람들에게 전할 것을 적극 권장한다. 노래도 많이 나오고 캐릭터가 주고받는 대화도 기억하기 쉽다. 에콰도르 어린이들은 모두 넋을 잃고 〈아르칸디나〉를 본다. 이 프로그램은 에콰도르뿐 아니라 니카라과, 온두라스에서도 공중파를 탄다. 또 에콰도르에서 미국에 수출한 유일한 프로그램으로, 2년 전부터 미국에서도 방영되는 중이다. 1997년부터 2000년까지 제작된 정규 방영분만 해도 백여 편이 넘는다. 그 밖에도 주요 시청자인 어린이들이 취해야 할 올바른 행동을 알기 쉽고 구체적으로 보여주기 위해 수십 편의 예고편을 제작했다.

아르칸디나는 본래 목적을 더 뒷받침하기 위해 TV 시리즈와 병행한 부수 제품을 몇 가지 제작했다. 교사가 학생들과 환경을 주제로 수업에 쓸 수 있도록 각종 이야기, 놀이, 노래, 집단 활동 등을 모아둔 지도요령 워크북도 있다. 집에서 개인적으로 시청하게 만든 '홈 세트Home set'도 있는데, 프로그램 몇 편과 관측용 제품을 함께 묶어 판매한다.

아르칸디나를 방문했을 당시 우리도 함께 마케팅 전략과 제품 소개를 어떻게 하면 좋을지 논의하는 워크숍에 참여했다. 앞으로는 아르칸디나가 자금 조달에 연연하지 않고 재정 독립을 하기 위해서라도 이 분야를 더 확고히 구축하려 한다. 마리아는 우리와 인터뷰하면서 〈아르칸디나〉 같은 프로그램의 제작 자금을 마련하고 궁극적으로 돈 문제에서 자유로워지는 게 얼마나 힘든 일인지 설명했다.

interview 마리아 엘레나 오르도녜스

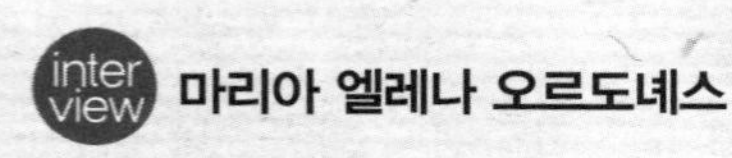

아르칸디나 자금을 마련하는 게 그토록 어려운가요?

"네, 에콰도르라는 나라에서 환경 프로그램을 방영한다는 건 참 힘든 일이에요. 미국 같은 다른 나라에서 오히려 더 반응이 좋고 후속편에 대한 기대가 커요. 정작 여기선 이렇게 말하죠. '당신들 대단한 프로그램을 만들었네요. 참 괜찮고 멋져요. 근데 너무 돈이 많이 들고 비싸요.' 하지만 사실과 전혀 다른 얘기예요. 실제론 돈이 많이 들기는커녕, 오히려 최소한의 투자만 있으면 기본적인 수준 이상으로 제작이 가능해요."

> “여러분의 꿈이 바로 당신이 지금 이 세상에 태어난 이유예요. 온 마음으로 그걸 이루려고 노력하고 바위처럼 단단하게 믿으세요. 그럼 수없이 이런 말을 들을 겁니다. ‘안 돼, 다 틀렸어, 그건 불가능한 일이야.’ 그럴 때 여러분이 할 말은 하나예요. ‘아니, 가능해. 할 수 있어!’”

아르칸디나를 설립한 과정부터 알려주세요.

“한 친구가 어린이를 위한 TV 프로그램을 만들고 싶어 했어요. 에콰도르에서 처음 있는 일이었죠. 때마침 내가 참여할 기회가 생겼고, 내 두 가지 경험을 한꺼번에 활용하게 됐어요. 내 전공이 교직이었던 데다 유치원에서 보육교사로 일했거든요. 그리고 프리랜서로 TV 프로그램 방송작가이자 제작조수로 일해와서 경험이 있었어요. 미디어가 얼마나 강력한 교육수단이 될 수 있는지 누구보다도 잘 알았던 셈이죠. 그래서 이 어린이 프로그램의 극본을 내가 직접 쓰기로 결심한 거죠.”

왜 하필 어린이 프로그램을 만들기로 했나요?

“환경의식을 갖게 하려면 맨 먼저 아이들부터 시작해야 한다, 이게 내 생각이었어요. 그리고 3년을 매달려 어린이 프로그램을 만들어냈어요. 아이들이 환경을 알고 보호하는 법을 배우는 것도 중요했지만, 동시에 부모나 다른 어른들, 친구들에게 능동적으로 영향력을 행사하게끔 만들어야 했어요. 이를테면, 가족, 친지, 또래집단 사이에서 환경보호라는 메시지를 확대 재생산하는 선전가, 운동가로 만드는 거죠. 그러면 자연스레 어른이고 아이고 ‘환경 책임감’이라는 주제에 동조하지 않겠어요?”

그럼 오르도녜스 씨의 어린 시절은 어땠나요?

"과야킬Guayaquil 변두리에서 컸어요. 안타깝게도 날이 갈수록 도시화 때문에 자연이 점점 힘을 잃었어요. 숨 막힐 듯 아름다웠던 그곳 환경과 식물이며 동물이며 모든 생태계가 어떻게 변해가는지 그대로 목격했죠. 그런 기억이 무척 마음에 남았어요. 나중에 독일인 학교를 다녔는데 그곳에는 자연과 함께 조성된 환경, 훌륭한 선생님들이 있었어요. 합창단을 비롯해, 음악이며 미술 같은 예술과 자연을 경험할 기회가 풍부했죠. 8년 정도 학교를 다닌 다음 첫 장편소설을 썼는데 제 어머니가 정말 뿌듯해 하셨어요. 어머니부터 문학에 남다른 열정이 있었거든요. 어릴 적에는 내가 정확히 뭘 하고 살지 알지 못했지만, 그때도 하나만은 정해져 있었어요. 어린이를 위한 일을 할 거라는 거였죠. 결국 유치원 교사가 된 것도 그 때문이에요."

<아르칸디나>가 성공한 이유도 거기 있다고 보십니까?

"그럼요. 다들 〈아르칸디나〉 콘셉트를 짜는 데 얼마나 많은 시간과 노력을 기울였는지 몰라요. 등장인물 하나하나를 세세히 살리고 조정했답니다. 어쨌든지 우리는 프로그램 제작자이기 이전에 교육자예요. 더욱이, 정말 중요한 건 여기에 우리의 온 마음을 바쳤고, 실제로 엄청난 노동을 쏟아 부었다는 사실이에요. 그런데 이 노동까지도 참 재미있었어요. 바로 이런 점들이 성공을 이끌어낸 거라고 봐요."

어떤 때 성공했다고 느끼시나요?

"작년엔 유네스코에서 상도 받았어요. 여러 매체도 우리 얘기를 좋게 써주고요. 그건 아르칸디나의 비전을 밝힐 좋은 기회예요. 환경이라는 주제를 어린이 교육에 포함하는 것이 얼마나 중요한지 매번 강조할 수 있으니까요. 편지도 많이 와요. 한 미국 학부모가 보낸 것이 기억에 남아요. '라스베이거스 사는 애들 엄마아빠인데, 〈아르칸디나〉를 애들이 참 좋아해서 다행이고 기쁘다' 이런 내용이었어요. 그런 게 우리한테는 성공했다는 최고의 증거죠. 나중에 누가 찾아와서 '어릴 적에 아르칸디나를 재밌게 많이 봤어요. 그리고 지금 대학에서 환경을 공부해요' 하고 말한다면 참 뿌듯할 거 같아요."

본인은 개인적으로 '성공'의 의미가 뭐라고 봅니까?

"사람들이 행동을 바꾸는 거죠. 〈아르칸디나〉는 사람들에게 재미를 안겨주지만, 그건 수단일 뿐이지 목적이 아닙니다. 우리 목적은 어머니 지구를 회복하는 일이에요. 사람들이 아르칸디나를 통해 무언가 배웠다고 말하는 것, 그게 내겐 성공이죠."

스스로를 '사회적 기업가'라고 생각하세요?

"사회적 기업가란 철두철미 몽상가여야 해요. 정말 꿈을 많이 꾸는 사람, 그리고 그 꿈을 현실에서 실천하는 사람이죠. 난 내가 못 이룰 꿈은 한 번도 꾼 적이 없어요. 그러니까 난 언제나 실천의 실마리를 찾아내는 그런 몽상가인 셈이죠."

사회적 기업가가 가져야 할 능력은 뭐라고 보세요?

"이 세상에 지금 내가 왜 있는지 명확한 비전을 가져야 해요. 그것이 첫 번째고, 그 다음엔 이 비전을 실현할 의지가 있어야 해요. 이 의지가 자기 마음이 원하는 것과 일치해야 하는 건 물론이고요. 세 번째, 두려움과 함께 사는 법, 그리고 그것을 다루는 법을 알아야 해요. 사회적 기업가는 대개 아무도 하지 않는 일을 하거든요. 다들 옆에서, '그래 참 멋지구나. 그런데 그건 그냥 꿈일 뿐이야. 넌 정신이 있니 없니' 이렇게 기운을 빼기 일쑤죠. 뭐 그런 얘기도 틀린 건 아니에요. 하지만 그에 대해 사회적 기업가는 이렇게 말할 줄 알아야 해요. '아니, 할 수 있어, 반드시!'"

지금 막 사회에 첫발을 내딛는 젊은이들한테 해주고 싶은 말이 있다면요?

"여러분 모두 꿈이 있을 거예요. 그 꿈이 바로 당신이 지금 이 세상에 태어난 이유예요. 자기가 원하는 게 뭔지 철저히 파헤치세요. 알아냈으면 온 마음으로 그걸 이루려고 노력하고 그것을 바위처럼 단단하게 믿으세요. 살다 보면 수없이 이런 말을 들을 겁니다. '안 돼, 다 틀렸어, 그건 불가능한 일이야.' 그럴 때 여러분이 할 말은 하나예요. '아니, 가능해. 할 수 있어!'"

아르칸디나를 방문하면서 우리는 또 한 가지를 배웠다. 꼭 산과 강과 숲으로 가서 토착민들과 살을 맞대고 살아야만 환경운동을 할 수 있는 게 아니라, 매체와 언론의 힘으로도 태도를 바꾸고 행동을 달리하게 할 수 있다는 사실을.

쓰레기 먹는 쥐, 라타수라.

좀 더 알고 싶으세요?

아르칸디나 Arcandina

에콰도르는 심각한 환경문제에 시달리고 있지만 사회가 그에 대해 거의 인식하지 못하는 형편이다. 그런 대중에게 환경의식을 고취하고자 마리아 엘레나 오르도녜스가 3년간 준비해 제작해온 어린이 TV 프로그램이 〈아르칸디나〉다. 어린이들은 이 프로그램을 시청하면서 비단 환경을 올바로 이해하고 보호하는 법을 배울 뿐 아니라 부모와 주변 어른들, 사회에 자신이 가진 힘과 영향력을 행사하는 법도 익힌다. 〈세서미 스트리트〉와 비슷한 스타일의 이 어린이물은 에콰도르에서 가장 인기 있는 TV 시리즈이고, 에콰도르에서 미국으로 수출된 최초의 프로그램이다. 아르칸디나의 현재 목표는 남미 전역에 이 시리즈가 방영되는 것이다.

● 홈페이지	www.arcandina.org
● 위치	에콰도르, 키토
● 활동가 현황	상근 활동가 9명, 시간제 활동가 5명.
● 도움이 필요한 일	웹디자인, 비디오 편집, 제작조수, 자금조달 및 재정운영, 마케팅. 각 분야마다 협의 후 소정의 급여 지급이 가능. 대학생의 경우 졸업 혹은 수료과정에 있는 사람을 원함.
● 숙박 및 식사	키토 내 일반 가정에서 민박 가능. 전통 에콰도르 식단 제공. 프리타다Fritada(육즙을 우려내어 찐 고기 요리)와 퀴Cuy(기니피그를 직화구이한 인디언식 요리) 등이 대표적.
● 사용 언어	영어, 스페인어, 독일어
● 이메일	mail@arcandina.org

페루 — 시우다드 살루다블레 Ciudad Saludable

쓰레기 관리로 일자리 창출을

Matti 마티의 이야기

코토팍시 화산 위에서

페루로 떠나기 전 이틀간 여유 시간이 있다. 우리는 신세 지고 있는 토레스 집에서 꼼짝 않고 정원에나 앉아 느긋하게 휴식을 취하고 싶었다. 하지만 토레스의 누이 안드레아는 우리에게 기필코 에콰도르의 절경을 보여주겠노라고 단단히 마음먹은 모양이다. 반 강제로 차에 몸을 싣고 해발 6천 미터의 에콰도르 화산 봉우리를 향해 출발했다. 키토라는 도시 자체가 해발 3천 미터 높이에 있기 때문에 지난 며칠간 비교적 산소가 적은 고산지대의 대기에 익숙해졌던 참이다. 그런데도 코토팍시 Cotopaxi 화산 근처에 도착하니, 우리가 처음 키토에 내렸을 때 느낀 약간의 노곤한 느낌과는 확연히 다른 훨씬 강한 증상이 느껴졌다.

화산 기슭의 베이스 기지는 고도 4800미터, 산소가 너무 희박해서 자칫하면 목숨이 위태로울 수 있는 '사망 구역' 직전의 아슬아슬한 고도다. 여기서 등반가들은 천 미터 정도 더 높은 코토팍시 정상까지 오를 준비를 한다. 아직 베이스 기지에 도착하지 않았지만 우리는 더 이상 위로 올라가고 싶지 않았다. 매일 아침 팔굽혀펴기로 몸을 단련했는데도 몇 달

안데스 산맥의 코토팍시 산. 세계에서 가장 높은 활화산이다.

간의 여행에서 체력이 소모된 때문인지, 넉 달 전 네팔 히말라야를 등반했을 때와는 비교할 수 없을 만큼 힘들다. 더욱이 그때 우리가 오른 구역보다 지금이 훨씬 고도가 높다. 어떻든 일단, 쇄석이 깔려 노면이 고르지 않은 가파른 산길을 따라 더 위쪽으로 차를 몰았다. 하지만 베이스 기지 시작점 3백 미터를 남겨두고 길이 끊겼다. 이제 걸어서 가야 한다.

고산 지역의 옅은 공기가 우리 허파를 꽉 조여온다. 얀은 차에 타 있을 때부터 가슴 통증을 호소했다. 알이 굵은 모래땅을 겨우 몇 걸음 걸었을 뿐인데도 백 미터 달리기를 막 끝낸 사람처럼 심장이 미친 듯이 뛴다. 그렇잖아도 어슬렁어슬렁 걷던 걸음을 더욱 늦춘다. 다행히 시간이 좀 지나자 다들 몸의 페이스를 되찾은 눈치다. 느릿느릿 기듯이 움직이는데도 맥박은 질주를 하는, 생경하고 모순된 경험을 하며 산을 오른다. 한 시간 뒤, 애써 베이스 기지까지 올라온 보람이 확 느껴진다. 이가 딱딱 마주치는 추위 속에서도, 눈앞에 펼쳐진 고산평원과 저쪽에 우뚝 솟은 화산 봉우리들이 자아내는 풍경에 탄성이 절로 흘러나온다.

오늘 안에 다시 이 국립공원을 벗어나야 한다. 희박하긴 하지만 신선한 산 공기로 가슴을 채운 뒤 곧바로 계곡 쪽으로 발걸음을 돌렸다. 서쪽으로 기울어가는 태양이 찬란한 황금빛과 붉은빛으로 코토팍시를 물들이는 광경에 눈이 부시다. 다시 지프에 올라탄 우리는 산 언저리 어딘가에 있는 숙소를 찾아 이동했다. 이튿날 아침, 또 하나의 잊을 수 없는 체험이 우리를 기다렸다. 라구나킬로토아Laguna Quilotoa, 화산분화구 안에 물이 고여 생긴 해발 4천 미터 상의 호수다. 호수 주변을 둘러싸고 줄지어 늘어선 산봉우리들은 숨이 막힐 듯 아름답다.

저녁에 다시 키토로 돌아와서 또 한 번의 이별을 준비해야 했다. 에콰도르에서의 시간을 돌이켜보니, 많은 것이 떠오른다. 인심 좋은 사람들, 인구 수백만이 사는 협곡 안의 대도시들, 인상적인 식민지 시대 건물들, 쾌적한 기후, 화산이 앞서거니 뒤서거니 이어진 멋들어진 장관, 그리고 무엇보다도 우리 마음을 빼앗은 마음씨 좋고 매력이 철철 넘치는 사회적 기업가 마리아와의 만남.

아쉬움이 많이 남긴 했지만 새로운 에너지를 가득 충전한 채 또다시 길을 떠난다. 사실, 이제부터 페루 수도 리마Lima까지 버스로 서른네 시간이나 걸리기 때문에 없는 에너지라도 찾아 써야 할 판이다.

리마에 거의 다 왔을 무렵 차창 밖에 완전히 딴 세상 같은 자연환경이 펼쳐졌다. 우리가 탄 버스는 구부러진 해안도로를 따라 수십 킬로미터를 달리는 중이었다. 해안도로 옆 반대쪽에는 엄청난 규모의 사구沙丘가 줄지어 솟아 있다. 에콰도르와 전혀 딴판인 자연이다. 리마의 첫인상이 워낙 강렬해서일까. 이제 사회적 기업가 알비나 루이스Albina Ruiz와 '건강 도시'라는 뜻의 단체 '시우다드 살루다블레'를 방문할 생각에 더욱 설레고 기대가 부푼다.

자원순환 협동조합을 통한 기적의 일자리 만들기

시우다드 살루다블레는 지역분산적이고 효율이 높은 쓰레기 처리 체계를 운영한다. 예를 들어 어떤 구역이 쓰레기 처리 문제로 골머리를 앓고 있다면 시우다드 살루다블레는 이 구역에서 쓰레기를 수거하고 재활용 처리를 할 사람들을 모집한다. 그리고 그렇게 모인 업자들로 협동조합 형태의 소기업을 차린다.

자영업자 자격의 쓰레기 처리업자들은 우선 시우다드 살루다블레에서 실시하는 사전 교육을 받는다. 그리고 지역사회 관공서와 공동으로 쓰레기를 모아서 분류하고 재활용할 공간을 마련한다. 그 다음으로 해당 구역 시민들에게, 쓰레기를 분리해두었다가 보호 장비를 착용한 조합 사업자들이 집을 방문하면 배출해줄 것을 적극적으로 당부하고 홍보를 한다. 이렇게 쓰레기 수거 서비스를 제공하면 시민들은 소액의 쓰레기 배출 요금을 지불한다. 이 비용의 타당성을 시민들이 납득하도록 하는 것도 바로 시우다드 살루다블레의 몫이다. 사업 대상으로 선정된 대부분의 구역은 쓰레기 문제가 아주 심각하기 때문에, 특히 주부들의 입장에서는 적은 돈으로 깨끗하게 쓰레기를 처리할 수 있어서 대환영이다. 남편이 일주일에 맥주 한 병 덜 마시면 될 정도로 저렴한 요금이기 때문.

조합 설립 첫해에는 시우다드 살루다블레가 재정과 인력을 많이 후원해준다. 그렇게 첫해에 들어오는 수입을 보장하고 작업 수준을 일정하게 유지하여, 해당 구역 주민들에게 쓰레기 수거와 재활용이 원활하게 이뤄진다는 믿음을 주려고 노력한다. 이 1년 동안 조합은 쓰레기 수거 요금도 받고, 대형 가공업자에게 재활용 자원을 판매한 대금도 들어오므로 그 다음 해부터 자립해서 지속적으로 운영할 충분한 기반을 쌓는다. 건강한 도시를 만드는 일 말고도 '일자리 창출' 역시 시우다드 살루다블레 프로

젝트가 무척 중요하게 여기는 핵심 목표다.

시우다드 살루다블레의 사업 책임자인 낸시 바산 에체바리아Nancy Bazán Echevarría를 따라 코마스Comas 구역에 가봤다. 얼마 전에 조합원 일곱 명이 창업한 수거업체가 맡은 구역이다. 오늘은 조합원 한 사람이 집집마다 다니며 쓰레기 수거 서비스를 이용해달라고 호소하는 날이라 낸시가 지원을 나간 것이다. 수거원이 쓰레기 수레를 미는 동안 낸시는 주부들과 허심탄회하게 이 사업에 대해 얘기를 나눈다. 처음엔 수거량이 너무 적어서 걱정스럽더니, 동네를 한 바퀴 돌고 나자 수레 위로 높은 쓰레기 산이 생겼다. 오늘 실적은 괜찮은 편이다.

벤타니야 : 돼지 분뇨에서 바이오가스를 ___ 쓰레기 관리 말고도 알비나 루이스가 관여하는 프로젝트는 몇 가지 더 있다. 벤타니야의 돼지 사육장에서 바이오가스를 얻는 사업도 그중 하나다. 벤타니야는 리마 인근 소도시로, 도심에서 한 시간 정도 차를 달리면 도착하는 해안의

●●●● 리마 주거 구역에서 어느 쓰레기 수거 팀을 따라다녔다. ●●●● 돼지들이 분뇨와 쓰레기 사이를 헤집으며 배를 채운다. 위생 상태가 너무 나빠서 충격적이었다. ●●●● 현장에서 토양오염 조사를 하는 중. ●●●● 벤타니야 양돈 지역의 주거용 건물.

사막 지역에 있다. 이곳 상주 가구는 3천 곳 정도 되고 주로 양돈으로 생계를 영위한다. 여기서 리마의 정육시장에 팔려나가는 돼지는 한 달에 40만 마리다. 이 엄청난 수의 돼지를 먹이는 것도 사실은 큰일인 셈. 양돈 지역에 지어진 건물은 거의 예외 없이 나무 오두막인데, 사람이나 돼지나 겉모양이 비슷한 집에서 산다. 하수 처리시설도 없어서 돼지들이 배설한 분뇨가 그대로 토양에 스며들거나 인접한 하천에 흘러든다.

우리는 그곳의 위생 상태와 생활환경을 목격하고 적잖이 충격을 받았다. 돼지들이 자기가 배설한 분뇨 위에서 뒹굴거나, 유기물과 비유기물이 뒤섞인 쓰레기 산에서 열심히 배를 채운다. 더구나 화물차가 끊임없이 몰려와 도시의 수많은 식당에서 실어온 음식 찌꺼기와 일반 쓰레기를 쏟아붓고 간다. 식당들은 음식쓰레기를 손쉽게 해결하고, 양돈 농민들은 공짜로 먹이를 얻는 셈이다. 벤타니야 산 돼지고기가 위생상 위험하다는 악명이 높은 이유를 알 것 같았다. 게다가 낮은 원가에 팔리는 이곳 돼지

고기에 원산지 표시를 가짜로 붙여 거래하는 일도 잦다.

시우다드 살루다블레 설립자 루이스는 양돈 사육장 중 한 곳에서 돼지 분뇨를 수집해 바이오가스를 만드는 실험을 시작했다. 아직 연구는 초기단계다. 시범적으로 가스 생산은 성공했지만, 대량 생산이 가능한지 알아내는 데는 시간이 더 필요하다. 알비나 루이스는 흔들림 없이 연구를 계속한다. 그로써 이곳 사람들의 생활여건을 개선할 수 있다는 확실한 의지가 있기 때문이다.

알비나 루이스 - 타고난 쓰레기 전문가 ____ 알비나 루이스는 쓰레기 더미나 대도시와는 거리가 먼 페루 아마존 지역의 농장을 경영하는 부모님 밑에서 태어났다. 알비나는 아홉 명 남매와 함께 아름다운 자연 속에서 뛰어놀며 어린 시절을 보냈다. 알비나가 그 '순수한 세계'를 처음 떠난 건, 공학 전공으로 대학에 진학하려고 리마에 온 날이었다. 그녀는 대도시 리마의 거리를 걸어 처음 학교로 향했던 날을 잊지 못한다. 얼마나 끔찍했던지 당장이라도 아마존 강변의 정든 '정글'로 돌아가고 싶었다. 그래도 시골에서 온 어린 아가씨는 쉽게 포기하지 않았고 차츰 불안과 향수를 달래어 학업에 열중했다.

알비나는 학부 시절 이미 리마의 한 구역에서 아주 효율적으로 쓰레기를 수거하는 방법을 개발해냈다. 이 아이디어를 접한 당시 리마 시장은 이 젊은 대학생을 즉각 국가 공무원으로 발탁했고 페루 각 지역사회에서 해당 모델을 시행할 수 있게 더 연구하도록 지시했다. 이때부터 알비나는 정부청사에서 근무하는 동시에 학업도 병행해야 하는 고된 시간을 보냈다. 그렇게 2년을 보낸 뒤, 부패한 남성 중심 공무원집단과 끊임없이 씨름하는 데 지친 알비나는 두 손을 들고, 대학을 마치자마자 NGO

쪽으로 자리를 옮겼다. 그러나 여기서도 알비나는 아무리 노력해도 성과가 안 보이는 상황과 기구 자체의 비효율성 때문에 몹시 실망했다.

결국 그녀는 동료들의 지지와 후원을 얻어 자신의 아이디어를 실현할 수 있는 단체를 직접 꾸리기로 결심한다. '시우다드 살루다블레'는 그렇게 해서 2001년 출범했고, 계획에만 머물던 쓰레기 처리 사업이 드디어 활력을 얻기 시작했다. 다음은 알비나와의 인터뷰다.

interview 알비나 루이스

"쓰레기에 바로 돈이 있습니다"

시우다드 살루다블레는 어떻게 창립되었죠?

"어느날 사회적 기업가 연합체인 아쇼카에서 나한테 연락이 왔어요. 내가 직접 단체를 설립하는 게 좋겠다고 조언하더군요. 그래서 말이 끝나자마자 정말 그렇게 했어요. 친구들도 할 수 있다고 용기를 불어넣어 줬어요. 처음엔 다섯이서 시작했습니다. 시우다드 살루다블레는 내 직장이자 집이었어요. 우리를 하나로 묶어준 공통된 정서가 늘 중요한 역할을 했죠. 각자 자기가 맡은 임무와 완전히 동화되어 일했어요. 그게 우리에겐 곧 힘이었죠. 그렇게 우리는 세상에 다시 없을 독특한 쓰레기 관리 모델을 개발한 거예요.

> "우리가 목표로 삼은 건 쓰레기를 깨끗이 처리하면서 동시에 일자리를 만드는 거였어요. 그 둘을 조합하자, 쓰레기가 곧 우리에겐 일자리를 만들어낼 가능성이자 희망으로 보였어요. 쓰레기에 바로 돈이 있었던 거죠."

어떤 것이 목표였나요?

"우리가 목표로 삼은 건 쓰레기를 깨끗이 처리하면서 동시에 일자리를 만드는 거였어요. 페루는 수많은 사람이 일자리다운 일자리를 못 얻는 곳이에요. 게다가 쓰레기 역시 많이들 고민하는 문제죠. 그 둘을 조합하자, 쓰레기가 곧 우리에겐 일자리를 만들어낼 가능성이자 희망으로 보였어요. 쓰레기에 바로 돈이 있었던 거죠. 서민들은 우리가 서비스를 제공하고 저렴한 요금을 받는 것에 아주 흡족해했어요. 골목과 동네가 훨씬 깨끗해지고, 더 건강하고 위생적인 기분을 만끽하고, 아이들이 골목에서 뛰어놀아도 위험하지 않게 되는 것에 기꺼이 돈을 낼 의사가 있었던 겁니다. 앞으로 우리는 리마 말고도 페루 모든 도시에서 똑같은 일을 할 겁니다. 그땐 서민과 빈민이 사는 동네에만 서비스가 국한되지 않겠죠."

이 사업이 큰 성공을 거둔 이유는 뭐라고 보세요?

"우리 스스로 이 모델을 백 퍼센트 확신하기 때문이죠. 그리고 사고의 전환을 이끌어내는 리더십을 교육하여 키워낸 것도 이유입니다. 마지막으로 내가 이 일을 참으로 사랑하기 때문이고요."

'사회적 기업가'란 어떤 사람이라고 생각하세요?

"내가 보기엔 좀 정신 나간 사람들이에요. 사회적 기업가들은 항상 문제를 해결하려고 해요. 새 전략, 새 방법을 끊임없이 찾아다니고요. 게다가 언제나 새로운 목표가 있기 때문에 쉬는 법이 없어요. 말하자면 개혁가, 혁신가들입니다. 제일 중요한 건, 가치를 추구하는 사람들이라는 점이에요. 이들은 자기를 위해서가 아니라 남을 위해 일해요. 사회적 기업가에게 필요한 능력을 꼽는다면, 소통의 달인이 되어야 한다는 점이죠. 예컨대 언론 매체도 잘 활용해야 해요. 마지막으로 에너지, 공감능력, 사랑이 반드시 필요합니다."

알비나의 말마따나, 그녀와 이야기하면서 우리 셋 다 그녀가 가진 에너지, 역동성, 공감 세 가지에 깊이 감화되었다. 향후 3년 안에 자신의 사업모델을 획기적으로 확장해야 한다는 크나큰 과제를 비롯해 늘 빡빡한 일정과 업무에 시달리면서도, 우리에게 많은 시간을 내줬고 직접 코마스와 벤타니야에 데리고 가서 귀한 현장학습을 하게 해주었다. 리마는 누구나 쉽게 좋아할 만한 꿈의 도시는 아니다. 그렇더라도 건강 도시, 시우다드 살루다블레에 인턴십이든 학위 수료든 실습을 신청하는 젊은이들은 중요한 경험은 물론 열정적인 그곳 사람들에게서 많은 것을 얻어갈 수 있으리라 단언한다.

시우다드 살루다블레 Ciudad Saludable

알비나 루이스는 쓰레기 수거와 처리를 통해 고정적인 일자리를 만든다. 쓰레기 문제가 심각한 시 구역을 선정해 쓰레기 수거와 자원 재활용을 맡을 업자를 모집하고, 그들이 조합 형태의 소기업을 설립하게 돕는다. 업체가 만들어지면 주민들에게 쓰레기 처리 서비스를 제공하고 일정 요금을 징수하며, 재활용 가능한 폐기물을 큰 처리시설로 보내어 그것으로 추가 수입을 올린다. 앞으로 리마 외에 페루 전역의 다른 도시들에서도 이 모델이 시행될 예정이다.

● 홈페이지	www.ciudadsaludable.org
● 위치	페루, 리마 등 전국 여러 도시에서 산발적으로 시행 중.
● 활동가 현황	상근 활동가 40명, 자국인 자원 활동가 300여 명, 외국인 자원 활동가 12명.
● 도움이 필요한 일	경제학, 농학, 화학, 사회학, 언론학, 커뮤니케이션학. 학업 수료를 앞둔 고학년 대학생 우대.
● 숙박 및 식사	숙식은 직접 해결해야 함. 전통 해물요리인 세비체Cebiche 등 페루음식이 대부분.
● 사용 언어	영어, 스페인어
● 이메일	info@ciudadsaludable.org

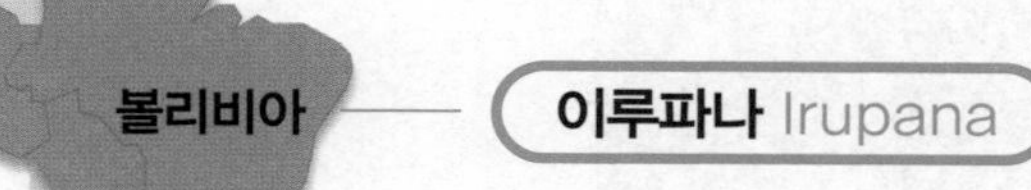

안데스에서 온 유기농 먹을거리

Tim 팀의 이야기

잉카의 도시에서 라파스로

겹겹이 껴 입은 옷자락 밑에서 벌벌 떨고 있는 내 몸에는 식은땀이 주르륵 흐른다. 숨 쉬기가 힘들다. 맥박은 방금 고층 빌딩이라도 뛰어올라갔다 내려온 것처럼 요란스레 날뛴다. 머리는 깨질 듯 지끈거린다. 말라붙은 입술이 쩍쩍 달라붙었다. 침대에서 몸을 일으켜보려고 안간힘을 쓰며 둘러쓴 모포 넉 장을 옆으로 젖혔다. 침대 옆에 놓인 물병을 겨우 집어 들고 바싹 타들어간 목구멍 안으로 몇 모금 물을 흘려보낸다. 고열에 들뜬 내 몸이 찬물 몇 모금에 조금이라도 안정되길 바랄 뿐이다.

이곳 쿠스코Cuzco의 거리는 아직 어두컴컴하다. 우리 방 허름한 창문 너머로 가로등 하나가 희미한 주황색 불빛을 내려보낸다. 얀은 침대에 얌전히 누워 자는 중이다. 부서질 듯한 내 기침 소리에도 잠이 깨진 않은 듯하다. 하지만 마티 쪽은 약간 침대가 삐걱대며 뒤척이는 기미가 보인다. 뭔가 불편한 듯 한쪽에서 다른 쪽으로 몸을 돌려 눕는 눈치다. 마티도 페루 안데스 고산지대의 희박한 공기와 싸늘한 추위에 힘든 거겠지 싶다.

낭떠러지를 따라 굽이치는 이 도로는 자칭 '세계에서 가장 위험한 길'이다.

쿠스코는 옛 잉카 제국의 수도로 해발 3400미터 높이에 있다. 이 도시는 고대 잉카 유적 마추픽추Machu Picchu로 가는 관문으로 유명하기도 하지만, 그 밖에도 흥미로운 면면이 한두 가지가 아니다. 독일에 있는 친구들은 지금 한창 30도 넘는 더위 속에서 호숫가에 누워 일광욕을 즐길 테지만, 페루는 지금 겨울이다. 낮에는 매서운 바람이 얼굴을 때리면서도 고산지대의 뜨거운 태양이 가차 없이 살을 태운다. 밤이 되면 빙점 이하로 떨어지는 기온에 덜덜 떨어야 한다. 우리가 묵는 펜션은 쿠스코 관광 중심지 아르마스Armas 광장 근처에 있는데, 식민지 시대에 지어졌지만 여전히 튼튼해 보인다. 방은 널찍한 안마당을 둘러싸고 배치돼 있고, 청교도 취향으로 내부를 꾸몄다. 우리가 묵는 방은 침대가 셋이고 난방은 없다. 1미터가 넘는 두꺼운 벽이 실내와 실외를 분리하지만, 밤에 찾아드는 혹한을 막아내기엔 역부족이다.

아무래도 우리 셋 중에서 내가 고산병을 가장 심하게 겪는 것 같다. 이전에 해발 2800미터인 키토에서 있을 만큼 있었고 충분히 적응됐다고 생각했지만, 고산병에서 나타나는 증세란 증세는 다 나타난다. 맥박이 심하게 빨라지고, 두통이 끊임없이 나를 괴롭힌다. 눈앞에 페루의 산해

볼리비아는 해발 3600미터의 안데스 산맥에 자리 잡고 있다. 이곳의 거친 기후를 못 견디는 건 사람들이 아니라 오히려 식물. 겨우 몇 가지 종만 이 땅에서 살아남았다.

진미가 있는데도 식욕이 거의 일어나지 않는다. 낮에는 그래도 관광객들이 북적대는 아르마스 광장에 앉아 햇볕을 쬐며 그나마 기운을 얻었다. 하지만 그 기운이 어둡고 추운 밤을 견뎌내기엔 턱없이 부족하다. 밤이 되면 극심한 안데스의 추위 때문에 사투를 벌여야 했다. 해가 지기 시작하는 순간부터 그 다음 날이 밝기를 미친 듯이 기다리게 됐다.

티티카카Titicaca 호숫가의 볼리비아 도시 푸노Puno로 이동하기 위해 타고 갈 버스를 처음 봤을 땐, 꽤 화려하고 편안해보였다. 차축이 세 개나 되는 초대형 2층 버스에는 60명 승객을 위한 자리가 있다. 그런데 출발 시간이 되어 땅거미가 내린 쿠스코를 떠날 때쯤 되자 예상은 철저히 빗나갔다. 버스는 난방이 전혀 되지 않았고 금세 커다란 냉장고로 돌변했다. 실내가 워낙 추워서 승객들이 내뿜는 입김으로 차 유리에 하얗게 김이 서렸다. 냉기가 뼛속 깊이 차올랐고 내 몸은 대책 없이 떨리기 시작했다. 오리털 침낭 속에 쏙 들어가 눕고 싶은 생각이 굴뚝 같았다. 가는 내내 요란하게 드르렁거리는 승객들의 코 고는 소리와 추위에 이중으로 시달려 고문 받는 심정이었다. 푸노에 거의 다 왔을 즈음 어둠이 서서히 걷히고 햇살이 비추자, 살았다는 말이 저절로 튀어나왔다.

우리 셋 모두 얼음 덩어리가 된 채 콜록콜록 기침을 해대며 버스에서 내린 시각은 아침 6시. 버스터미널에서 뜨거운 커피를 목 안으로 흘려넣자 얼어붙은 몸에 서서히 온기가 돈다. 여기서 다시 국경을 넘어 드넓은 티티카카 호숫가를 따라 올라간다. 볼리비아의 수도 라파스La Paz가 목적지다. 원래대로라면 정확히 한 시간 후 버스가 출발해야 하지만, 우리가 예약한 '포니 익스프레스' 사의 버스는 어찌된 셈인지 출발이 지연되었다. 결국 여덟 시 반이 되자 불친절하기 짝이 없는 여자 직원 하나가 와서 기다리던 승객들을 버스터미널 밖으로 데리고 나간다. 라파스로 가는 사람들은 모두 열한 명이었다. 브라질 대학생 몇 명, 노트북과 GPS로 무장한, 약간 거칠게 보이는 아르헨티나 사람 한 명, 우리 독일인 셋이다. 다들 드디어 출발한다는 사실에 안도감을 느낀 눈치다. 그런데 이상하게도 직원은 버스 정식 승차대가 아닌 터미널 바깥 도로 쪽으로 우리를 끌고 간다. 아니나 다를까 또 하나의 사건이 우리를 기다린다.

쿠스코에서 빳빳한 달러 현찰을 내고 예약한 버스편은 알고 보니 조그만 미니버스다. 우리 열한 사람이 앞으로 여섯 시간 동안 그야말로 서로 겹쳐 앉은 채 길을 갈 판이다. 처음엔 브라질 대학생들이 분을 참지 못하고 아무것도 모르는 것 같은 얼굴을 한 여직원을 향해 불만을 표시했다. 순식간에 라틴아메리카다운 불같은 기질이 진가를 발휘하기 시작했다. 결국 아르헨티나 사내가 제일 위협적으로 목소리를 드높였다.

화난 승객들의 항의에 맞서 다른 직원들까지 가세해 뜨거운 설전이 벌어졌지만, 아무래도 요령도 논리도 없는 직원들이 얼렁뚱땅 승객들을 속여 넘기기엔 역부족이다. 승객들은 오래 싸울 생각도 없는지, 아르헨티나 사내를 필두로 곧바로 가까운 파출소를 찾아나섰다. 앞으로 길고 지루한 조사와 협상이 벌어져 오늘 하루는 꼼짝없이 푸노에 발이 묶이겠구나 싶었다.

그런데 막상 파출소에 도착해보니 또 한 번 놀라운 일이 벌어졌다. 경관들은 버스회사가 여행자들을 속이는 것을 용인하기는커녕 곧바로 회사에 압박을 가해 단 15분 만에 널찍한 버스 한 대를 대기시키도록 만들었다. 승객들은 경관들에게 감사인사를 하고는 우리를 어수룩하게 본 포니 익스프레스 직원들한테 경고성 항의를 퍼부은 뒤 새로 도착한 버스에 자리를 잡고 앉았다. 이번 사건으로, 어느 곳에서든 제값을 지불하고서 수준 이하의 서비스를 받는 경우 반드시 항의하고 당당히 권익을 되찾아야 한다는 교훈을 얻었다.

버스를 타고 가는 내내 친해진 브라질 대학생들과 수다를 떠느라 차창 밖에 펼쳐지는 티티카카 호수의 장관을 제대로 보지 못했다. 대신 라파스에 도착했을 땐 리우데자네이루Rio de Janeiro와 상파울루São Paulo에 찾아가면 언제든 연락할 수 있는 새 브라질 친구들을 무더기로 얻게 됐다.

우리 셋은 호스텔 한 켠에 여장을 풀고 오후에는 해발 3600미터의 라파스 도심을 어슬렁거리며 보냈다. 눈 덮인 6천 미터 고봉에 둘러싸인 세계 최고 높이의 수도 라파스에서 전해지는 격언이 있다. "카미나 렌티토이 코메 포키토Camina lentito y come poquito. – 천천히 걷고 적게 먹으라." 고산병에 쓰러지지 않으려면 반드시 지켜야 할 규칙이다. 쿠스코에서의 경험 때문에라도 내겐 이 격언이 철칙으로 들린다.

하비에르 후르타도와 팀이 라파스를 겹겹이 둘러싼 산을 등지고 섰다. 세계에서 가장 높은 곳에 있는 수도다.

이튿날 우리는 공정무역 회사 '이루파나'를 이끄는 하비에르 후르타도Javier Hurtado를 만나러 출발했다. 이루파나는 친환경 유기농 식품을 생산하는 종업원 백여 명 규모의 사회적 기업이다.

이루파나 — 유기농과 공정무역으로 꾸준한 성장을

대다수 볼리비아인은 농업으로 생계를 잇는다. 그러나 급격한 인구 증가, 비효율적인 경작법, 세계화 체제에서의 불리한 입지 같은 이유로 농민 대부분의 생활수준과 노동여건은 극도로 어려운 형편이며, 그중 일부는 심지어 생존이 위태로운 수준이다. 이런 문제를 타파하고자 1987년 하비에르 후르타도가 설립한 회사가 바로 이루파나다. '이루파나'는 라파스에서 180킬로미터 정도 떨어진 한 농촌 마을의 이름이다.

전 세계적으로 공정거래와 유기농 먹을거리에 대한 수요가 급증하는 추세에 부응해 이루파나 역시 그에 맞는 다양한 상품을 생산한다. 여기서 농민들은 원재료 수급을 책임지는 막중한 역할을 수행한다. 나아가 후르타도는 농민들이 단순한 원재료 공급책에 그치지 않고 소규모 기업가로 거듭나도록, 그리고 더욱 철저히 생태농법을 실천하도록 꾸준히 교육한다. 그렇게 생산물의 품질이 높아지면 당연히 농민들에게 돌아가는 금전적 대가도 커지고, 그 상품을 가공하고 판매하면서 생긴 추가 이윤의 일부 역시 농민의 몫으로 돌아간다. 또한 하비에르 후르타도는 이루파나 지분의 3분의 1을 소농들이 소유하는 체계를 고수한다. 나머지는 설립자인 자신과 투자자들이 각각 3분의 1씩 소유한다.

이루파나의 사업모델은 단순하다. 소농들이 원재료를 납품하면 이루파나 자체 공장에서 가공과 처리를 거친 뒤 포장까지 마친다. 이루파나는 여러 판매경로를 이용하는데, 상품 일부는 라파스 시내 수십 곳에 있는 이루파나 매장에서 성황리에 팔린다. 그 외 상당 부분은 여러 협력업체들을 통해 볼리비아 전역의 4백여 식료품 상점에 납품한다.

해외 시장 역시 이루파나 매출에서 빼놓을 수 없다. 2005년 수출 비율은 50퍼센트를 넘었고, 2006년에는 70퍼센트로 높아질 전망이라고 한다.

하비에르 후르타도 – 농민을 위한 사회혁명가 ____ 이루파나 설립자 하비에르 후르타도는 원주민 혈통과 유럽 혈통의 부모님에게 태어난 메스티소이자, 중산층 자녀로 태어났다. 아버지는 공무원이고 어머니는 사무직 비서로 일하다가 나중에 회사를 새로 차렸다고 한다. 하비에르는 열여섯 살 때 이미 교육환경을 개선하라며 학생운동을 주도한 적이 있다. 학창 시절 내내 그가 행한 여러 개혁적인 발의는 대개 혁명가 체

게바라에 경도된 결과물이었다고 한다.

대학 진학을 위해 하비에르는 영국으로 건너갔다. 신학으로 학업을 마친 그는 목사가 되려고 했으나, 볼리비아로 돌아왔을 무렵 트로츠키주의를 지향하는 한 노동운동가에 설득되어 결국 농민을 위해 일할 마음을 먹었다. 그러나 일명 '코카인 귀족들의 군사 쿠데타'가 일어나자 1980년 페루로 도주해 한동안 거기서 망명생활을 해야 했다. 얼마 안 가 독일인이었던 그의 전 부인을 따라 함께 독일로 이주한다. 여기서 가택점거 운동에 가담하기도 하며 사회학 박사를 취득했다. 박사논문 주제는 볼리비아 농민들의 삶을 다각도로 연구한 것으로 자신의 정치적 운동 취지와 맞닿은 것이었다.

당시 독일에서는 생태적인 먹을거리를 찾는 움직임이 서서히 일기 시

●● 이루파나 공장에서 키노아 낟알을 선별하고, 양곡 가공처리 중이다. ●● 라파스 시내의 이루파나 매장.

작했다. 하비에르는 거기에 거대한 잠재력이 있다는 걸 깨닫고, 볼리비아로 돌아온 뒤 한 친구와 함께 볼리비아 유기농 커피로 작업하는 로스터리 매장을 열었다. 동업하던 친구는 저가 시장에만 자꾸 눈을 돌린 것에 비해 하비에르는 최상급 품질의 커피를 생산하는데 주력했다. 그리고 시간이 흐르면서 그 모델을 더욱 발전시켜 지금의 사회적 기업 이루파나를 만들었다. 인터뷰를 통해 볼리비아에 돌아와 무엇을 할지를 독일에서 어떻게 떠올리게 됐는지 들었다.

interview **하비에르 후르타도**

"당신이 먹는 것이 곧 약"

볼리비아의 유기농 농산물이 왜 특별한 걸까요?

"독일에 살 때, 앞으로 친환경 식품을 찾는 엄청난 물결이 일어나리라 짐작했어요. 동시에 친환경 먹을거리를 전문으로 생산하는 나라가 바로 볼리비아라는 점이 떠올랐어요. 볼리비아는 원래 유기농으로 농사를 짓지만 오히려 특수화된 시장은 없거든요."

그래서 이루파나를 설립하신 건가요?

"볼리비아로 돌아왔을 때, 친구 하나가 유기농 커피 로스터리를 동업으로 해보자고 제안하더군요. 그 친구가 내게 빚진 돈이 있었거든요. 괜찮겠다 싶어

같이 최고급 커피를 볶아서 시장에 공급했어요. 다만 서로 생각이 달라서 동업은 오래 가지 않았어요. 친구는 대량으로 저가 커피를 파는 대기업과 경쟁하고 싶어 했고, 나는 꾸준히 고가 유기농을 고집했거든요. 결국 내가 이끈 회사는 우리나라에서 공식적으로 제품에 유기농 표기를 달 자격을 획득했어요. 이어서 최초로 친환경 먹을거리를 파는 가게도 열고, 이루파나도 정식으로 출범했어요. 나 역시 농민들을 위해 운동하다 보니 저절로 사회적 기업가로 변신하게 됐고, 사회적 기업이 얼마나 중요한지 새삼 깨달았죠."

트로츠키주의자가 기업가가 됐다고요? 죄송하지만 연결이 잘 안 되는데요.

"맞아요. 말하자면 우리가 했던 사회주의 운동, 그리고 전 세계 사회주의 운동에 큰 오류가 있다는 걸 깨달은 거죠. 지금 이 세계에서 시장을 배제하고 생각해오다 보니 현실과 동떨어질 수밖에 없었어요. 물론 이 시장은 철저히 자유로운 시장이어야 하죠. 지금처럼 수많은 독과점과 투기, 부패가 판치는 그런 시장 말고요."

이루파나가 지금처럼 성공을 거둔 데는 어떤 이유가 있을까요?

"옛 지혜가 부활한 겁니다. 소크라테스가 '당신이 먹는 게 곧 약이다'라는 말을 했죠. 지금 이 시대에 이 말뜻이 아주 깊게 와 닿아요. 여러분이 사는 나라를 보세요. 입에 넣는 것들 때문에 병이 생기죠. 형편없는 먹을거리 때문에 비만에 시달리는 사람들이 얼마나 많습니까. 소위 잘사는 나라들에서는, 잘 살기 위해 먹을거리를 생산하지 않고 이윤이니 수입이니 하는 돈 때문에 생산하죠. 수익을 올리는 거야 나쁠 건 없지만, 단순한 수익과 환경 수익성, 사회적 수익성을 모두 따져 균형을 유지해야 합니다."

“ 지금 여러분이 누리는 훌륭한 생활수준은 물론이고, 정보 접근성도 얼마나 좋습니까. 당연히 그런 걸 놓치지 말아야 합니다. 지금 이 세계의 현실을 직시하고 깨어 있는 의식을 가집시다. 나아가 앞으로 이 사회가 무엇을 필요로 하는지 깊이 고민해야 합니다. ”

이루파나의 10년 후는 어떨 거라고 보세요?

“5년 안에 완전히 저 없이도 돌아가는 회사가 될 겁니다. 회사는 가족 운영 사업이 아닙니다. 물론 한 가족이 이끌 수는 있지만 그것도 어느 시기가 되어 규모가 커지고 일하는 사람들이 점점 늘어나면, 처음 구상을 냈던 기업가부터가 서서히 떠날 생각을 해야 합니다. 그리고 새 사람들이 운영을 맡아야죠. 지금도 벌써 정부 주도 프로젝트를 맡아서 시작했어요. 이루파나 같은 사회적 기업을 2백 개 이상 더 만드는 프로젝트죠. 지금이 바로 내가 슬슬 손을 떼고 젊은 사람들을 우리 회사의 새 얼굴이 되게 해줄 때라고 봐요.”

이루파나를 떠나시려는 거군요. 그럼 지금까지 성과가 컸다고 보세요?

“내가 생각하는 진짜 성공은, 내가 생각하고 말하는 걸 실행할 수 있는 상태를 말합니다. 그런 능력은 일종의 특권입니다. 이 사회에서 자기가 하고 싶다고 그걸 할 수 있는 사람은 정말 몇 안 됩니다. 대부분은 스스로도 달가워하지 않는 일을 억지로 하면서 살죠. 볼리비아에는 수천 명의 기업가가 있지만 그중 극소수만 자기 역량을 발휘할 기회를 얻습니다. 볼리비아가 워낙 가난해서 그렇기도 하지만, 사실 단순히 돈 문제만은 아니에요. 잘살고 충분히 기회가 많은 독일 같은 나라도 교육받는 과정에서 수많은 재능이 빛을 못 보고 묻혀버리잖아요. 그 많은 재능에 일일이 기회를 줄 만큼 사회적 준비가 안 되어 있으니까요.”

이루파나를 세우기 위해 개인적으로 어떤 걸 희생하셨는지요?

"내 아이들과 있을 시간을 다 반납했어요. 정치 활동도 접었고요. 다만 정치는 지금 다시 시작하려고 하는 참이어서 굉장히 행복해요. 에보 모랄레스Evo Morales 대통령과 함께 일하게 된 게 나한테는 엄청난 특혜예요. 모랄레스 대통령은 이루파나 같은 기업을 한 2천여 개 정도 만들면 좋겠대요. 어디 정말 그렇게 되나 일단 해봐야죠."

이제 막 사회생활을 시작하는 젊은 친구들에게 한마디 해주세요.

"우선, 이미 여러분이 가진 것을 십분 활용해야죠. 지금 여러분이 누리는 훌륭한 생활수준은 물론이고, 정보 접근성도 얼마나 좋습니까. 당연히 그런 걸 놓치지 말아야 합니다. 그렇다고 차를 사거나 집을 짓거나 이런 데 쓰라는 게 아닙니다. 그것 말고도 우리가 짊어져야 할 더 중요한 과제가 켜켜이 쌓였어요. 지금 이 세계의 현실을 직시하고 깨어 있는 의식을 가집시다. 나아가 앞으로 이 사회가 무엇을 필요로 하는지 깊이 고민해야 합니다. 그중에서 이 생태적인 생산과 소비 역시 아주 중요한 문제입니다. 그것 하나로 환경문제가 풀립니다. 지구온난화 역시 우리 모두 도전해야 할 엄중한 숙제입니다."

좀 더 알고 싶으세요?

이루파나 Irupana

하비에르 후르타도가 1987년 설립한 이루파나는 공정거래 원칙하에 유기농 먹을거리를 생산하고 판매한다. 이루파나는 회사에 원재료를 납품하는 볼리비아 농민들의 생계를 안정적으로 보장하는 것이 목표다. 농민들은 각기 소기업가로서 교육을 받고 유기농법을 꾸준히 배운다. 그렇게 해서 품질 개선이 이뤄지면 그만큼 납품대금이 올라간다. 또 소농들 역시 이루파나 지분을 일부 소유하며 원재료 가공과 상품 판매에서 발생한 수익을 나눠받는다.

● 홈페이지	www.irupanabio.com
● 위치	볼리비아, 라파스
● 활동가 현황	생산 및 개발 관련 부서를 제외한 행정 사무업무에만 상근 활동가 15명, 외국인 자원 활동가 3명.
● 도움이 필요한 일	웹디자인, 마케팅 계획, 비즈니스 계획을 설계하는 데 필요한 전략사업 등. 유기농 상품 관련 경험자 우대, 경우에 따라 소액의 급여도 지급됨.
● 숙박 및 식사	라파스 사무소 내 방문객 침소가 제공됨. 고산병 예방을 위해 코카잎을 우린 코카차를 수시로 마실 것을 권함.
● 사용 언어	영어, 스페인어
● 이메일	jhurtado@irupanabio.com

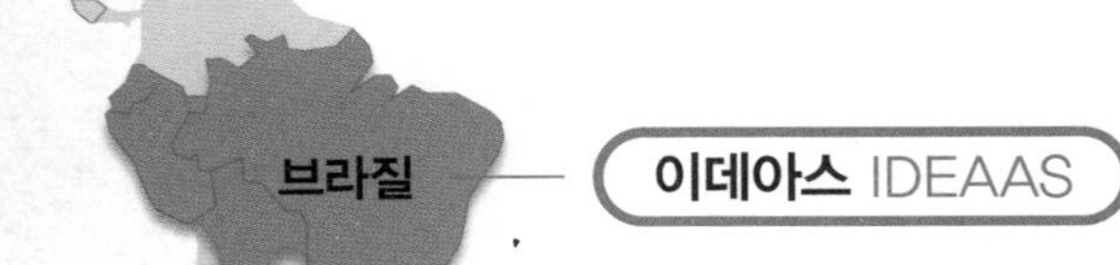

전깃줄이 닿지 않는 오지에 전력을

Jan
얀의 이야기

버스 여행은 즐거워?

아니, 버스 여행은 '길다.' 코로이코Coroico에서 점심 때 출발한 우리는 해발 4750미터의 고갯길만 지나면 세 시간 뒤 다시 라파스에 닿을 거라 예상했다. 라파스에서 또 한 번 '라피도(급행)' 버스를 타고 브라질로 머나먼 길을 떠나야 한다. 그러나 출발한 지 얼마 되지도 않아서 좁은 도로에 버스가 멈췄다. 우리 앞에 군데군데 녹이 슨 엄청난 크기의 트레일러 차량이 길을 막고 있다. 트레일러 역시 마주 오는 비슷한 크기의 우리 대형 버스와 얼굴을 마주하는 바람에 발이 묶인 것이다. 우리가 있는 곳은 겨우 폭 3미터의 낭떠러지 길이다. 진퇴양난에 갇힌 운전사들이 앞으로 뒤로 조금씩 바퀴를 움직여가며 서로 지나갈 공간을 만드는 모습은 그야말로 진땀나는 광경이었다. 보는 내내 금방이라도 저 밑으로 바퀴가 미끄러져 내릴 것 같아 간이 콩알만해진 순간이 한두 번이 아니었다. 그 사이 양쪽에는 차 수십 대가 줄줄이 늘어섰다. 결국 트레일러가 검은 연기 자욱한 비탈길을 쿨럭대며 다시 올라가게 되기까지 지루하고 고통스러운 두 시간을 보내야 했다.

이렇게 도합 여섯 시간이 지나서야 우리는 라파스에 도착했다. 안도의 한숨도 잠시, 45분 후 곧바로 심야 우등버스를 타고 산타크루스Santa Cruz로 향하는 7백 킬로미터의 여정을 떠났다. 푹신한 좌석에 몸을 묻고 편히 잠든 밤 시간은 그야말로 꿈처럼 달콤했다. 하지만 이것도 이튿날 새벽 갑자기 버스가 정지하여 도무지 움직이지 않자 산산조각 깨어진 꿈이 됐다. 잠에서 깨어 든 첫 생각은, '또 차를 빼고 있나 보다'였다. 하지만 그러기엔 도로가 무척 넓었고 맞은편 차로는 차가 씽씽 잘만 지나간다. 무슨 일인가 싶어 보니, 공사구간이라서 그렇단다.

버스 여행이 정말 재미없고 끔찍한 것으로 변하는 때가 있다. 차는 앞으로 안 가는데 딱히 차창 밖에 잠이 잘 올 만한 볼거리도, 근사한 풍광도 펼쳐지지 않을 때다. 시간은 오래 씹어서 흐물흐물해진 껌처럼 한없이 늘어난다. 1분 1초가 더디고 지루하기만 하다. 앉은 자리에서 몸을 이리저리 돌려봐도 달라지는 건 하나도 없다. 그러다 어느 순간 엔진 소리가 울리고, 버스가 움직인다. 장장 여섯 시간이나 힘들게 기다린 끝에 여정을 계속하게 됐다.

볼리비아 아마존 분지인 산타크루스에 내렸지만 잠시도 한숨 돌릴 틈이 없다. 급히 화장실로 향했다가 몇 가지 요깃거리를 샀을 뿐인데 벌써 브라질 쪽 이구아수Iguaçu로 향하는 버스의 두꺼운 자동문이 칙칙 소리를 내며 탑승 준비를 시작한다. 이번 버스는 방금 타고 온 버스와 상당히 다를 거 같다. 좌석은 널찍하고 편안하며 식사도 제공하고 최신 영화도 틀어준다. 무엇보다 황량한 시골 터미널에서 갈아타는 일 없는 직행이다! 도착하자마자 그 도시 이름이 뭐였는지 기억하기도 전에 다음 버스로 갈아타고 황망히 떠나버리는 허무한 짓을 하지 않아도 된다.

그러나 현실에서 이 약속은 하나도 지켜지지 않았다. 버스표에는 운

행경로 상 파라과이를 경유하기로 되어 있지만 실제로 우리 버스는 엉뚱하게도 아르헨티나로 향했고, 열 시간이 지나서야 우리는 겨우 국경도시에 도착했다.

복잡한 출입국 절차가 끝도 없이 이어지고, 규정상 버스에서 내려 걸어서 국경을 통과해야 했다. 그리고 다시 북아르헨티나의 코리엔테스Corrientes로 향하는 또 다른 버스에 겨우 올라탔다. 이번엔 처음부터 직행에 대한 기대를 접었다. 몇 번이고 차를 갈아타면서 스무 시간을 보낸 끝에 우리는 겨우 파라과이 쪽으로 넘어가는 국경검문소에 닿았다. 이쯤 되니 눈빛은 흐리멍텅하고 등과 허리가 욱신거렸으며 떡 진 머리에 다리는 천근만근이었다. 추위에 꽁꽁 얼어붙은 상태로 창구에서 창구를 전전하며 푸에르토이구아수Puerto Iguazú로 가는 가장 빠른 버스편을 알아보고 다녔다. 다행히 금방 버스표를 끊었고 꼬박 하루를 더 여러 번 갈아타며 이동한 끝에 그 유명한 이구아수 폭포의 아르헨티나 쪽 관문인 푸에르토이구아수에 닿았다.

우리도 열심히 발품을 팔아 폭포에 가봤지만 수고한 보람은 없었다. 지금은 건기라 물이 거의 말랐기 때문이다. 다만 폭포 대신 우리를 놀라게 한 건 아르헨티나 사람들이 어딜 가나 입에 달고 다니며 사랑해 마지않는 마테차였다. 마주치는 사람 둘 중 한 명은 꼭 겨드랑이 밑에 뜨거운 물이 담긴 보온병을 끼고 다니며 결코 차가 떨어지는 일이 없게 했다. 마실 때는 마테와 뜨거운 물을 호리병에 부어 병 입구에 꽂힌 금속빨대에 입을 대고 마신다. 우리도 브라질로 넘어갈 때 이곳 사람들이 하는 방식 그대로 차와 도구를 사서 목을 축이며 이동했다. 브라질 땅에 들어서서 다시 남쪽으로 가는 야간 버스를 잡아탔다. 그리고 그토록 염원했던 목적지 포르투알레그레Porto Alegre에 내렸다. 여기 닿기까지 수많은 버스

외딴 시골 농촌에는 태양전지판만이 전기를 쓸 수 있는 유일한 수단이다.

를 갈아타며 걸린 시간은 도합 90시간이 넘는다. 정말 정신 나간 짓이다. 힘들고 오랜 시간 때문만이 아니라, 이동한 지역 곳곳의 수많은 볼거리를 무시하고 지나쳐 왔다는 점에서 더욱 그렇다.

이토록 긴 여행이었기에 더더욱 파비우 호사Fábio Rosa와의 만남이 기대됐다. 그의 사명은, 브라질에서 전기를 공급받지 못하고 살아가는 2천만의 인구에게 전력을 사용하게 해주는 일이다.

잊힌 이들을 위한 전기

브라질에서 현재 전력을 쓰지 못하고 사는 인구는 약 2천만이다. 우리가 찾아간 사회적 기업 'IDEAAS(Instituto para o Desenvolvimento de Energias Alternativas e da Auto-Sustentabilidade – 천연에너지개발과 지속가능성 연구소)'가 특히 열심히 활동하는 리우그란데두술Rio Grande do Sul 주에는 15만 명이 전력 공급을 애타게 기다린다. 지금까지 현 상황을 바꾸려는 정부 측의 구체적인 노력이나 계획은 없어보인다. 대통령 선거 때마다 후보자들은 꼭 대대적인 전력 확충을 공약으로 내걸지만, 선거가 끝났다 하면 언제 그랬냐는 듯 쉽게 '잊어버린다.'

1990년대까지 브라질 에너지 수급은 전적으로 국가의 소관이었다. 그런데 그 뒤 차츰 많은 서비스 부문이 민간 기업에 양도되기 시작했다. 사업권을 따낸 민영 전력회사들은 전기 없이 사는 수많은 서민에게는 신경도 쓰지 않았다. 전기 공급을 못 받는 주민들은 대부분 고립되어 살기 때문에 이윤을 따지는 민영회사가 가구 한 채를 위해 몇 킬로미터씩 전력선을 끌고 갈리 만무하다. 그래서 주민들은 전기를 아예 포기하든지, 파비우 호사가 제공하는 서비스를 쓰든지 둘 중 하나를 택해야 한다.

태양발전의 선구자, 파비우 호사 ____ 파비우 호사는 1960년 포르투알레그레에서 태어났고 예수회 학교를 다녔다. 학교의 신부들은 그에게 강렬한 인상을 남겼다. 신부들은 늘 말했다. "훌륭한 가톨릭 신자가 되려면 세상부터 훌륭하게 바꿔라. 그리고 그 일을 매일 하라."

이데아스 고객인 비토리아 실베이라 고메스의 집 앞에서.

파비우는 국영은행의 관리자였던 아버지에게서 돈이 개인의 인생에 얼마나 큰 영향을 미칠 수 있는지 배웠다. 반면 어머니는 초등학교 교사로 리우그란데두술에 이민 온 독일 학생들을 가르쳤다. 파비우는 어머니에게 신념을 갖고 자기 일에 매진하는 태도를 배웠다.

대학에서 농학을 전공한 그는 스물세 살 때 농업경제 전문가로서 작은 농업도시 팔마레스두술Palmares do Sul에 직장을 잡았다. 그러나 막상 거기서 그가 가장 절실히 깨달은 것은 광범위한 전력 공급이 없으면 그 무엇도 제대로 할 수 없다는 사실이었다. 정부 쪽에서는 별다른 조치가 이뤄질 기미가 없었기에, 그가 나서서 혁신적인 시스템을 개발했다. 정부가 하려고만 든다면 농촌 지역에 획기적인 저비용으로 전기를 공급할 수 있는 방법이었다. 하지만 자고 일어나면 하룻밤 새 에너지 사업부문이 뭉텅뭉텅 민영화되는 상황에서 그가 추진한 정부 프로젝트는 번번이 물거품이 되었고 그때마다 커다란 실망을 맛봐야 했다. 그런데도 파비우는 포기하지 않았다. 사람들을 돕겠다는 일념에 마침내 그는 아예 직접 회사를 세웠다. 그것이 지금의 IDEAAS다. 1997년 설립한 이 회사는 시골 주민들에게 태양에너지로 전기를 만드는 설비를 보급한다. 그의 모토는 단순하다. "태양은 누구에게나 공평하게 비추니까요!"

새로운 아이디어 : 태양발전 설비를 대여합니다! ____ 파비우 호사는 맥킨지 컨설팅과 아쇼카의 후원을 받아 대대적인 시장조사를 펼쳤다. 그때 전력 공급을 못 받는 가구의 70퍼센트가 등유, 양초, 전지, 석유등잔 등을 구입하는데 한 달 평균 11달러를 지출한다는 통계가 나왔다. 한편 가난한 농촌 주민들은 비싼 태양발전 설비를 구입하는 데 전혀 관심을 보이지 않았다. 그냥 언제가 될진 몰라도 큰 투자도 필요 없고 위

남브라질은 아직 카우보이의 땅이다.

험부담이 없는 공공 전력망이 들어오길 기다리는 게 더 속 편하다고들 생각한다. 이런 형편에 전등, 라디오, TV, 겨울철 온수 같은 건 그들에게 말 그대로 꿈에 불과하다.

이런 자료를 바탕으로 파비우 호사는 임대 시스템을 개발했다. 특히, 잠정 고객들이 등유와 양초, 전지 등을 사는 데 어차피 써야 할 비용과 비슷한 수준으로 월정 임대료를 맞추려고 다각도로 애를 썼다.

현재는 여러 가지 상품을 농촌 주민 고객들의 필요에 따라 제공한다. 가장 저렴한 기본세트는 절전 조명등 4대, 12볼트용 콘센트 1대, 전선 배열, 축전지, 조절 콘솔박스, 기타 보완 서비스로 구성된다. 전구 4개 외에도 동시에 작은 라디오 1대도 켜서 들을 수 있다. 기본세트 임대료는 한 달에 약 10달러인데, 처음 설치할 때 설치비 150달러가 든다. 설치비는 최초 한 번에 결제해도 되지만 다달이 임대료와 함께 분할 청구되기도 한다. 살림이 좀 크다면 전력도 많이 필요하기 때문에 특수하게 설계한 세트를 제공한다. 큰 세트의 경우 TV, 라디오, 양수펌프, 휴대폰 충전기 등을 추가로 가동할 만큼 전력이 나온다. 임대고객은 3년 약정으로 계약하는데 언제든 해약 가능하다. 단, 만기 전에 해약하면 고객이 일정의 철거비용을 부담해야 한다. 하지만 공공 전력망이 들어와서 해약하게 되는 경우라면 철거비가 부과되지 않는다.

뛰어난 아이디어, 저조한 반응 ____ 태양전지판은 주로 접근이 힘든 오지에 현지 전기기사가 직접 설치하러 나간다. 이때 작업을 맡은 전기기사는 건당 30~35달러의 공임을 받는다. 고객들은 매월 임대료나 분할 설치비 등을 전자결제시스템이 가능한 상점 등에 가서 납부하는데, 그때 결제를 대행해주는 업소들도 역시 IDEAAS에서 적은 액수나마 건당 수수료를 받는다.

수많은 기관과 단체들이 전달한 기금과 후원이 있었기에 IDEAAS는 지금의 사업모델을 개발할 수 있었다고 한다. 원래 예상대로라면 서비스 시행 후 만 4년이 되면 회사에 수익이 발생해야 한다. 그리고 우리가 파비우 호사를 찾아간 2006년 8월이면 4천 가구가 태양에너지 설비를 사용하고 있어야 했다. 하지만 첫 몇 해는 사업이 무척 지지부진했고, 그래서 겨우 2백 가구만 이 임대 시스템을 사용 중이었다. 호사의 말로는 정당들이 항상 공공 전력망 구축 공약을 되풀이해서 주민들이 아직까지 그것을 기대하기 때문이란다. 그렇더라도 파비우는 아직 포기하긴 너무 이르다고 힘주어 말한다. 그의 이야기를 들어보자.

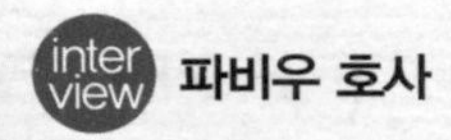

"행동을 바꾸기가 제일 어렵답니다"

엄밀히 말해 IDEAAS는 목표를 달성하지 못했습니다. 앞으로 어떻게 하실 계획이신지요?

"고객을 늘리려면 더 활동을 넓히고 부지런해져야겠죠. 어떻든 처음 예상한 것만큼 간단하지가 않았어요. 단순히 에너지와 비용 문제가 아니라 사람을 바꾸고 행동을 바꾸는 일이었으니까요. 하지만 우리는 반드시 성공할 겁니다. 문제를 해결하는 쉽고 훌륭한 방법이니까요. 더욱이 우리의 해법을 능가하는 다른 어떤 대안도 없습니다."

지금까지 IDEAAS를 선택한 2백여 고객이라는 수치는 성공이라고 부를 수 없나요?

"글쎄요, 제가 성공한 게 맞는지 잘 모르겠어요. 목표했던 수치에 훨씬 못 미친 데다 이 지역 주민들의 생활이 눈에 띄게 달라진 점도 없으니까요. 내가 그 변화를 처음 시도하긴 했지만, 아직은 생각했던 수준에 전혀 도달하지 못했어요. 그러니 성공하기 위한 과정에 있다고 말하는 게 맞겠죠."

이 일을 다시 할 수 있는 기회가 주어진다면 이번엔 어떻게 하시겠어요?

"내가 아는 것들을 정부에 전달하려고 10년 동안 애썼지만, 결국 정부가 이 지식을 쓸모 있게 사용할 능력이 없다는 걸 깨달았죠. 정부는 국민들의 이해관심

“사회적 기업가는 판에 박힌 이 세상의 관습을 바꾸자고 주장합니다. 그러려면 엄청난 시간과 에너지가 듭니다. 그래서 지구력을 갖추는 건 기본이고, 자신이 도우려는 사람들의 말을 귀담아 들어야 합니다. 쉽게 포기하지 말고 충분한 시간을 기꺼이 투자해야 하구요.”

사가 아니라 자기들 이해관심사를 좇으려고 합니다. 그 두 가지는 안타깝게도 일치하지 않아요. 정부는 선거에서 유권자들의 환심을 사는 데만 혈안이 돼 있어요. 그렇더라도 정부를 완전히 배제할 순 없습니다. 조금은 염두에 두는 게 좋겠죠. 단, 사회적 기업가의 사명은 시민들을 위해, 국가가 해결할 능력이 없는 문제들에 해법을 제시하는 겁니다.”

‘사회적 기업가’란 무엇인지 정의를 내려주신다면? 그들이 갖춰야 할 덕목은 뭐라고 보시나요?

“사회적 기업가는 사회와 환경의 유익을 추구하는 이들입니다. 기존의 기업가들은 그저 금전적 이익을 극대화하는 데만 관심이 있죠. 반면 사회적 기업가는 판에 박힌 이 세상의 관습을 바꾸자고 주장합니다. 하지만 쉬운 일이 아니죠. 그러려면 엄청난 시간과 에너지가 듭니다. 그래서 지구력을 갖추는 건 기본이고, 자신이 도우려는 사람들의 말을 귀담아 들어야 합니다. 쉽게 포기하지 말고 충분한 시간을 기꺼이 투자해야 하구요.”

지금 직업을 찾거나 막 직장생활을 시작하는 젊은이들에게 해주실 말씀이 있다면요?

“청년이라면 반드시 사회 참여를 하라고 조언하고 싶어요. 참여는 중요하고 또 훌륭한 기회입니다. 일반 회사에 다니며 돈을 번다 해도, 현실을 바꾸고 사회에 긍정적인 변화를 주는 데 늘 관심을 갖고 다양한 정보를 열심히 활용하세요.”

좀 더 알 고 싶 으 세 요 ?

이데아스 IDEAAS

1997년 파비우 호사가 설립한 이 회사는 브라질 남부 외딴 농촌 지역에 전기를 공급하기 위해 태양발전 설비를 임대식으로 보급한다. 더욱이 임대서비스료도 기존에 한 가구가 등유, 양초, 석유등불 등을 사는 데 써야 할 금액과 비슷하게 맞춰서 가난한 고객들의 추가적인 부담을 없앴다. 가장 기본이 되는 임대상품은 절전 조명등 4대, 12볼트 콘센트, 전선배열, 축전지, 콘솔박스, 기타 보완서비스 등이 포함한다. 한 달에 약 10달러의 임대료만 내면 이 모든 것을 이용할 수 있다.

● 홈페이지	www.ideaas.org.br
● 위치	브라질, 포르투알레그레
● 활동가 현황	상근 활동가 2명, 시간제 활동가 6명. 현재 자원 활동가는 없다.
● 도움이 필요한 일	현재 자원 활동가가 필요한 업무분야는 없다. 다만 농촌 전력수급을 잘 아는 전문가나 대학생의 도움은 언제든 환영.
● 숙박 및 식사	견학 방문객은 포르투알레그레 시내 호스텔을 이용해야 한다. 구운 소고기 요리인 슈하스코 Churrasco가 가장 전형적인 남부 브라질 음식이다.
● 사용 언어	영어, 포르투갈어
● 이메일	info@ideaas.org.br

파벨라의 컴퓨터 학교

Matti
마티의
이야기

브라질의 대도시를 가다

포르투알레그레에서 야간버스를 타고 다시 상파울루로 간다. 이곳은 브라질 경제중심지이자 2천만이 사는 대도시다. 도쿄와 멕시코시티에 이어 세계에서 세 번째로 큰 도시가 상파울루다. 알리스 오리안Alice Orian이라는 얀의 친구가 여기 사는데, 마침 알리스의 생일 즈음이라 더 북쪽인 리우데자네이루로 가기 전에 잠깐 들르기로 했다.

브라질 대도시는 항상 범죄가 극성이니 조심하라고 귀에 못이 박히게 들어서인지, 막상 상파울루에 왔을 땐 그 분위기가 그렇게 살벌하진 않았다. 엄청난 인구가 밀집해서 살다 보니 강도, 절도, 폭행 같은 무시무시한 일이 어쩔 수 없이 일상처럼 되어버린 것 같다. 더욱이 실제로 이런 불미스런 사건을 겪는 것은 사실 극히 일부임에도 워낙 그런 일들이 TV며 언론에 도배되다시피 하니, 많은 사람이 어딜 가나 항상 범죄의 위협을 느끼고 그에 대비해야 한다는 불안심리를 갖고 있는 듯하다. 하지만, 우리는 값나가는 물건은 가지고 다니지 말라는 둥 수없이 쏟아지는 경고를 한 귀로 흘려버렸다. 그러고는 볼거리 많은 대도시를 비교적 스스럼

없이 쏘다녔다.

확실히, 적도에 더 가까운 상파울루의 더운 기후가 포르투알레그레에서 막 올라온 우리에게 잘 느껴졌다. 한여름의 기온, 그리고 좀 더 피부색깔이 짙은 사람이 훨씬 많이 눈에 띄었다. 하지만 브라질 남부 못지않게 이곳 사람들 정서 역시 유럽을 연상케 하는 편이다. 상파울루에서 박사학위 절차를 밟고 있는 알리스가, 내가 어렴풋이 감지한 이 느낌을 더 확실하게 확인해줬다. 이곳 상파울루 사람들은 브라질 안에서도 장사나 사업 같은 목표의식이 강한 부류다. 그래서 그런 성향의 사람들을 '파울리스타스Paulistas'라고 부른다. 반면 리우데자네이루는 '카리오카스Cariocas', 즉 느긋하고 체념이 빠른 쾌락주의자들이 지배적이라고 한다.

실제로 리우에 도착하자 이 말이 무슨 뜻인지 피부로 느껴졌다. 우리가 잡은 방은 세계적으로 유명한 코파카바나Copacabana 해변 근처의 저렴한 호스텔이다. 다음 날부터 방문 일정을 시작하기로 하고, 오늘은 거리로 나와 좀 둘러보기로 했다. 그런데 밖에 나오자마자 심하게 헷갈리기 시작했다. 오늘이 아직 금요일 맞나? 아니면 벌써 주말이 된 건가? 업무용 정장이나 서류가방 대신 발에는 샌들, 어깨에는 타월을 걸친 편안한 차림의 브라질 사람들이 거리를 오간다. 저 차림으로 일하러 가는 건 아닐 테고, 벌써부터 바다를 즐기러 가는 사람들이 부지기수다. 이제야 어렴풋이 상상해온 브라질 분위기가 좀 난다.

단 한 주 안에 여기서 세 곳의 사회적 기업을 방문해야 한다. 확실히 빠듯한 일정이긴 하다. 다행히 주말이지만 아직 한 주의 업무가 끝나려면 먼 사람들이 있다. 잠시 후, 호텔 앞에 기다리고 있으니 CDI에서 일하는 마리아나Mariana가 우리를 데리러 왔다. 오늘 CDI가 진행하는 두 가지 프로젝트를 보여주겠다고 한다. CDI는 10여 년 전에 사회적 기업가

리우데자네이루 전경.

호드리구 바지우Rodrigo Baggio가 창단한 단체이자 회사이다.

CDI : 디지털 격차를 뛰어넘는 다리

현대에 등장한 최신 정보·통신기술은 세계화의 밑거름이 됐다. 언뜻 보면, 지금의 지식사회에서 정보기술이 인류 발전에 엄청나게 긍정적 영향을 미쳤다는 사실을 의심할 여지는 없다. 누구든 언제 어디서나 세계 각지에 흩어진 지식에 접근하고 그것을 이용할 수 있게 됐으니 말이다.

그러나 좀 더 자세히 들여다보면 이 전 세계적인 네트워크에서 뚝 떨어진 채 사는 사람들이 의외로 많다. 디지털 세상에 존재하는 이 상대적 고립과 격리가 빈부격차의 또 다른 원인이 된 것이다. 이 현상을 일컫는 '디지털 디바이드digital divide' 즉 '정보 격차'라는 개념은 1996년 처음 제시되었고 2003년이 되어서야 정보사회를 위한 제네바 유엔 세계정상

파벨라 청소년 센터 컴퓨터실에 모여 부지런히 컴퓨터를 만지는 청소년들.

회의 때 공식적으로 논의되기 시작했다.

하지만 그런 논의가 있기 훨씬 이전인 1995년부터 브라질 사업가 호드리구 바지우는 파벨라Favela에서 '인권과 컴퓨터를 배우는 학교'라는 취지 아래 CDI(Center for Digital Inclusion)를 설립해 운영해왔다. '파벨라'는 브라질의 빈민가를 가리키는 단어다.

CDI의 사업구도는 단순하다. 파벨라 지역공동체들은 일정 크기의 공간을 제공하고, CDI가 기증받은 컴퓨터를 그곳에 설치해서 의욕 있는 빈민가 청년들을 모아 교사로 양성한다. 동시에 가난하여 소외받거나 글씨를 못 깨우친 7세에서 18세 사이의 청소년들을 모아 현대 정보·통신기술을 이용해 인권과 시민권을 배우게 하고 그것을 지키는 법을 가르친다.

창립자 호드리구 바지우가 정보기술 교육 캠페인을 시작한 1995년 이래 지금까지 이뤄낸 결과는 가히 압도적인 수치로 드러난다. 정보기술학교가 브라질 내 800여곳, 해외에 146곳에 있고, 기증받은 PC가 5698대, 자원 활동가 1135명, 교사 1892명, 그리고 브라질 국내외 총 46개 지역 위원회가 관리하고 돌보는 학생 수가 60만 명이 넘는다. 더욱이 지금 CDI의 든든한 후원사 중에는 마이크로소프트Microsoft와 액센츄어 Accenture, 아이비엠IBM 등이 포진해 있다.

오전 중에 우리는 리우 서쪽의 범법 청소년 쉼터를 방문했다. CDI는 이곳에 컴퓨터실 하나를 마련해 그곳 청소년들에게 또 하나의 교육 기회를 마련했다. 더 흥미진진한 경험은 오후에 다른 지역 아동청소년 센터를 방문했을 때다. 이 센터는 수많은 파벨라 중 한 곳에 설치됐는데, 무기니 마약밀매니 하는 범죄소굴을 떠올렸던 우리의 예상을 뒤집고 천진난만하고 호기심 가득한 아이들이 우리가 있는 내내 졸졸 따라다녔다. 특히, 컴퓨터 실습실에서 열심히 자판을 두드리며 MS워드로 텍스트를 작성하는 아이들 모습이 아주 신기하고 인상적이었다. 나중에 컴퓨터 선생님들의 얘기를 들어보니 무슨 행사가 있어서 그것을 기념할 시 한 편을 주고 타자하는 숙제를 내줬을 뿐이란다. 안 그러면 아이들이 노상 게임만 하다가 시간을 보내버린단다. 아무리 그렇더라도 우리 눈엔 이런 가난하고 척박한 동네에서 어린이들이 컴퓨터와 인터넷을 접하고 즐겨 사용할 수 있다는 사실이 인상 깊게 다가왔다.

호드리구 바지우를 만난 건 리우데자네이루 CDI 본부에 있는 그의 집무실에서였다. 당시 서른일곱 살이던 젊은 기업가 호드리구는 너무 바빠서 우리가 파벨라를 견학할 때 직접 동행하지는 못했다. 하지만 집무실에서 인터뷰할 때는 충분히 시간을 내주었다. 요즘 언론에 많이 오르내리고, 각처에서 문의와 제안이 쇄도하는 사회적 기업가라는 점을 감안한다면 우리가 얻은 이 시간이 결코 당연한 것은 아니었다.

우리가 도착하자 바지우는 본부 입구에 나와 직접 우리를 자신의 사무실로 안내했다. CDI 네트워크의 '두뇌'답게 그 방은 온갖 표창과 상장으로 도배돼 있다. 호드리구 바지우는 "나는 미래를 전제하고 현재를 봅니다. 그리고 이 현재에서 행동을 취합니다"라고 말했다. 하지만 그의 과거 역시 어땠는지 궁금했다. 그의 말을 들어보자.

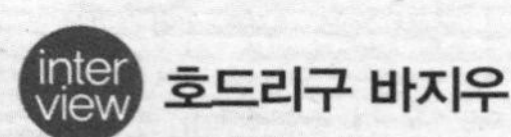

"정보기술은 가난한 청년들의 삶을 돕는 도구가 될 수 있습니다"

어린 시절은 어땠나요?

"저는 37년 전 리우에서 태어났어요. 아버지는 컴퓨터업계에 계셨고 어머니는 학교 교사였어요. 우리집은 말하자면 중산층 가정이었죠. 내가 자란 지역은 부자들과 파벨라 쪽 가난한 사람들이 완전히 딱 붙어서 사는 환경이었어요. 내가 아는 리우는 강과 산과 해변과 정글이 공존하는 참 아름다운 도시예요. 하지만 음과 양의 차이가 너무나 극명한 데다 사회적 문제가 엄청난 곳이기도 하죠."

어렸을 때 누구의 영향을 받으셨나요?

"할아버지는 감리교 목사셨고 늘 가난한 사람들을 위해 일했죠. 그게 내 가치관을 형성했어요. 이를테면 인생에서 돈이 제일 중요한 게 아니라는 것 말이죠. 아버지 덕분에 대기업들과 컴퓨터 제조업체에 인맥이 닿았습니다. 그리고

> 정보기술은 오히려 문제를 다루기 위한 수단이에요. 그래서 우리 학교는 컴퓨터 학교에 국한되지 않고 지역공동체의 문제를 푸는 법을 가르치는 학교이기도 합니다. 우리 목표는 혁명을 일으키는 게 아니라 파벨라 주민들이 스스로 변화를 끌어오게 만드는 것, 그것입니다.

학교 교사인 어머니에게 받은 교육이 지금의 나를 만들었죠."

언제부터 거리 청소년들과 일했나요?

"열두 살 때 학교에서 강연을 들었는데, 강사님이 리우에서 처음으로 거리 청소년들을 대상으로 활동한 분이었어요. 그때 워낙 감동을 받아서 곧장 자원 활동을 지원했죠. 주로 나보다 나이 많은 청소년들과 만날 일이 많았어요. 생각해보면 그때가 내 인생에서 중요한 순간이었답니다. 자발적인 사회 참여에 내 마음과 열정을 쏟아붓기로 마음먹었으니까요. 거리 청소년들과 시간을 보내면서 인생에 대해 참 많이 배웠어요."

컴퓨터 전문가가 된 건 언제였습니까?

"비슷한 시기에 아버지가 처음으로 브라질에서 유통되는 제1세대 PC를 사주셨어요. 프로그래밍도 나 혼자 해야 했죠. 그때 테크놀로지가 나의 두 번째 관심사가 됐죠. 대학을 졸업하고 나서 IBM에 입사했고 나중에 액센츄어에서도 근무했어요. 그리고 얼마 안 가 독립해서 '바지우 테크놀로지'라는 회사를 세웠어요. 그때 난 스물셋이었는데 내 시간의 2백 퍼센트를 사업에 쏟아부었어요. 친구들은 아직도 부모님 집에서 신세를 지는 형편인데 나는 차도 사고, 배도 사고 아무튼 벼라별 것을 다 샀죠. 돈을 제대로 벌기 시작했던 겁니다. 그런데 하나도 행복하지가 않았어요. 10년 후 내 모습을 상상하면 분명 더 큰 부자는 되겠지만, 더 행복해지지도 더 충만하게 살지도 못할 거라는 생각이 들었어요."

그래서 CDI를 창설할 생각을 떠올렸나요?

"1993년 나에겐 꿈이 있었어요. 가난하지만 젊은 친구들이 자신들이 처한 현실을 논하며 해결책을 찾는 광경이 항상 머릿속에 있었죠. 그런데 그걸 컴퓨터를 활용해서 하면 얼마나 좋을까, 그게 내 바람이었습니다. 그래요, 내가 마틴 루터 킹은 아니지만 내게도 꿈이 있었고 그것을 내 인생의 비전으로 만들 만큼 그 꿈을 사랑했습니다.

그 꿈을 위해, 열두 살 이래 두 번째로 사회 참여활동을 시작했습니다. 컴퓨터 기증 캠페인을 벌여, 들어온 기계를 지역단체들에 다시 분배했는데, 남미에서 이런 캠페인이 벌어진 건 그때가 최초였습니다. 1994년 리우에서 제일 위험한 파벨라 출신 청년들을 모아서, 기증받은 컴퓨터를 청소년들에게 가르칠 교사로 양성하기 시작했습니다. 1995년에는 마약상과 범죄자들이 들끓는 우범지대에서 첫 번째 컴퓨터 학교를 열었어요. 개교식은 최대한 성대하게 치렀고 그에 따라 언론의 관심과 반응도 어마어마했죠. 자원 활동을 하겠다는 요청도 물밀듯 밀려들었어요. 마침내 우리는 컴퓨터 기증 캠페인을 활용해 정보기술 분야에서 최초의 비정부단체인 CDI를 창설하게 됐습니다."

이 모든 활동과 사업이 성공한 이유는 무엇인가요?

"학교 모델을 채택한 게 성공요인이었어요. 우리는 이 학교들을 지역단체와 손잡고 만들지만, 각 학교의 운영과 유지는 어디까지나 스스로 해나갑니다. 그런 운영방침도 또 다른 성공요인입니다. 학교가 다른 누구의 것이 아닌 그것을 운영하는 이들의 것이므로 위험한 주변 환경에서 더 열심히 지켜냅니다. 그래서인지 CDI 학교에서 컴퓨터를 도난당한 적이 한 번도 없습니다. 그렇다고 컴

퓨터만 가르치는 게 아니라 파벨라 안의 문제에 대해서도 토론합니다. 정보기술은 오히려 문제를 다루기 위한 수단이에요. 정보를 수집하고 전단을 작성해서 사람들에게 나눠주는 수단이 컴퓨터인 거죠. 그래서 우리 학교는 컴퓨터 학교에 국한되지 않고 지역공동체의 문제를 푸는 법을 가르치는 학교이기도 합니다. 우리 목표는 혁명을 일으키는 게 아니라 파벨라 주민들이 스스로 변화를 끌어오게 만드는 것, 그것입니다. 정보기술은 가난한 청년들의 삶을 돕는 도구가 될 수 있습니다."

바지우 씨에게 '성공'이란 어떤 의미입니까?

"스물아홉 살 이래 나는 꽉 찬 삶을 살아왔습니다. 난 내 일을 몹시 사랑하죠. 나에게 일은 정말, 정말 중요합니다. 지금까지 CDI는 상과 표창을 40번 넘게 받았습니다. 하지만 그런 것보다, 내가 수많은 청년들의 삶을 바꾸고 그를 통해 우리 사회까지 바꾼다는 사실이 나를 행복하게 합니다. 내가 하는 사회사업에 하루하루 시간을 투자하고 힘들게 땀 흘려 사회를 바꾸는 것, 이게 내 삶이에요. 사회적 기업가라는 직업은 기막히게 멋진 일입니다. 누구에게든 추천하고 싶을 만큼 말이죠. 행복해지는 가장 빠르고 확실한 방법이자, 동시에 세상을 더 나아지게 바꾸는 길이니까요."

모든 걸 처음부터 다시 해볼 기회가 주어진다면 무얼 바꾸고 싶으세요?

"아마 하나 정도는 다시 하고 싶을 거예요. 삶의 균형 잡기죠. 사회적 기업가로 일하면서 무한한 에너지를 쏟아 부었어요. 내 동료들 역시 우리 단체를 위해 인생 모두를 걸고, 건강과 가정까지 희생하죠. 그래서 다들 개인생활이 참 없어요. 만약 다시 다 해볼 기회가 있다면 더 균형 있는 삶을 살고 싶어요."

'사회적 기업가'는 어떤 사람이라고 보십니까?

"사회적 기업가는 돈을 벌겠다는 욕심은 없지만, 사회를 움직이고 바꾸기 위해 실제로 사업적 수단을 실천하고 지식과 전략을 응용하는 사람입니다. 그러니까 사회적 기업가는 열정으로 꿈을 좇는 사람이며, 비전에 대한 열의, 꿈, 아이디어를 가지고 이 꿈을 현실로 만들기 위해 삶 전부를 거는 사람이죠."

사회적 기업가에게 필요한 자질은 무엇일까요?

"사회적 기업가로 성공하려면 두 가지를 하나로 융화시켜야 합니다. 열정을 쏟아 부을 대상이 있어야 하고, 좋은 결과를 추구해야 합니다. 첫 번째를 위해서는 자기 일을 완성하려는 사명감과 열의가 필요하죠. 두 번째를 위해서는 항상 눈을 크게 뜨고 결과를 내 힘으로 통제하는 능력이 있어야 합니다."

이제 막 직업을 가지려는 젊은이들에게 충고하실 말씀이 있다면요?

"꿈을 갖는다는 건 참 중요해요. 하지만 꿈을 계속 기억하는 사람은 많지 않아요. 꿈을 믿고 이 꿈을 현실화하려 해야 합니다."

 좀 더 알 고 싶 으 세 요 ?

CDI

1995년 리우데자네이루의 사업가 호드리구 바지우는 '정보기술 민주화위원회'를 설립해, 브라질 도시 빈민가인 파벨라에서 '인권과 컴퓨터를 위한 학교'를 열기 시작했다. 파벨라 지역단체가 공간 하나를 제공하면 CDI는 각처에서 기증받은 컴퓨터를 설치하고 의식 있는 빈민가 젊은이들을 모집해 교사로 양성한다. 훈련받은 교사들은 가난하거나 소외받거나 글을 완전히 깨치지 못한 7~18세 사이의 청소년들을 모아, 최신 통신기술로 자신의 인권과 시민권을 알고 지키는 법을 가르친다. 처음 이 운동을 시작한 지 10여 년이 지난 현재 브라질 국내에 IT학교 800개소, 해외에 146개소, 기증받은 컴퓨터 5698대, 자원 활동가 1135명, 교사 1892명, 국내외의 학생 60여만 명이 CDI를 함께 움직인다.

● 홈페이지	www.cdi.org.br 트위터 @ongCDI
● 위치	브라질, 리우데자네이루
● 활동가 현황	브라질 전역에서 활동 중인 상근 활동가 75명, 자원 활동가 1천여 명.
● 도움이 필요한 일	웹디자인, 웹 2.0 컨셉구축과 실행, 비디오 및 라디오 기술, 저널리즘 등. 자원 활동가는 학사학위를 마칠 예정이거나 그와 비슷한 수준의 학업 수료 예정자 이상이어야 함.
● 숙박 및 식사	리우데자네이루 내 호텔이나 호스텔. 발령분야에 따라 다른 도시에서 근무할 가능성도 있다.
● 사용 언어	영어, 포르투갈어, 스페인어
● 이메일	info@cdi.org.br

브라질 — 헤나세르 Renascer

빈민가 중증질환 아동 구호

Jan 얀의 이야기

보건의료 체계의 '부활'

많은 사람에게 리우데자네이루는 모래사장, 밤늦도록 계속되는 브라질 삼바, 독한 카이피링야Caipirinha 칵테일, 팡데아수카르Pão de Açúcar 산(일명 '설탕산')에서 내려다본 화려한 전망 등으로 대변된다. 물론 우리도 이런 리우를 접하긴 했지만, 정작 우리를 감동케 한 건 사회적 기업가들과의 만남이었다.

베라 코르데이루Vera Cordeiro도 그중 하나다. 그녀가 세운 '헤나세르'는 극빈계층 중증 소아환자들을 고통과 죽음에서 지켜내고 있는 단체다. 베라 코르데이루는 특유의 넘치는 에너지로 우리 마음을 끌었고 동시에 깊은 감명을 주었다. 그녀를 본 순간, 그녀가 발산하는 인생의 활력과 기쁨이 우리에게 흘러들어오는 것 같았다.

베라 코르데이루, '가진 자'에서 마더 테레사로 ____ 베라는 1950년 리우데자네이루 근교의 작은 도시에서 태어났다. 아버지는 종업원 4천 명을 거느린 중기업 사장이었고 그 덕분에 남부럽지 않은 부유한 환경에서 부족한 것 없이 먹고 쓰고 살았다. 반면 주변 환경은 비참하리만큼 가난했다. 당시 어린아이였던 베라도 자신이 누리는 풍족함이 일종의 특혜라는 걸 알았다. 조금 더 자란 다음 근처에 진학할 학교가 없어서 리우의 친척 아주머니 댁에 살면서 엘리트들이 다니는 사립학교에 입학했다. "아주머니는 코파카바나 인근 부촌에 사는 작가였고 아저씨는 외과의사였습니다." 베라는 그 시절을 회상하며 말했다. 그런 만큼 예술가와 지식인들이 그 집에 무수히 드나들었고, 손님들은 밤늦도록 토론하고 철학을 논했다. 이런 환경 덕분에 베라는 전혀 다른 두 세계에서 배울 수 있는 최고의 것들을 십대에 경험했다. 베라가 다닌 학교는 돈 있는 집안 자녀들만 다니는 곳이었고, 베라가 사는 동네는 리우 최고의 부촌이었으며, 그녀 역시 아버지를 따라 골프를 즐겼다.

그런데 대학에서 의과를 선택한 뒤로 모든 것이 달라졌다. 브라질 최고수준의 공립대학에 입학하는 과정부터가 무척 어려웠기 때문이다. 입학한 뒤에도 아침부터 밤까지 오직 공부만 했고 다행히 성적도 늘 상위

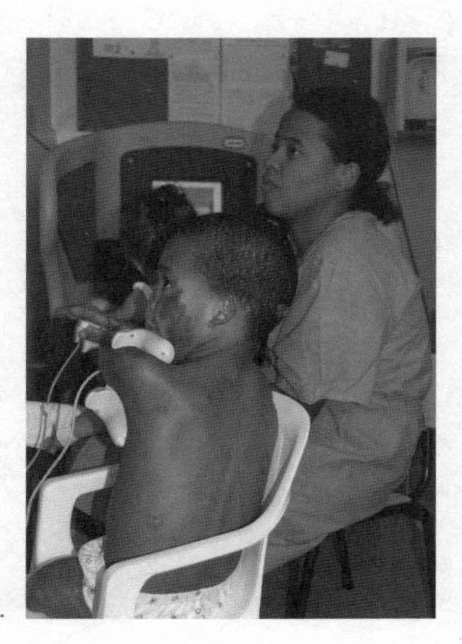

헤나세르 센터에 있는 병원에서.

헤나세르가 판매하는 '치킹요' 인형의 마케팅 계획에 대해 함께 이야기를 나누며.

권이었다. 그런데 하나도 기쁘지 않았다. 처음부터 자기가 '좋은 외과의사'가 되려는 생각이 없다는 것도 알았다. "시체를 놓고 자르고 가르게 시켰는데 정말 내가 할 게 아니었어요." 지금도 그 얘기를 하면서 고개를 절레절레 흔든다. "그보단 질병에 걸린 '사람들'에 더 관심이 갔어요." 말 그대로 베라는 '왜' 이 환자가 심장마비를 앓는지 그게 더 궁금했다. 결국 의과 대학을 다니는 내내 베라는 '참 불행했다'고 한다.

극빈층 중증 어린이환자를 위한 구원

그러나 아버지의 압박과 완고한 교육관 때문에 베라는 대학생활을 견뎠고 결국 학업을 마쳤다. 심지어 리우의 공공 병원에서 의사로 근무하기 시작했다. 하지만 일을 하다 보니 브라질의 공공 보건의료 체계가 얼마나 궁지에 몰려 있는지 절실히 깨닫게 됐다. 의료서비스 하나하나가 모두 개혁과 개선을 필요로 했고 구태의연한 방식에 갇혀 있었다. 지금 당장 응급처치와 치료가 필요한 환자조차 긴긴 대기시간을 견뎌야 했다.

도움을 필요로 하는 가족들을 교육하고 지원하는 헤나세르 센터.

빨리 치료를 받지 못해 병에 쓰러지고 상해에 목숨을 빼앗기는 환자들이 흔했다. 더욱이 치료를 받는다 해도 병의 원인은 철저히 무시되었고, 겉으로 드러난 증상만 겨우 다루는 게 최선이었다. 당연히 환자는 똑같은 병 때문에 되풀이해서 병원을 찾았다. 특히 면역력이 약한 어린이들은 만성질환에 시달리는 경우가 잦았고, 빈민 지역 내 생활여건 탓에 병이 악화되는 일이 많았다.

베라는 이런 문제에서 눈을 감고 싶지도 않았고, 감을 수도 없었다. 1991년 베라는 새로운 사업을 시작했다. 한참 지나 이 사업에 '부활', '재생'이라는 뜻의 '헤나세르'라는 이름도 붙였다. 병원 안, 자신이 근무해왔던 작은 방에서 그대로 일을 시작한 베라는 파벨라의 아픈 아이들에게 집중했고, 이 아이들을 '통합적'으로 치료했다. 즉 아픈 아이들을 그냥 진료만 하는 게 아니라, 환자 가족 전체의 생활을 다방면으로 도와줌으로써 아이들이 매번 같은 병에 걸려 고통 받지 않게 생활환경과 여건을 총체적으로 개선하는 방식이었다.

 헤나세르 대상은 비슷한 질환 증상을 반복해서 나타내고, 그 증상이 생활여건에서 기인한 것으로 판단되는 열네 살 이하의 소아환자들이다. '라구아Lagoa 병원' 의사가 이 조건에 해당하는 소아환자를 발견하면, 헤나세르가 일종의 지원자 면담을 실시하고 환자의 생활환경을 조사하기 위해 가정방문도 한다. 이런 일련의 조사에는 가구 평균수입이라든지, 주변에 환경 개선을 도와줄 만한 사람이 있는지, 현 상황을 바꿀 의지가 정말 있는지를 파악하는 것도 포함된다.

지원대상으로 선정되면 약 2년간의 지원 프로그램이 실행된다. 그전에 프로그램을 다섯 가지 영역에 걸쳐 설계한다.

1. 가족 전체의 건강 관리
2. 꾸준하고 안정적인 수입 증대
3. 성장 세대 교육
4. 사회 체계로의 편입과 융화
5. 주거환경과 여건 개선

특히 마지막 항목은 반복되는 만성질환의 원인인 경우가 많다. 비위생적이고 습기 많고 환기가 잘 안 되는 생활공간, 음식 조리와 쓰레기 소각 등으로 생겨난 유해가스와 연기, 하수정화 시스템 부재 등이 가장 많이 발견되는 악조건이다.

헤나세르와 협력관계에 있는 기업들도 선정된 가정을 실질적으로 돕는다. 주거공간을 리모델링하고, 상비의약품을 제공한다. 헤나세르는 그 외에도 대부분 실직 상태인 환아의 어머니들에게 미용기술을 비롯한 직업훈련을 실시해서 스스로 수입을 올리도록 뒷받침한다. 지원받는 가정은 한 달에 한 번 각 병원의 헤나세르 센터를 방문해 그간 있었던 변화를 보고하고 약품과 특정 영양식 등을 타 간다. 그런 과정에서 필요한 경우엔 처음 계획한 조치를 일부 수정하거나 보완하기도 한다.

모든 것을 기록한 데이터베이스 ____ 환자와 가족이 헤나세르에 왔다 갈 때마다 환자의 건강 상태, 소득수준 그리고 헤나세르가 상황 개선을 위해 투입한 자원과 조치 등을 모두 기록한 데이터베이스가 업데이트된다. 헤나세르가 이런 식으로 업데이트하는 자료만도 한 달 평균 천 개가 넘어, 방대한 데이터가 축적됐다. 이 시스템으로 어떤 서비스와 지원을 통해 어떤 결과가 있었는지 추적하는 것도 가능할 정도다. 헤나세르는 브라질 국내외 대기업들과의 협력을 통한 기증, 기부뿐 아니라 모금음악회 같은 특별 행사로도 재정을 마련한다. 또한 '치킹요Chiquinho'라는 브랜드를 만들어, 선물용 소품을 만들어 판매하고 그 수익은 헤나세르 활동에 보탠다.

이런 모든 시스템을 개발하고 구축하는 데 도움을 준 회사는 컨설팅 업체인 맥킨지다. 맥킨지는 여러 해 동안 무료로 꼭 필요한 자문을 제공해왔다고 한다.

우리가 방문한 때를 기준으로 헤나세르의 도움을 받은 사람은 1만 명이 넘었다. 또 자매 단체 열네 군데가 생겨서 그를 통해서도 많은 사람들이 비슷한 혜택을 받고 있다. 헤나세르 한 단체가 한 달에 지출하는 지원금만 해도 5만 3천 달러다. 이 금액으로 230개 가구가 생활 개선 보조를 받는다. 한 가구당 평균 2년 후원을 받는다고 치면, 이 기간 동안 총 약 5600달러어치의 물품과 서비스가 주어지는 셈이다.

헤나세르에는 직원이 40명 근무하며, 시간제로 봉사하는 자원 활동가가 160명이나 된다.

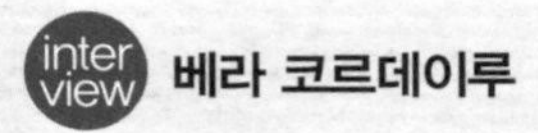

베라 코르데이루

“어린이처럼 순수하고 투명하게”

선생님께 ‘성공’이란 어떤 의미입니까?

“철학자 융의 견해를 빌어 말한다면, 성공했다는 건 겸손하면서도 조심스러운 것을 말합니다. 물론 우리는 누구나 안에 빛을 지니고 있고, 겸손과 겸허함을 적당히 조절하면 그것을 남에게 드러내 보일 수 있습니다. 언론에 나를 공개했을 당시, 사실 내가 나를 과시하고 뽐내는 데 열을 올리지 않을까 좀 걱정했어요. 리더가 자기과시욕이 강하면, 좋지 않은 사람들이 그 주변에 몰리게 되거든요. 그래서 중용을 지키는 게 무척 중요합니다. 겸손하게 자신의 광채를 드러내고 창의성을 발휘하는 리더가 되어야 해요. 만델라도 이렇게 말했습니다. ‘당신의 내면에 있는 빛을 드러내 보이라. 그럼 자기 스스로를 걱정하지 않아도 되고 많은 이들에게 수많은 문을 열어줄 수 있으리라.’”

일 때문에 희생해야 했던 일이 있다면요?

“내 손녀 가브리엘라Gabriela와 보내는 시간이 더 많았으면 해요. 하지만 지금도 충분히 행복합니다. 나는 개인만의 행복이 있다고는 믿지 않아요. 내가 행복하려면, 주변을 둘러보고 남들이 짊어지는 고통을 보고, 도우려고 애써야 합니다. 그래야 진정 행복해지죠. 나는 세상 모든 생명과 영혼에 연결되어 있고 그들의 한 부분입니다. 브라질에 살든, 독일에 살든 ‘개인’의 평화란 있을 수 없죠.

> “내가 아는 사회적 기업가는, 한 번도 자신의 어린 시절과 끈을 놓지 않은 사람들이에요. 난 이제 쉰여섯인데 아직도 내가 아이라는 생각이 들어요. 나는 걸어 다니고 이메일을 쓰면서 마음속에 기쁨이 샘솟는 걸 느껴요. 그렇게 주변을 끌어당기는 힘이 있어야 나를 위해 사람들이 일을 해줍니다.”

아, 그리고 난 파티에 가는 걸 몹시 싫어해요. 거기서 사람을 만나는 일은 진짜가 아니거든요. 그래도 난 파티에 가요. 헤나세르에 기부해달라고 부탁해야 하니까요. 이것도 내겐 큰 희생이라면 희생입니다.”

‘사회적 기업가’란 어떤 사람이라고 보십니까?

“완전히 내 개인적인 정의라서 이론적으로는 앞뒤가 안 맞을지 모르지만, 영적 차원에서 말할게요. 내가 아는 사회적 기업가는, 한 번도 자신의 어린 시절과 끈을 놓지 않은 사람들이에요. 난 이제 쉰여섯인데 아직도 내가 아이라는 생각이 들어요. 쾌활하고 기쁜 마음 없이는 살 수가 없고요. 나는 걸어 다니고 이메일을 쓰면서 마음속에 기쁨이 샘솟는 걸 느껴요. 아마 다른 사회적 기업가들도 나 같지 않을까 싶어요. 그렇게 주변을 끌어당기는 힘이 있어야 나를 위해 사람들이 일을 해줍니다. 하지만 그것도 남들이 내 말과 내 삶이 일치한다는 걸 자연스럽게 실감해야 가능한 일입니다. 나 스스로가 아이처럼 투명하고 순수해야 하는 겁니다.”

사회에 막 나가는 젊은 친구들에게 해줄 말씀이 있다면요?

“우리와 함께 일합시다! 전 세계 모든 사회에서 당신을 필요로 합니다. 당신의 심장, 당신의 머리, 당신의 몸, 당신의 영혼이 절실합니다. 나는 우리가 사는 이 별이 너무나 걱정됩니다. 기후는 날로 나빠지고, 서서히 한계가 보입니다. 내 손녀 가브리엘라가 나보다 훨씬 더 끔찍한 세상에서 살게 될까 봐 너무 두렵습니다.

인류의 미래는 바로 여러분의 손에 달렸습니다. 여러분은 앞으로 50년, 60년은 더 살 겁니다. 어쩌면 100살까지 장수하는 게 유별난 일이 아니게 될지도 모르죠. 그러니 좀 더 지혜롭게 삽시다. 자기 혼자만 잘살려고 하지 말고 남들도 보살펴가며 사세요. 혼자만 행복하게 잘사는 건 처음부터 가능하지도 않습니다.

대대적인 청년운동을 일으키세요! 나는 더는 청년이 아니라서 못합니다. 여러분처럼 교육도 잘 받고 많은 것을 누리며 자란 세대는, 많은 것을 다시 베풀 줄 알아야 합니다. 그것은 우주의 섭리입니다. 내가 딱 그런 경우예요. 나야말로 사랑도 많이 받고, 배경도 좋고 교육도 잘 받았죠. 그런데 여러분도 그렇잖아요!

나는 젊어서 환경운동과 여성운동을 직접 체험했어요. 이제 한시 바삐 지구 곳곳, 모든 문화권에서 청년운동을 일으킬 때입니다. 도구와 방법은 얼마든지 있습니다. 인터넷, 신기술, 지성, 교육, 따뜻한 심장을 가진 당신들이 세상 곳곳에 있습니다. 우리가 씨앗을 땅에 심었으니, 그것을 키우고 보호하는 것은 여러분 손에 달렸습니다.

사회적 기업가가 되는 것은 행복해지는 더없이 좋은 기회입니다. 결코 지루할 틈이 없고, 그리 힘든 일도 아니에요. 거기서 여러분은 자신을 발견할 뿐만 아니라 진정한 가족을 만나게 될 겁니다."

헤나세르 Renascer

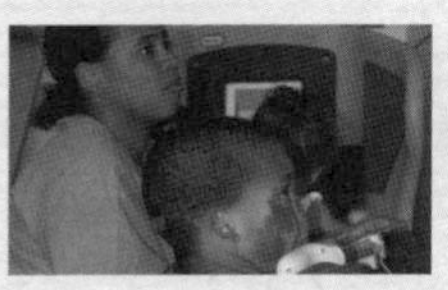

1991년 리우의 의사였던 베라 코르데이루는, 생활여건 때문에 항상 같은 병에 걸려 병원을 찾는 소아 환자들을 장기적으로 치유할 수 있게 돕는다는 취지로 총체적 치료개념을 개발했다. 라구아 병원 의사가 그런 케이스에 있는 소아환자를 선별하면, 헤나세르에서 해당 가족과 사전면담을 진행한다. 가족구성원들이 생활여건 개선 프로그램에 적극적으로 동참할 의사를 보이면 약 2년간의 지원 프로그램을 설계하여 실행에 들어간다. 크게 건강 관리, 소득, 교육, 사회적 융합, 주거환경 여건 개선을 기준으로 하며, 세부사항은 각 상황에 맞게 조절한다.

● 홈페이지	www.renascer.org
● 위치	브라질, 리우데자네이루
● 활동가 현황	상근 활동가 37명, 자국인 자원 활동가 110여 명, 외국인 자원 활동가 3명.
● 도움이 필요한 일	그래픽 디자인, IT, 다양한 형식과 종류의 통번역, 해당 분야마다 사전경험 필수.
● 숙박 및 식사	리우데자네이루 내 본부 사무실과 라구아 병원 근처 호텔이나 호스텔.
● 사용 언어	영어, 포르투갈어, 스페인어
● 이메일	홈페이지 내 'contact'를 통해 발송 가능

브라질 — 코파 호카 Coopa Roca

파벨라 호싱야에 있는 고급 패션 매장

Tim 팀의 이야기

디자인 파벨라를 가다

리우데자네이루 남쪽에 남미 최대의 파벨라(빈민촌)인 호싱야Rocinha가 있다. 주민 18만 명 중 대부분은 브라질 북동부의 건조지대에서 이주해온 사람들이며 아프리카계 가구가 특히 주를 이룬다. 또한 그중 대다수가 실업 상태고 극히 일부만이 '백인'들과 비슷한 소득을 올린다. 굳어진 편견 때문에 이들을 바라보는 시선도 곱지 않다. 그래서 일반 노동시장에 발을 붙이기가 무척이나 힘들다. 워낙 실업이 기정사실처럼 되다 보니 파벨라마다 암시장이 극성이고 폭력도 난무한다. 마약, 조직폭력배, 살인, 강도 사건은 하루가 멀다 하고 벌어지는 일상이 됐다.

테체 레알, 억압받는 이들의 미술 선생님 ___ 마리아 테레사 레알Maria Teresa Leal은 '테체Tetê'라는 애칭으로 불린다. 테체는 이곳 상태에 대해 단도직입적으로 말한다. "가장 큰 문제는 폭력입니다. 우리는 거기 적응해야 하고, 그것과 공존하는 법을 배워야 합니다."

테체는 중산층 가정에서 자란 덕분에 그에 따른 특권을 누리고 살았다. "언니가 어린이와 청소년이 다니는 미술학교를 운영했어요. 그 덕분에 자연스레 미술을 접하고 공부할 기회가 있었죠." 또한 언니 덕분에 테체는 일찍부터 예술가와 지식인들을 가까이 보면서 자랐는데 우연찮게도 이들은 '민중예술'에 각별한 가치를 두는 사람들이었다. 테체의 아버지는 군의관이었는데, 매주 토요일마다 리우의 파벨라를 돌며 무료진료를 다니셨다. 아버지는 그런 봉사활동을 시작한 첫 세대였다고 한다. 교사였던 어머니는 테체가 되도록 많이 공부해서 사회의 모든 면을 이해할 수 있도록 후원을 아끼지 않았다. 테체는 사회학을 전공했고, '억압받는 이들의 교육학'을 주창한 저명한 학자 파울루 프레이리Paulo Freire의 이론에 매료되었다. 테체는 대학을 마치고 초등학교에서 교편을 잡았다. 파벨라의 생활환경을 잘 알았지만 직접 더 많은 것을 자세히 알고 싶었다. 테체는 부모님 집 가정부를 따라서 그곳에서 멀지 않은 파벨라 호싱야를 처음으로 가봤다.

"내 모토는, 내가 가진 관념만 믿지 말고, 나와 그들 사이의 현실을 이을 끈을 만드는 거였습니다." 파벨라의 여성들을 찾아간 이유를 테체는 이렇게 설명했다.

막상 가서 그곳 여성들을 만나보니, 예외 없이 수작업에 능한 것이 눈에 띄었다. 당연한 일인지도 몰랐다. 그들 대부분이 떠나온 브라질 동북부는, 바로 수작업이 문화와 정체성의 중요한 부분을 차지하는 고장이기 때문이다.

소외받고 차별받던 그곳 여성들은, 테체가 미술과목을 가르치는 선생님이라는 걸 알자 자기 아이들을 가르쳐달라고 부탁했다. 이윽고 테체도 아버지처럼 매주 토요일 파벨라에 나와 수업을 했고, 점점 더 많은 여성들을 만났다.

"그러던 어느 날 다섯 사람이 절 찾아와서, 다 같이 뭔가 수작업을 하면 어떻겠냐고 제안했어요." 테체가 설명했다. 그 여자들은 담요, 양탄자, 베개를 만드는 법을 훤히 꿰뚫는 사람들이었고, 부자동네에서 살아온 미술선생은 그 기술을 어떻게 이용하면 좋을지 잘 알았다. 1987년 테체는 그들과 함께 '코파 호카'라는 협동조합을 세웠다.

협동조합 코파 호카 : 호싱야의 패션을 전 세계에 팔다

사업아이디어는 단순했지만 획기적이었다. 협동조합에는 유명한 패션브랜드의 디자인을 살짝 바꾸거나 새로 제작하는 일이 주어진다. 디자인이 결정되고 주문이 들어오면 조합원들은 집에서 각자 주문받은 수량대로

옥상에서 내려다본 파벨라 호싱야의 광경.

옷을 만들어온다. 박람회나 패션쇼에서 모델들이 입고 나오는 유명 디자이너의 옷 중에도 코파 호카가 지난 수십 년간 손수 제작해서 유명세에 일조한 작품이 다수 있다. 디자이너와 유명 패션브랜드들은 적은 수량을 주문하면서도 파벨라를 통해 싼 값에 제작을 해결하고, 동시에 협동조합이 추구하는 사회적인 취지를 후원하는 의미도 있어 매우 긍정적인 반응을 보인다. 코파 호카는 적게는 18세에서 많게는 65세인 여성들로 구성되며, 대부분 집에서 일을 한다. 코파 호카에 가입하기 전 이들의 수입은 거의 없었다. 지금은 주문량에 따라 한 달에 100달러에서 300달러를 번다. 파벨라에서는 괜찮은 수입에 속한다. 급여는 시간당 계산하지 않고 제작하는 의류 한 장당 계산해서 받는다.

일부는 하루 열 시간씩 일하기도 하지만 잠깐씩 짬을 내어 일하는 조합원들도 있다. 코파 호카가 디자인하고 제작하는 패션브랜드는 M.Officer, Osklen, Paul Smith, Ungaro, Cacharel 등이다. 주문이 떨어지는 일은 없다. 그런데 이처럼 대단한 성공을 거두고도 코파 호카 여성조합원들은 더 거창한 계획을 품었다. 이들은 더 넓은 시장에 다가갈 계획이며 더 수준 높은 요구에 기꺼이 응할 수 있는 준비를 갖추는 중이다.

세계시장을 향해 ____ 코파 호카는 유럽과 미국에서도 이름이 알려졌다. 리우데자네이루의 파벨라 호싱야에서 탄생한 패션이라는 점에서 독특한 존재감이 생긴 것이다. 그와 더불어 조합원 수는 날로 늘어나고 있다. 처음 8명에서 2000년에는 16명, 지금은 100명이 넘는 여성이 가입했다. 물론 각자 주문량과 성격이 다르기 때문에 모두 전일제로 근무하는 건 아니다. 각자 형편과 능력에 맞게 다른 일이 분배된다. 가장 실력이 좋은 이들은 테체와 함께 정기적으로 새 디자인을 의논하고 여러 가지 모델을 테스트해본다. 그런 일은 때로 몇 시간씩 걸리기 때문에 녹초가 될 때도 많다. 조합을 더 키우기 위해 큰 부지를 사들이기도 했다.

테체에겐 계획이 있다. 호싱야 여성들의 삶을 지속적으로 개선하고 그들의 자신감을 강하고 튼튼하게 만들고 싶다. 여성들이 특히 일감을 갖고 가서 집에서 일하기 때문에, 굳이 아이들이나 집안일을 등한시하지 않고도 부가소득을 올려 가계에 보탬을 줄 수 있다. 브라질에는 여전히 남편과 아내 사이에 전통적인 역할 분담이 지배적인 분위기다. 코파 호카는 여기에 대안을 제시하는 구실도 톡톡히 해낸다. 무엇보다도 브라질 사회 빈곤계층의 소득을 개선한 경험과 지식이 타 지역이나 다른 분야에도 전파되고 확대되는 것이 테체의 바람이다.

파벨라 호싱야의 '빛' ___ 우리는 약간 불안한 심정으로 파벨라에 들어섰다. 워낙 이곳의 강력범죄나 마약전쟁에 대해 들은 바가 많아서였다. 하지만 테체는 그런 우리를 안심시켰다. 일단 요즘은 모두 잠잠하다는 것이 첫 번째 이유였고, 두 번째 이유는 그녀가 직접 우리를 데리고 다닐 테니 그보다 더 안전한 대비책은 없다는 거였다.

파벨라는 실제로 괜찮은 상태인 듯했다. 집집마다 전기시설이 갖춰졌고 상·하수도도 잘 설치됐다. '전통적인' 빈민가를 예상하고 이곳에 오는 사람은 '기분 좋은 실망'을 하게 될지도 모른다.

테체와 함께 우리 셋은 좁은 골목 한 곳으로 들어갔다. 바로 몇 미터 앞에 협동조합 입구가 보인다. 마침 여러 여성조합원들이 앉아 오늘 내

테체는 리우데자네이루 최대의 빈민가인 파벨라 호싱야에서 여성들이 집에서 일하며 소득을 올릴 수 있도록 돕는다.

로 정해야 할 중요한 패턴을 가지고 한창 작업 중이다. 디자인이 완성되면 고객에게 보내고, 이것은 다시 제작 팀에게 넘겨질 것이다. 조합원들이 일하는 모습이 무척 진지하고 전문가다운 냄새가 물씬 났다. 테체는 어떤 패턴을 어떤 식으로 디자인하고 재봉할지 결정을 내리는 사람이다. 당연히 패턴에 문제가 있으면 그 책임도 져야 한다. 그래서인지 작업자들에게 깐깐하고 엄격하게 계속 새 패턴을 만들어내도록 요구했다. 조합원들과 이야기를 나눠보니, 자신들의 일과 능력, 지금껏 국내외 시장에서 이룬 성과 등을 얼마나 자랑스러워하는지 훤히 보였다. 이어 테체와의 인터뷰에서 그 놀라운 성공에 대해 직접 들어보았다.

interview 마리아 테레사 레알

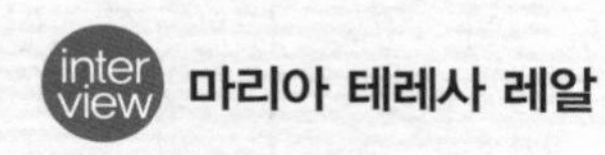

코파 호카가 이룬 막대한 성공을 어떤 식으로 설명할 수 있을까요?

"나는 한시도 쉬지 않고 우리 조합원들이 만든 상품을 어떻게 하면 더 잘, 더 효과적으로 시장에 내놓을 수 있을까를 고민합니다. 그래서인지 패션쇼에서 우리를 많이 초대했어요. 베를린의 '세계 문화의 집'에서 열리는 패션쇼에도 매년 초청받았구요. 굉장한 경험이었고 우리는 항상 가지고 간 작품을 죄다 팔고 왔어요. 사람들이 너무 많이 와서 행사장 문을 걸어잠가야 할 정도였어요. 독일에서 돌아오니까, 대형 백화점 한 곳에서 우리 옷을 판매할 기회를 주더라구요."

> “내가 늘 분명히 해두고 싶었던 건, 우리는 적선이 아니라 정정당당한 교환을 원한다는 점이었어요. 상대방에게도 좋아야 하고, 코파 호카 조합원에게도 좋아야 하죠. 적선은 누군가 상대를 깔보고 내려다볼 때 하는 행동이잖아요. 우리에게 그런 자선은 필요 없어요.”

테체 씨 개인이 생각하는 ‘성공’은 어디서 느껴집니까?

“내가 다른 이들을 변하게 한 것, 그리고 경제적인 성공이겠죠. 다만 내가 늘 분명히 해두고 싶었던 건, 우리는 적선이 아니라 정정당당한 교환을 원한다는 점이었어요. 상대방에게도 좋아야 하고, 코파 호카 조합원에게도 좋아야 하죠. 적선은 누군가 상대를 깔보고 내려다볼 때 하는 행동이잖아요. 상대가 아무것도 가진 게 없는, 아무런 재능도, 힘도, 자활을 도모할 그 어떤 것도 없는 사람인 양 대하는 거죠. 우리 디자이너와 작업자들에게 그런 자선은 필요 없어요. 지금 우리는 이베이Ebay를 통해서도 제품을 판매한답니다.”

일 때문에 희생해야 했던 것이 있나요?

“희생이요? 퍽 종교적인데요? 이 일에 몸과 마음이 묶인 다음부터 참 많은 것을 배웠어요. 희생은 고통을 수반하잖아요. 물론 처음엔 정말 힘겹고 고생스러웠어요. 하지만 종교에서 말하는 그런 막중한 느낌이 아니에요. 가치관이 바뀌고 삶이 바뀌고 세계를 보는 눈이 바뀌니까요.”

그런 정신의 변화를 어떻게 이룰 수 있죠?

“내 생각엔 사람은 누구나 자기 스스로 혁명을 거쳐야 한다고 봐요. 그래야 무언가 변화가 생기죠. 우리가 사는 이 시스템도 그래요. 이 정신 나간 세계, 어마어마한 쓰레기 산, 더러워진 물을 생각해보세요. 일자리도 없이 사는 사람들은 또 어떤가요? 지금처럼 이런 식으로 계속 살다가는 우리가 어디로 가겠어요? 지금 우리가 세상을 어떻게 만들어 버린 거죠? 우리는 대체 어떻게 살고 있나요? 누구든 세상을 바꿀 수 있어요. 그 시작은 한 사람의 선택이며, 개인의 결정입니다. 그렇지 않나요?"

남미를 향한 마지막 눈길 ____ 남미를 떠나며 항공기 차창 밖으로 시선을 돌리자 상파울루의 고층빌딩들이 눈에 들어왔다. 마지막 본 것이 하필 삭막한 도시를 상징하는 건축물이지만 이 순간만큼은 내가 애착을 갖게 된 대륙의 얼굴로 남았다. 리우데자네이루의 파벨라에서 만난 아이들의 웃음 소리가 아직도 내 마음속을 잔잔히 울린다. 지평선 저 끝자락에서 안데스 산맥의 윤곽을 어렴풋이 본 듯한 기분이 들기도 한다.

우리가 이곳 중남미에서 만난 모든 사회적 기업가는 나를 부쩍 자라게 했다. 마티와 얀도 남미 대륙에 마음을 두고 떠나는 듯 표정에 서운함이 가득하다. 여기 있으면서 틈날 때마다 아시아 대륙과 다른 점을 찾았지만, 실제로는 비슷한 면을 훨씬 더 자주 경험했다.

하지만 남미는 사무치게 아름다운 면면과 함께 수없이 많은 문제를 안은 땅이다. 안데스 산맥이 이루는 큰 굴곡마냥 대부분의 나라에서 빈자와 부자 사이의 격차가 너무나 심각하다. 그저 길 하나를 사이에 두고 전혀 다른 두 세계가 얼굴을 맞대고 있는 경우도 허다하다. 그러나 그 두 세계는 하나가 되어야 한다.

남미를 떠나는 마음은 한없이 섭섭하다. 어느새 눈가가 촉촉이 젖어들었다. 하지만 앞으로 가게 될 남아공과 서아프리카에 대한 기대와 설렘으로 곧 가슴이 부풀었다. 또 다른 만남을 향해 우리는 창공을 날았다.

좀 더 알고 싶으세요?

코파 호카 Coopa Roca

1987년 마리아 테레사 레알은 리우의 가장 큰 파벨라에서 코파 호카를 창립했다. 그리고 이곳을 세계시장에 도전하는 최고의 패션디자이너의 산실로 탈바꿈시켰다. 코파 호카의 여성조합원들은 유명 패션브랜드의 주문에 따라 디자인을 변경 · 개선하거나 새로 도안하고, 결정된 시안대로 소량 생산한다. 이렇게 제작된 옷들은 박람회나 패션쇼에서 패션모델들이 대중에게 선보이는 작품이 된다. 코파 호카의 공헌으로 많은 브랜드가 수많은 작품을 세계적으로 알리기도 했다. 코파 호카 조합원들은 18세에서 65세의 여성들로, 대다수가 집에서 일을 한다. 이들은 코파 호카 가입 전에는 소득이 거의 없었으나, 지금은 달마다 주문 상황에 따라 100~300달러의 수입을 올린다.

● 홈페이지	www.coopa-roca.rj.gov.br
● 위치	브라질, 리우데자네이루
● 활동가 현황	상근 활동가 5명, 시간제 활동가 2명, 현재 자원 활동가는 없다.
● 도움이 필요한 일	패션디자이너와 패션업계와의 연결 주선 환영.
● 숙박 및 식사	리우데자네이루에는 서비스와 가격대별로 다양한 호텔과 호스텔 등이 무척 많으며, 요금도 비교적 싼 편이다. 검은콩과 쌀로 요리한 '아로스 콘 페이자스Arroz con feijas'가 대표적인 요리이며 즉석에서 짠 열대 과일주스가 잘 어울린다.
● 사용 언어	영어, 포르투갈어
● 이메일	coopa-roca@coopa-roca.org.br

〈오세아니움 Océanium〉
세네갈, 다카르

〈아자 AJA〉
말리, 바마코

〈송타바 Songtaaba〉
부르키나파소, 와가두구

〈암포 AMPO〉
부르키나파소, 와가두구

PART____ 05

아프리카

AFRIKA

〈하트비트 Heartbeat〉
남아프리카공화국, 프리토리아

〈톱시 Topsy〉
남아프리카공화국, 요하네스버그

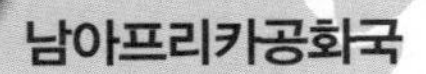

남아프리카공화국의 고아 아동들

Tim 팀의 이야기

아프리카가 우리를 기다린다

유럽과 이웃한 대륙, 아프리카는 책과 신문 잡지, 텔레비전 방송과 영화에서나 보아온 곳이었다. 우리 귀에는 늘 아프리카에 관련된 끔찍한 소식만 들려온다. '검은 대륙' 아프리카는 천문학적인 국가부채, 에이즈, 부패 정권, 빈곤, 기아, 폭력의 대명사다. 그러나 내 머릿속엔 스웨덴 작가 헤닝 만켈Henning Mankell이 묘사한 아름답고 활력 넘치는 아프리카 사람들의 이미지도 들어 있다(《불의 비밀: 아프리카에서 보낸 편지》(아침이슬) 참고 - 옮긴이). 아울러 갖은 질병과 종족 학살에 맞서 싸우는 그들의 고달픈 삶 역시 아프리카라는 이름에 겹쳐 떠오른다. 이 모든 부정적인 이미지를 씻어내기에 6주라는 시간이 그다지 충분하진 않겠지만, 아프리카의 참모습을 보고 조금이라도 내 시각을 바꿀 수 있길 희망한다.

우리는 지구를 한 바퀴 돌아 다시 독일과 같은 시간대로 진입했다. 남미를 떠나 딱 여덟 시간 비행하고 나니, 이른 아침 요하네스버그 공항에 착륙했다. 요하네스버그Johannesburg는 남아공의 경제중심지인 대도시다. 이곳에서의 첫 번째 일정까지 남은 시간은 세 시간, 그중 두 시간은

프리토리아 근교 타운십에서 지역공동체가 이끄는 에이즈 고아 복지 센터를 방문하다.

눈알이 튀어나오게 비싼 택시 대신 다른 교통수단이 없나 찾아보는 데 허비했다. 안타깝게도 대안은 없다. 결국 마티가 수많은 택시기사 중 한 사람과 끈질기게 흥정한 끝에 납득 가능한 요금으로 합의하는 데 성공했다. 조금 지쳤지만 다행히 늦지 않게 ARD(독일 제1공영방송) 남아공 지국 라디오 스튜디오에 도착했다. 독일 현지 방송에서 우리를 인터뷰하기로 했기 때문이다. 하지만 독일 방송본부와 실시간 전송 문제가 해결이 안 되는 바람에 아쉽지만 인터뷰를 미루기로 했다.

다시 서둘러 택시를 잡아탔다. 이번엔 남아공의 행정수도인 프리토리아Pretoria로 가야 한다. 한 시간 뒤 시민단체 '하트비트'의 젊은 창립자 수네트 피에나르Sunette Pienaar 박사를 만나기로 했기 때문이다.

하트비트 직원들은 우리가 도착하자 향기로운 커피 한 잔으로 환대해 준다. 덕분에 노곤했던 몸에 활력이 솟는다. 잠시 뒤 수네트 피에나르와 마주하자 그녀가 내뿜는 엄청난 에너지에 우리 셋 다 몸과 마음이 환해지는 기분이었다. 원래 좀 있다 캐나다로 출장을 떠나야하는데 우리와 만나기로 한 약속 때문에 일부러 사무실에 나왔다고 한다. 그녀의 대답은 빠르고 시원시원하지만 심사숙고해서 나온 말들이다. 이토록 젊은 35세의 여성이 겨우 5년 만에 하트비트를 지금처럼 키워놓았다는 게 믿어지지가 않는다. 하트비트가 현재 돌보는 남아공의 에이즈에 감염된 고아는 5천 명이 넘는다. 하트비트는 그들에게 최소한의 기초적인 생존수단을 마련해주는 한편, 어린이로서 아니 최소한 인간으로서 누려야 할 권리를 스스로 인식하도록 돕는다. 이 운동을 어떻게 시작하게 됐는지 수네트 피에나르의 말을 들어보았다.

interview 수네트 피에나르

"그들 입장에서 그건 그냥 흑인들의 문제였답니다"

어린 시절은 어땠습니까?

"내가 자란 세상은 참 희한한 곳이었어요. 이른바 '백인들의 나라'였죠. 흑인이 이 땅에 산다는 것 자체도 몰랐으니까요. 그냥, '아 그래, 흙집에서 사는 흑인들이 아주 조금 있다더라' 이 정도로만 생각했어요. 역사 시간에도 그런 식으로 배웠거든요. 그런데 대학에 다니기 시작하면서, 처음으로 이 나라에 흑인이 '아주 조금'이 아니라 인구 다섯 중 넷이나 된다는 사실을 알았어요. 정말 어마어마한 충격이었죠. 나는 말하자면 아파르트헤이트Apartheid(인종차별정책)의 특혜를 누린 세대였던 거예요. 우리나라 안에 있는 또 하나의 '제1세계'에 살면서 하고 싶은 거 하고 갖고 싶은 거 가지며 원 없이 누리고 살았던 겁니다."

> 인구의 79퍼센트가 공공 서비스를 전혀 접하지 못한다는 것도 알게 됐어요. 그리고 우리나라 에이즈 고아만도 2백만 명에 가까워진 걸 알았죠! 그런데 교회 입장에서 그건 그냥 흑인들의 문제였어요. 그때 교회를 나와서 스스로 무언가 해야겠다고 생각했어요.

자라면서 가장 영향을 많이 받은 사람은요?

"교회에 목사님이 계셨는데, 그분이 꼿꼿이 서서 설교하는 게 무척 멋있게 보였어요. 그래서 나도 신학을 공부해야겠다고 결심했죠. 그래서 교회의 어떤 분에게 들뜬 마음으로 결심을 얘기했더니, 딱 잘라 이렇게 말하는 거예요. '여자는 신학을 못 한다.' 태어나서 처음으로 세상에 내가 못하는 것도 있다는 걸 안 순간이었어요. 하는 수 없이 법학과에 갔죠. 그런데 법은 정말 내 일이 아니더라고요. 얼마 안 가 법학을 그만두고, 반대를 무릅쓰고 신학을 시작했죠. 학교를 마치고 목사가 되어 교회에 들어갔는데 남자는 1200명이고 여자는 저 하나뿐이었어요. 내 인생에서 처음으로, 다르다는 것, 그리고 다르기 때문에 목소리도 낼 수 없고 권리도 없다는 게 뭔지 배운 시간이었죠."

다른 사람을 위해 일할 생각을 그때 한 겁니까?

"꼭 그렇진 않아요. 본격적인 계기는 내 남동생과 관련된 일이었어요. 아파르트헤이트가 한창이던 때 남동생은 경찰관이었어요. 정말 폭력이 난무하던 시절이었죠. 동생이 옷에 피를 묻히고 오는 날도 많았답니다. 우리집은 흑인 거주 지역인 타운십Township 가까이였는데 사람들이 창문에 돌을 던지고 난리도 아니었어요. 그때 사람들이 실제로 우리를 안 죽인 게 신기할 정도였지요.

그때가 1994년이었는데, 그 참에 나도 우리나라 역사를 제대로 공부하기 시작했죠. 그러면서 인구의 79퍼센트가 공공 서비스를 전혀 접하지 못한다는

아이들과 함께 있는 수네트 피에나르.

것도 알게 됐어요. 보건의료, 의약품, 일자리 모두요. 그러고 나서 에이즈에 대해 조사했는데, 우리나라에 감염자가 4백만 명이고 에이즈 고아만도 2005년에 벌써 2백만 명에 가까워진 걸 알았죠!

나는 이 문제에 대해 교회가 어떤 방도를 강구하고 있는지 궁금했어요. 그런데 교회는 아무 관심이 없었어요. 교회 입장에서 그건 그냥 흑인들의 문제였어요. 그때 교회를 나와서 스스로 무언가 해야겠다고 생각했어요. 정말이지 무슨 행동이든 취해야 했어요."

단체를 설립할 생각은 어떻게 하셨죠?

"처음엔 대학교 쪽 사람들이나 고아 문제를 조금이라도 아는 사람들은 죄다 찾아다녔죠. 사람들과 일일이 얘기해보고 궁금한 걸 물어보고 다니다 보니까 단체를 만들어야겠다는 생각이 들더군요. 그러다 한 시민단체가 저한테 타운십 내 HIV에 감염된 부모들을 대상으로 진행되는 사업이 있다고 알려줬어요. 그러면서 거기 엄청난 수의 고아가 있는데, 그 애들을 어떻게 해야 할지 모르겠다는 말을 덧붙이더군요. 그게 1999년이었어요. 내 생애 처음으로 타운십에 발을 들여놓았습니다. 그리고 거기서 본 것들 때문에 완전히 경악했고, 망연자실해졌죠."

수네트의 말대로 현재 상황은 정말 처참하다. 부모가 에이즈에 걸려 사망하면 아이들은 그야말로 천애 고아로 남겨진다. 친척들도 너무 가난하거나 본인들도 감염된 상태라 도와줄 능력이 없다. 자동으로 맏이가 동생들의 생계를 책임지는데, 이 아이들 역시 대부분 제대로 된 학교 교육이나 직업훈련을 받지 않은 데다 이 모든 것이 아이에겐 지나친 부담이다. 당연히 소년소녀 가장이 인간적인 생활을 꾸려나갈 가능성은 제로에 가깝다. 그런 상황에서 남아공의 어린 고아들은 다시 어쩔 수 없이 HIV 감염을 감수하고 극단의 생활방식을 택한다. 무서운 악순환이다. 유엔에이즈계획(UNAIDS)은 2010년 남아공 에이즈 고아 수는 230만 정도가 된다고 추산한다.

하트비트 : 에이즈 고아들의 희망

수네트 피에나르는 이런 악순환을 멈추기 위해, 아니 조금이라도 속도를 늦추기 위해 2000년 하트비트를 창립했다. 하트비트는 특히 에이즈 감염 비율이 높은 지역에 복지·교육 센터를 세우고 지역공동체 스스로가 운영을 맡게 한다. 지역 내의 자원 활동가들이 자활 원칙하에 센터 활동을 하고, 구체적으로 고아 가정마다 물, 전기, 등교에 필요한 물품, 생활보조금 등을 지원한다.

최근에는 해당 지역공동체가 사회적인 변화를 거쳐 자체적으로 위기에 처한 어린이들의 권익을 보호하도록 독려한다. 이 사업은 아동권익, 지역공동체 참여, 지속가능한 발전, 파트너십 이렇게 네 가지 원칙을 주축으로 한다.

또한 하트비트는 남아공 내 17개 지역공동체 안에서 '하트비트 모델'을 전수할 단체를 선정해 이들을 최장 24개월간 훈련하고 멘토링하는 등 적극적으로 에이즈 고아 돕기 사업을 확장해나가고 있다.

단체와 조직 ____ 17개 지역 센터에서 일하는 활동가는 총 120여 명, 이들을 설립 초기부터 물심양면으로 돕는 자원 활동가는 누적인원이 8백여 명이나 된다.

지역공동체와 고아, 하트비트를 잇는 접점은 이른바 '공동체개발촉진자(Community Development Facilitator - CDF)'라는 전문가다. 공동체개발촉진자는 그 지역 출신이며 하트비트에 소속된 정규직 활동가로, 지역 모임 운영, 방과 후 교실 센터(After School Center - AFC) 운영, 에이즈 고아 조사 및 선별 등을 담당한다.

지역 모임에서는 해당 지역 자원 활동가들이 모여서 아이들의 생활여건을 개선하기 위해 공동활동을 펼친다. 동시에 하트비트는 방과 후 교실을 열어 고아들이 하교 후 여가를 활용하고 여러 가지 공부를 할 공간을 제공한다. 자원 활동가들은 이곳에서 아이들의 숙제를 봐주고 학업에서 뒤떨어지는 부분 등을 지도한다. 여기서 아이들은 교과서나 교복 등 필요한 물품도 지원받고 식사도 한 끼 제공받는다.

공동체개발촉진자는 위험에 처한 아이들을 선별할 때 다음 세 가지 기준을 활용한다.

1. 소년소녀가장이 있는 가구
2. 조부모 가정
3. 부모가 감염된 잠재 고아가정

이 기준에 해당되는 어린이는 공동체개발촉진자의 정기적인 가정방문을 통한 지원을 받으며, 특정 요일마다 '방과 후 교실'에 올 것을 권고받는다. 하트비트는 남아공 전역으로 확산되는 모델을 안정적으로 운영하기 위해 여러 수입원에서 자금을 조달한다. 기업과 일반 대중을 대상으로 기부와 기증을 강력하게 호소하고 끌어모으는 한편, 빵이나 과자 같은 제품을 판매하거나 전 세계를 대상으로 국제후원 프로그램을 펼치기도 한다.

하트비트 운영 수준은 재정, 조직, 소통, 마케팅, 인사 등 모든 것을 총괄해볼 때 남아공의 여타 사기업들 못지않게 매우 전문적이고 훌륭하다고 판단된다. 하트비트의 의사소통 전문가 마르차 네틀링Marcha Neethling을 따라 넬마피우스Nellmapius 타운십에 있는 지역 센터를 가보니 더욱 그런 느낌이 든다. 수네트는 우리에게 이렇게 표현했다.

"여러분이 3년 전에 어떻게 우리가 이토록 놀라운 성과를 얻었냐고 물었다면, 난 아마 우리 활동가들의 열정과 책임감을 꼽았을 거예요. 지금은 다릅니다. 이제 우리는 그것을 넘어, 수준 높은 운영을 기본으로 합니다."

이쯤 되니, 수네트 피에나르가 10년 안에 5만 명의 어린이를 직접 돕겠다고 말한 목표가 공연한 공명심이나 과장된 수치가 아님을 깨달았다. 더욱이 그녀가 덧붙여 말한 먼 미래의 예측도 허언이 아닐 것이라 기대한다.

"나는 50년 뒤에는 단 한 명의 에이즈 고아도 이 땅에 없기를 꿈꿉니다."

? 좀 더 알고 싶으세요?

프리토리아의 범죄율은 가히 살인적이다. 이곳에 가기 전에 반드시 신중하게 고려할 것을 권하며 단단한 준비와 책임의식은 필수다.

하트비트 Heartbeat

남아공 에이즈 사망자 수가 높아지면서, 의지할 사람 없이 홀홀단신 생존을 위해 싸워야 하는 고아들도 급격히 늘어난다. 유엔에이즈계획은 2010년 남아공 에이즈 고아를 230만으로 추산했다. 하트비트는 감염율이 높은 지역에서 복지 · 교육 센터를 개설하고, 지역 출신 자원 활동가들이 자활 원칙하에 물, 전기, 등교 물품, 생활보조금 등을 고아가정에 지원한다. 하트비트는 현재 에이즈 고아 5천여 명이 최소한의 생계를 유지하고 스스로의 권익을 인식하고 되찾도록 적극적으로 후원하고 있다.

● 홈페이지	www.heartbeat.org.za
● 위치	남아프리카공화국, 프리토리아
● 활동가 현황	상근 활동가 172명, 자원 활동가 1명.
● 도움이 필요한 일	지역 현장에서의 전반적인 실무활동, 미술 및 수공예, 웹디자인, 웹사이트관리, 그 밖의 IT 관련 능력.
● 숙박 및 식사	민박 혹은 호스텔. 지역 현지에서의 경비 일부는 프로젝트에 따라 지원 가능, 남아공 대표 요리로 브라이Braai(야외에서 그릴에 굽는 바비큐)가 있다.
● 사용 언어	영어
● 이메일	info@heartbeat.org.za

남아프리카공화국 —— 톱시 Topsy

빈민촌의 에이즈 환자를 위한 긴급구호

Jan 얀의 이야기

"희망을 주세요, 조안나"

앞장에서 말했듯, 남아공에는 HIV 감염자 수가 엄청나고 사망자와 에이즈 고아 숫자만도 각각 수백만이다. 더구나 흑인인구 밀집지역인 타운십의 빈곤과 처참한 삶, 개선 가능성 부재도 심각한 상황이다.

이런 끔찍한 상황을 수네트 피에나르와 다른 방식으로 조금이나마 개선하려고 노력하는 사람들이 있다. 바로 '톱시'를 이끄는 실리아 엘레나Silja Elena와 듀크 카우프만Duke Kaufman이다.

실리아 엘레나, 듀크 카우프만 : 삶을 바꾼 순간들 ____ 독일인 가정에서 태어난 실리아 엘레나는 요하네스버그에서 나고 자랐다. 그녀가 얘기하는 어린 시절은 철저히 보호된 세계 속에서 보낸 시간이었다. 아파르트헤이트의 폭풍이 휩쓸던 시기였지만 실리아는 거의 그런 일이 있는지도 모르고 살았다. 대학에 들어가서 비로소 자세히 알게 됐을 때, 이 나라가 사실은 전혀 다른 얼굴을 가졌다는 걸 깨닫고 경악했다. 엄청난 에이즈 감염률, 타운십의 비참한 삶도 처음으로 접했다. 뭔가 행동해

톱시 유치원의 원아들과 함께.

서 이것을 바꿔야 한다고, 지금까지 덮어둔 문제를 해결하기 위해 움직여야 한다고 느꼈다. 하지만 방법을 몰랐다.

듀크 카우프만은 보수적인 중산층 가정에서 태어났다. 어린 시절은 평화로웠고 학교 교육도 충분히 받았다. 대학 시절 런던으로 유학을 갔는데 거기서 전 세계 작은 구호단체들을 후원하는 재단 설립자를 만나 친해졌다. 그를 자신의 멘토로 삼은 듀크는 그에게서 많은 자극을 받고 감화되었다. 그리고 다시 아프리카로 돌아왔을 때 눈을 가린 막이 떨어진 것처럼, 그 전에는 못 보고 지나쳤던 사람들의 고통이 그의 마음을 쿡쿡 찔렀다.

물론 거기엔 본인의 '커밍아웃'도 한몫을 했다. 숨겨온 크나큰 비밀을 드러내어 자신이 동성애자임을 주변에 알린 것이다. 그 순간부터 '다르다'는 것이 무엇을 의미하는지 뼛속 깊이 느껴야 했다. "다르다는 것, 그러니까 흑인이거나 동성애자라는 게 우리 사회에서는 전혀 용납되지 않거든요"라고 말하는 그의 표정에서 아픔이 묻어난다. 그 무렵 아파르트헤이트 정권을 몰아내는 대대적인 해방운동이 불붙었다.

"우리 동성애자들도 이 운동에 동참했어요. 물론 우리가 요구하는 해

실리아 엘레나.

방과 자유는 조금 다른 것이었지만요." 카우프만의 말이다. 동성애자들은 다른 사회구성원들보다 좀 더 일찍, 에이즈가 단지 흑인들만의 문제가 아니라는 것을 알았던 것이다.

듀크 카우프만은 이렇게 사회를 위해 직접 나서서 일하기로 마음먹었다. 여기에 런던의 멘토 또한 듀크가 손수 단체를 꾸리도록 재정적으로 지원해줬다.

실리아 엘레나와 듀크 카우프만은 서로 우연히 알게 되어 함께 톱시 재단을 설립하고, '절대 약자'를 위해 일하기로 했다. 에이즈 고아들을 위한 재단이 설립된 것이다.

톱시 – 빈곤에 맞서는 지역 운동

톱시 재단은 2000년 출범했다. 설립 초기에는 요하네스버그 인근의 버려진 폐광 부지를 사들이는데 주력했다. 요하네스버그는 1988년 에디 그랜트Eddy Grant가 남아공의 인종차별정책에 반대하여 부른 〈Gimme hope, Jo'anna(희망을 주세요, 조안나)〉라는 히트곡으로 유명해진 남아공 최대의 도시다.

실리아와 듀크가 뿌린 희망의 씨앗은 폐광촌의 낡은 건물에서 자라나기 시작했다. 여기서 첫 보육원도 생겼다. 그 뒤 수 년이 지난 지금 84명의 활동가가 일하는 큰 단체로 거듭났지만 아직도 이 보육원은 재단의 핵심사업이며, 에이즈로 부모를 잃은 34명의 어린이와 청소년이 사는 보금자리다. 아이들은 여기서 18세까지 살면서 자립생활을 준비한다. 에이즈에 걸린 일부 아이들도 적절한 의료 처치를 받기 때문에 타인에게 감염시킬 위험이 거의 백 퍼센트 차단된다.

같은 건물 안에는 형편이 어려운 부모들이 아이를 마음 놓고 맡길 수 있는 어린이집도 있다. 탁아에 드는 보육료는 부모 수입에 따라 차등 부과한다. 이곳에서 어린이 120명이 양질의 식사를 제공받고 여러 가지 활동을 함께 하며 부모님이 데리러 올 때까지 시간을 보낸다.

Gimme hope, Jo'anna _*Eddy Grant*

Well Jo'anna[1] she runs a country
조안나 그녀는 나라를 움직여.

She runs in Durban and Transvaal[2]
그녀는 더반과 트랜스발에서 움직여.

She makes a few of her people happy
그녀는 그녀 수하의 몇몇 사람만 행복하게 하고

She doesn't care about the rest at all
나머지 대다수는 안중에도 없지.

She's got a system they call apartheid
그녀는 아파르트헤이트라는 시스템을 가졌어.

It keeps a brother in a subjection
그건 우리 형제를 계속 복종하게 만들었지.

---

1) Jo'anna는 요하네스버그Johannesburg를 의미한다.
2) 남아공의 주요 도시 및 지역.

But maybe pressure will make Jo'anna see
그러나 (우리의) 압박은 조안나가 보도록 만들 거야,

how everybody could live as one
어떻게 우리 모두가 하나가 되어 살 수 있을지.

(후렴) Gimme hope, Jo'anna, hope Jo'anna
희망을 주세요, 조안나, 희망을, 조안나

Gimme hope, Jo'anna, for the morning comes
희망을 주세요, 조안나, 아침이 올 수 있도록

Gimme hope, Jo'anna, hope Jo'anna
희망을 주세요, 조안나, 희망을, 조안나

Hope before the morning comes
희망을, 아침이 오기 전에

I hear she makes all the golden money
그녀는 금화를 끌어모은대.

to buy new weapons in any shape of guns
닥치는 대로 새 무기를 사들이려고.

while every mother in black Soweto[3] fears
그 사이 검은 소웨토에 사는 모든 엄마가

the killing of another son
또 다른 자기 자식이 죽을까 두려워하지.

Sneaking across all the neighbors borders[4]
(그녀는) 우리 주위에 조용히 다가와

now and again having a little fun
종종 재미를 즐기지.

She doesn't care if the fun games she play
그녀는 그녀가 즐기는 오락과 놀이가

---

3) 요하네스버그의 한 타운십(흑인 거주 지역).
4) 아파르트헤이트 군대를 의미한다.

is dangerous for everyone
우리 모두에게 위험한지 어떤지는 신경도 안 써.

〔후렴〕

She's got supporters in high up places
저 높은 곳에 그녀를 돕는 지원자들이 있지
who turn their heads to the city sun[5)]
선 시티로만 고개를 돌리는 사람들.
Jo'anna give them the fancy money
조안나는 그들에게 많은 돈을 주지
to tempt anyone who'd come
(필요한) 누군가를 자기편으로 끌어들이도록.

She even knows how to swing opinion
그녀는 잡지와 매체의 여론을
in every magazine and the journals
몰아가는 법조차 알아.
For every bad move that this Jo'anna makes
조안나가 저지르는 그 모든 나쁜 행동을
they got a good explanation
그들은 그럴싸하게 포장해주지.

〔후렴〕

Even the preacher who works for Jesus
예수를 위해 일하는 목사와
the Archbishop[6)] who's a peaceful man
평화로운 성품의 대주교도 입을 모아 말하지.

---

5) 남아공의 고급 리조트 'Sun City'를 의미한다.
6) 데스몬드 투투Desmond Tutu 신부 – 남아공의 아파르트헤이트에 반대하여 1984년 노벨평화상 수상.

together say that the freedom fighters
자유를 위한 투쟁가들이

will overcome the very strong
그 강자들을 이겨낼 거라고.

I wanna know if you're blind Joanna
조안나 당신은 눈이 먼 건가?

If you wanna hear the sound of drums
(혁명의) 북소리를 듣길 원하는 건가?

Can't you see that the tide is turning
대세가 변하고 있음이 느껴지지 않아?

Don't make we wait till the morning comes
아침이 뜰 때까지 우리를 기다리게 하지 말아줘.

〔후렴〕

폐광에서 나와 빈민촌으로 ___ 톱시가 그 다음으로 주력하는 사업은 네 군데 타운십을 연계한 일종의 외부사업이다. 톱시는 타운십 네 군데에 거주하는 약 10만 명의 인구 중, 심각한 의료 문제나 사회적 문제를 겪는 가구를 선정해 각종 지원과 보조를 제공한다. 전문교육을 받은 후 이 일을 맡은 활동가 18명은 매일 타운십을 번갈아 오가며 문제를 조사하고 선별 작업을 벌인다. 매달 6천 명이 전문 활동가의 가정방문을 받고 설문에 응한다. 그 과정에서 가족 중 한 사람이 기본 의약품 하나가 없어 쩔쩔 매는 일이 있다거나, 원조 혹은 법적 구조를 긴급히 요하는 경우 등이 심심찮게 발견된다.

톱시는 최근 2, 3년 사이 자원절약형, 지역분산형으로 필요한 지원을 하는 쪽으로 방향을 틀어왔다. 그러나 긴급상황이 발생하면 본부 공간부터 피난처로 제공되도록 수칙을 정해두었다.

각처에서 기부받는 돈 말고도 직접 수작업으로 자금을 조달하기도 한다. 작업자 31명이 스티커 아트 상품을 꾸준히 제작해서 2005년에는 1만 유로 가량 이윤을 내기도 했다. 듀크는 이런 다양한 활동으로 사람들이 자립심과 책임감을 부쩍 키우게 됐다고 설명한다.

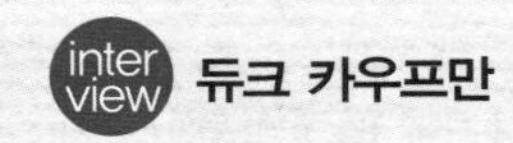

"이곳 사람 모두가 스스로 일합니다"

2000년 이후 어떤 것이 달라졌나요?

"맨 처음 우리 활동을 구상한 뒤로 참 많이 변했어요. 처음엔 여기 우리 센터에 대규모 복지시설을 지을 생각이었어요. 그런데 실현이 불가능했어요. 그래서 아이들이 자기가 익숙한 환경에 계속 살면서 보호받을 수 있게 각 가정을 방문하는 방식을 택했습니다. 우리 재단 의사, 사회복지사, 현장 실무자들이 직접 사람들을 찾아가는 거지요. 처음 생각했던 방식을 완전히 달리한 겁니다. 혹시 그런 방문과 지원이 전혀 불가능하고, 아주 먼 친척까지도 아예 없는 고아 아동인 경우 우리 센터에 입주하도록 해서 보호와 양육을 제공합니다."

자기책임 원칙은 어떤 식으로 생긴 거죠?

"맨 처음 나는, 어떻게 하면 사람들을 도울까 하는 생각에만 매몰되었습니다.

갓난아기와 유아를 닥치는 대로 구조하고 아이들을 죄다 시설에 데려다 놓았어요. 그러다 보니 일이 제대로 되지 않았고, 거기서 교훈을 얻은 거죠. 잘 되는 사업이란, 내가 이끄는 게 아니라 사업이 나를 이끄는 거예요.

활동가 문제도 있어요. 우리 재단은 활동가들에게 시간과 돈을 많이 투자해요. 수시로 교육과 연수를 하도록 권장하죠. 톱시의 이념은 누구든 스스로 알아서 일하는 걸 원칙으로 하거든요.

기부를 끌어내는 것도 참 큰 과제예요. 사실 이건 끊임없는 싸움이나 마찬가지예요. 사람들은 수건이나 전구를 보내는 일에는 선뜻 팔을 걷어붙이지만 활동가들 인건비 등 당장 필요한 경비를 직접 돈으로 후원하는 건 좋아하지 않아요."

톱시는 활동가들 덕분에 이처럼 성공한 건가요?

"이토록 참여의식 높고 책임감이 강한 활동가들이 없었다면 톱시도 없었을 겁니다. 이를테면 우리 여의사 한 분은 날개만 안 달렸지 천사나 마찬가지예요. 사회복지사 팀장은 또 어떻고요. 그렇게 훌륭한 사람은 아마 세상에 다시 없을 겁니다. 톱시의 활동가들은 몇 년째 거의 그대로입니다. 일도 흠잡을 데 없이 훌륭하게 잘 합니다. 우리 역시 활동가들을 신경 쓰고 지속적으로 그들을 위해

> “ 별로 희생한다는 느낌은 안 들어요. 밤에 자려고 누우면, 내가 대등한 동반자로서 많은 사람들의 인생에 영향을 끼친 것 같아 기분이 끝내주게 좋아져요. 이것은 그 무얼로도 살 수 없는 환희와 행복감이죠. ”

투자도 하고요.

아참, 실리아 얘기를 빼놓을 수 없죠. 실리아는 완벽한 사람이에요. 내일 실리아를 만날 거니까 미리 좀 알려드리죠. 실리아는 이탈리아와 독일 피가 반반이에요. 실리아랑 점심 먹으러 가면 이탈리아 기질이 나와요. 재미있고 말도 잘 통해요. 그런데 사무실에 딱 들어오자마자 독일 사람이 돼요. 한 치의 오차도 없이 착착 일을 해내죠. 그런 집중력은 처음 봐요. 나는 그런 거 못해요. 난 몽상가 쪽이죠. 실리아는 이 모든 성과를 이룬 장본인 중 하나예요.”

일을 위해 뭘 희생하셨어요?

“만약 보통 기업가처럼 살았다면 경제적으로 훨씬 형편이 나았겠죠. 하지만 톱시 덕분에 워낙 행복한 경험을 많이 해서 그런지 별로 희생한다는 느낌은 안 들어요. 밤에 자려고 누우면, 내가 대등한 동반자로서 많은 사람의 인생에 영향을 끼친 것 같아 기분이 끝내주게 좋아져요. 이것은 그 무얼로도 살 수 없는

톱시에는 자체 의상실도 있다.

주민들이 작은 텃밭을 가꿔 소득원으로 활용한다. 채소를 직접 거둬 먹을거리로 활용하고, 일부는 근처 시장에 내다 판다.

환희와 행복감이죠."

듀크 씨 개인에게 '성공'이란 어떤 의미죠?

"아직 난 성공은 못한 것 같아요. 그래도 내게 성공이 어떤 의미인지 말해보라면, 만족한 상태, 세상을 있는 모습 그대로 보는 것, 생활여건이 좋지 않은 사람들에 대해 눈감지 않는 것. 이런 거겠죠. 방금 말한 것 모두 많은 이 사람이 배워야 하는 교훈이라고 생각해요. 특히 남아공에서는 더욱 그렇고요. 아직도 저기 밖에는 먹을 게 없는 사람, 한뎃잠 자는 사람이 널렸어요. 하지만 소위 잘사는 남아공 사람들은 그런 걸 모르고 살아요."

모든 걸 처음부터 다시 할 기회가 온다면 어떤 것을 바꾸고 싶으세요?

"아, 정말 바꾸고 싶은 게 많아요. 할 수만 있다면 정부의 태도부터 바꾸고 싶어요. 그리고 사람들이 더 많이 기부하게끔 만들 거예요. 우리 재단이든 다른 단체든 상관없이요. 지금까지 돈을 쫓아다닌 걸 생각하면 참 끔찍해요. 이젠 아주 기부금 모으는 전문가들이 다 됐다니까요. 3년 전에 모금 전문가를 고용하기도 했어요. 지금도 다시 그런 인력을 영입했고요. 동시에 어떻게든 많은 물품을 후원받으려고 안간힘을 쓴답니다."

사회적 기업가로 성공하려면 어떤 성품을 갖춰야 할까요?

"보통 사업가와 같아요. 당신이 파는 상품을 신뢰하고 온 몸과 마음을 바쳐 일해야 해요. 앞서도 말했지만, 일이 되어가면서 저절로 당신이 거기 끌려가게 놔두세요. 그 밖에 끈기와 인내심도 많이 필요하겠죠."

함석집에서 만난 노부인 ____ 톱시가 타운십에서 하는 일도 보고 이곳의 생활상을 직접 확인도 할 겸, 한 아주머니가 혼자 사는 오두막을 찾아갔다. 아주머니는 자기 인생얘기도 해주시고 이렇게 사는 게 얼마나 힘든지 가끔 푸념도 하셨다. 그러면서 톱시의 지역 실무자가 때마다 찾아와 필요한 게 뭔지 확인하고 꾸준히 도와준다고 했다.

조그만 함석집에서 아주머니를 만난 일은 우리에게 참 특별한 기억으로 남았다. 거센 바람이 우르릉 탕탕 함석으로 된 벽을 때리고 간다. 아무리 오두막이라지만 넓이가 겨우 8제곱미터밖에 안 된다. 의자, 탁자, 침대, 그리고 벽에 걸린 몇 가지 가재도구가 집 안에 든 전부다. 그래도 아주머니의 웃는 표정이나 덤덤한 말투를 보니, 아직 이분에게서 희망과 용기가 떠나지 않은 것 같다. 오두막 옆 기름진 흙에서는 싱싱하고 푸르른 상추며 채소 몇 가지가 쑥쑥 자라고 있다. 주변 이웃집들에도 이처럼 잘 가꾼 텃밭이 쉽게 눈에 띈다. 텃밭에서 먹을거리를 얻고 일부는 근처 시장에 내다 팔아 생계에 보탠다. 이것 역시 톱시가 장려하는 소득증진 프로그램의 일환이다. 아주머니는 이렇게 채소를 키워 새 종자를 얻어 모판을 만들기도 하고, 손바닥만 한 땅에서도 풍성한 수확을 일구는 요령을 배웠다고 한다.

듀크 카우프만이 품는 원대한 희망이 있다면, 에이즈가 빨리 정복되어서 남아공에 톱시 재단 같은 단체가 없어도 되는 날이 오는 거다. 우리도 이 희망에, 톱시가 앞으로 가야 할 머나먼 길에 행운과 크나큰 성공을 기원했다.

아름답지만 서글픈 인상을 안고서 우리는 남아공을 떠난다. 서아프리카의 다음 목적지를 향해. 그곳에서 마주칠 또 다른 문제들에 두 눈 크게 뜨고 귀를 활짝 열기 위해 우리는 또 한 번 모든 원기와 창의력, 열린 마음을 준비해야 한다.

톱시 재단의 주선으로 만나게 된 타운십의 한 아주머니.

톱시 Topsy

실리아 엘레나와 듀크 카우프만은 남아공에 톱시 재단을 세워 에이즈 탓에 생겨난 고달픈 현실을 완화하는 데 기여하고 있다. 폐광 부지를 사들여 아동 센터를 만들고 2007년 12월까지 18세 이하의 에이즈 고아들을 수용해 보육했다. 지금은 네 군데 타운십을 중심으로 한 현장 사업에 주력한다. 타운십 사업을 위해 전문적으로 교육받은 톱시 활동가들이 매일 주거 지역을 직접 방문해 현지 문제를 점검하고 해결책을 고민한다. 톱시가 매달 직접 가정방문해서 안위를 묻고 생활형편을 확인하는 주민 수는 약 6천 명이다. 조사 결과 구호가 필요한 곳에는 물자나 서비스가 조달된다.

● 홈페이지	www.topsy.org.za
● 위치	남아프리카공화국, 요하네스버그
● 활동가 현황	상근 및 비상근 활동가 88명. 국제 자원 활동가 프로그램은 2007년 12월 완료되었다.
● 사용 언어	영어
● 이메일	topsyfoundation@ogilvy.co.za

카리테 씨앗으로 만든 화장품

Matti 마티의 이야기

아프리카 한가운데로

가나의 수도 아크라Accra에 있는 공항을 빠져나가니 드디어 서아프리카다. 늦은 밤 이리저리 뛰어다니며 호텔방을 잡는 것이 우리의 첫 번째 과제였다. 우리는 여기서 일찌감치 아프리카식 생활방식을 배울 기회를 맞닥뜨렸다. 우리가 얻은 교훈은 '아프리카식 느긋함에 익숙해져라'다. 이 호텔 저 호텔을 전전할 때마다 하나같이 잠에 취한 채 옷도 제대로 걸치지 않고 문을 열어주는 직원 얼굴을 마주쳐야 했다. 게다가 막상 물어보면 이미 방은 모두 찼단다. 그래도 결국엔 고생 끝에 괜찮은 방을 얻었다. 비록 침대 두 개가 덩그러니 놓인 썰렁한 방이지만, 소파 좌석을 떼어 바닥에 까니 푹신한 침대가 금세 마련됐다. 새로 생긴 이 침대는 기꺼이 내가 차지하기로 했다.

아크라가 악취 가득하고 습한 공기에, 더러운 구정물과 매연 가득한 시궁창과 같다고 말하는 사람들이 가끔 있다. 하지만 그 말은 좀 틀렸다. 물론 우리가 마침 운 좋게 우기를 피해서 가기도 했지만. 다음 날 밖에 나갔을 때 도시 전체가 쾌적하고 차분하게 윤이 났고, 거리 곳곳에서 우리를 보고 살짝 웃어주는 사람들도 만났다. 그리고 얘기를 나눈 사람 치고 독일에 가고 싶지 않아 하거나 아니면 적어도 독일에서 온 사람을 싫어하는 이는 없었다. 딱 하루 아크라에 있었는데도 수많은 친구가 생겼다. 다만 가나 사람들의 극단적으로 느린 반응속도에는 익숙해지기 쉽지 않았다.

가나에서 첫 번째로 찾아갈 곳은 농촌 주민들을 위한 의료시설이다. 아크라에서 북동쪽으로 다섯 시간을 달려 후텔 헬스 센터Huttel Health Center에 도착했다.

후텔 헬스 센터 - 가나에 세워진 독일 병원 ____ 후텔은 이 보건소를 세운 독일인 설립자 이름이다. 몇 년 전부터 독일인 의사 마틴 에카르트Martin Eckardt가 운영을 맡고 있으며, 우리도 그를 통해 이곳 프로젝트를 접하고 방문도 하게 됐다. 후텔 보건소는 인근 마을 주민들에게 응급조치를 실시하고, 의약품을 교부하며 필요한 경우 가까이 있는 다른 병원으로 이송해주는 서비스를 제공한다. 이 보건소에서 가장 많이 접하는 케이스는 말라리아 감염이다. 우리가 찾아간 그 지난달에만 보건소에서 157명의 말라리아 감염환자를 치료했고 생명을 구하는 데 꼭 필요한 약품을 제공했다. 그 밖에도 뱀에 물린 사람, 어디가 찔리거나 베여서 온 사람도 있다. 보건소에서는 그런 사후 처치뿐 아니라, 말라리아 예방과 가족계획 교육도 실시한다.

미리 얘기를 들어서 알고 있긴 했지만, 마틴 에카르트 소장은 우리가 찾아간 당시 부재중이었다. 하지만 직원들이 성의 있게 보건소 활동과 운영 상황을 안내하고 궁금증을 풀어주었다.

그날 우리가 민박한 보건소 근처 가정은 친절하고 따뜻하게 멀리서

온 손님을 대접했다. 이 좋은 느낌과 경험은 다음 날 우리가 찾아갈 근처 다른 마을에서도 이어졌다.

두암포포의 '지혜로운' 여인 ___ 두암포포Duampopo 마을에 발을 들여놓고 막 첫 번째 흙집을 지났을 뿐인데 사방에서 우리를 쳐다보는 눈길이 느껴졌다. 몇몇 아이들이 겁 없이 다가와서 그 큰 눈으로 우리를 위아래로 훑어본다. 꼬마들에게 악수하려고 손을 내밀자 깜짝 놀라서 후다닥 몸을 뺀다. 그러다 꼬마 하나가 망설이는 듯하면서도 용감하게 성큼성큼 와서는 내 손을 마주 잡는다. 서먹했던 분위기가 깨졌다. 순식간에 아이들 십수 명이 달려들어 너도나도 내 손을 잡겠다고 난리다. 다

서아프리카 부르키나파소의 주된 문제는 가난이다. 국민 절반이 절대빈곤 수준의 삶을 산다. 와가두구 시내의 한 풍경.

얀이 조합에 소속된 아이들과 이야기를 나누고 있다.

들 '흰둥이 이방인'의 손을 한번 만져보고 싶은가 보다.

얼마 안 가 이번엔 어른들이 나섰다. 우리한테 마을을 한 바퀴 돌아보게 해주려는 참이다. 흙집 사이로 요리조리 누비며 마을 교회와 초등학교 있는 데까지 왔다. 어느새 우리를 둘러싼 아이들은 50명이 넘었다. 우리를 보고 깔깔 웃고 춤추고 뛰고 환호하고 야단법석이다. 이번 여행을 떠난 뒤로 이런 경험은 또 처음이고 새롭다.

땅거미가 지자 마을에서 제일 연로하신 할머니 댁에 초대받았다. 최고령자로서 마을 주민들에게 대단한 존경을 받는 할머니는 마을의 많은 일을 좌지우지하는 위치에 있는 것 같다. 하지만 마을 주민들의 보건 상태에 대해 이야기를 꺼내자, 할머니는 아무래도 이런 문제를 포함해 마을이 직면한 여러 과제에 대해 거의 하실 말씀이 없는 것 같았다. 당장 뭐가 시급한지 알아내는 것조차 할머니에겐 힘든 일로 보였다. 마을 원칙상 생존하는 최고령자가 마을 주민 전체를 이끌고 안녕을 책임지게 되어 있지만, 그것이 곧 생활여건을 개선하는 데는 별로 기여하지 못한다는 인상을 받았다.

하지만 그 느낌과 상관없이 마음씨 좋고 쾌활하기 그지없는 주민들과 귀여운 아이들이 내내 기억 속에 남았다. 이튿날 아침, 후텔 보건소를 떠나 부르키나파소로 이동했다.

부르키나파소 – 아래로, 더 아래로 ____ 버스 차창 밖에 보이는 광경만으로도 유엔 통계가 말하는 것이 무슨 뜻인지 어느 정도 이해가 된다. 부르키나파소Burkina Faso, 즉 '곧은 이들의 나라'. 예전엔 오버볼타Obervolta라고도 불린 이곳은 인간개발지수가 최하위 3위를 기록할 정도로 세계 최빈국으로 분류된다.

수도 와가두구Ouagadougou는 일부 도로만 아스팔트 포장이 됐고, 다른 곳은 다 공사하다 만 것 같은 상태다. 거리마다 쓰레기와 흙먼지 투성이다. 수많은 오토바이가 요란스레 부릉대며 검푸른 연기를 뿜고 지나간다. 길을 건널 땐 언제 어디서 오토바이와 엉키고 치일지 모르므로 상당히 조심해야 한다. 이슬람 사원에서 아침기도 시간을 알리는 무에진Muezzin(이슬람 사원에서 예배 시간을 알리는 사람 – 옮긴이)의 목소리가 우리에게 이 도시 깊숙이 들어오라고 손짓하는 듯하다. 지금부터 우리는 그 손짓에 응하려고 한다. 이 나라와 이곳 사람들을 더 자세히 알게 해줄 두 곳의 단체를 방문하러 가는 길이니까.

송타바 연합 : 여성들이 스스로 돈을 벌기 위해

부르키나파소 여성들의 삶 ____ 부르키나파소에서는 여성의 역할이 예나 지금이나, 특히 시골에서는 더, 엄격한 관습으로 묶여 있다. 이

송타바 여성조합을 견학하며 – 왼쪽에는 카리테 씨앗을 잘게 빻는 모습.

곳 여자들이 하는 일은 관습상 땔감을 마련하고 물을 길고 아이들을 돌보며 가족의 끼니를 준비하는 것으로 철저히 제한되어 있다.

여자들이 뭔가 이 역할에서 벗어나는 일을 하고 싶다면 반드시 남편에게 허락을 받아야 한다. 더욱이 돈을 버는 것은 마치 남자들의 독점 영역인 양 철저히 차단하기 때문에 여자들이 돈벌이에 나설 일은 거의 없다. 아주 특별한 경우에만 예외적으로 여자들이 자기 일을 할 기회가 생긴다. 이를테면 카리테Karite 나무 열매 씨를 가공해서 쉐어버터와 화장품을 만드는 일이다. 이렇게 만든 상품을 팔아서 수익을 내는 운동을 시작한 여성 단체를 만나보았다.

송타바 : 쉐어버터로 화장품을 ____ '송타바 연합'은 1992년 마르셀린 웨드라오고Marceline Ouedraogo가 창단한 여성 자치모임이다. 처음 여기 모인 여자들은 성역할 관습을 타파하여 남성에 의존하지 않고

●● 잘게 부순 카리테 씨앗을 돌 두 개를 써서 열심히 문지르면 기름기가 나는 점성 원료, 이른바 쉐어버터가 된다. 쉐어버터는 요리 기름이나 세제로 쓰인다. ●● 카리테 씨에서 나온 버터를 가공해서 하루 동안 굳히면 비누가 된다. 조합원들은 이 비누를 인근 마을 주민들에게 팔아 수입을 올린다.

홀로서기하며, 서로를 적극적으로 돕고자 모임을 결성했다. 회원들은 다 같이 읽고 쓰기를 배우는 한편 카리테 나무 열매 씨로 버터와 화장품을 만들어 소득을 올린다. 회원들이 만든 제품은 마을 주민들에게, 혹은 시내 슈퍼마켓과 회원들이 운영하는 작은 가게에서 판매된다. 현재 여덟 개 마을에서 총 천 명 넘는 조합원이 송타바에 소속돼 활동하고 있고, 최소 서른 명 이상인 여러 규모의 단위조합을 조직해, 공동으로 일하고 직접 돈을 버는 기쁨을 누린다.

각 단위조합에는 열 명에서 열다섯 명으로 조직한 작업반이 여럿 있다. 작업반끼리는 서로 일하는 시간도 다르게 관리하고 각기 맡은 제조 과정마다 일가견이 있는 전문조합원을 따로 두어 그의 지휘에 따라 최상의 품질을 유지하려 노력한다.

다행히 유럽을 비롯한 여러 국가의 고객들이 카리테 나무 제품을 점점 더 선호해서 송타바의 수익도 늘어나는 추세다. 최근 송타바 조합 전체의 생산량 중 60퍼센트를 사가는 나라는 프랑스다. 구매자 물색, 수주, 중개 등은 송타바를 통해 이뤄지지만, 상품가격은 생산한 조합원들이 직접 정한다. 자신들의 노동을 투입한 대가에 대한 정당한 요구를 하기 위해서다. 이렇듯 송타바는 각 단위조합이 자진해서 일하고 결정하며 그 결과에 대해 책임지는 자립 · 자결의 원칙을 고수한다.

송타바 연합이 하는 일은 각 단위 조합원 교육, 잠재 구매고객 발굴 및 연결, 세무 행정 및 각종 부기, 기계설비 및 작업시설 관리와 조달 등이다. 이런 각종 조달과 지원 외의 문제는 일체 각 단위조합에 일임한다. 지금의 왕성한 활동과 성과가 어떻게 시작됐는지 설립자 마르셀린 웨드라오고에게 들어봤다.

마르셀린 웨드라오고

"여성 해방은 이루어집니다"

어린 시절이 어땠는지 말씀 부탁드립니다.

"나는 1958년 부르키나파소의 아담한 마을에서 나고 자랐습니다. 부모님이 학교에도 보내주셨는데, 그건 지금도 그렇지만 그때는 더더욱 여자아이들에게 흔치 않은 일이었답니다. 나중에 대학에 진학해 경제학과 행정학을 전공했어요. 곧이어 결혼을 하고 국영 통신사에 들어가 일하기 시작했죠."

여성운동가가 되신 배경은 무엇인가요?

"학교 다닐 때부터 더 많은 여자애들이 학교에 다닐 수 있게 하는 게 소원이었어요. 당시엔 겨우 열두 살짜리 어린 소녀를 처음 보는 남편에게 '양도'하는 게 보통 관례였답니다. 그렇게 끌려간 아이는 고된 살림살이에 온갖 잡일을 혼자 해결해야 합니다. 반면 젊은 남편은 신나게 놀고먹으면서 학교도 다닙니다. 당장 두 삶이 성역할로 갈리는 것도 문제지만, 이 교육 부족 탓에 여성들이 나중에라도 자기만의 직업을 갖거나 경제적으로 자립하는 것은 거의 꿈도 못 꾼다는 점이 더 큰 문제입니다."

본인이 직접 여성단체를 세울 생각은 어떻게 하게 됐나요?

"대학을 졸업했는데도, 기혼자에다 아이도 있다 보니 통신사에서 하던 일을 결국 그만두게 됐어요. 하지만 어쨌든 내가 집 안에 있는 걸로만 만족하진 않을 거란 걸 스스로도 알고 있었죠. 내 손으로 돈을 벌고 싶었고, 남편에게 경제적으로 기대고 싶지 않았어요. 그래서 물이나 간소한 살림도구 등을 팔기 시작했죠. 그때도 다른 여성들이 지극히 제한된 역할에서 벗어나 자기가 하고픈 일을 하게 도와주는 일을 꼭 하고 싶었어요. 나랑 비슷한 상황에 있는 여자들이 너무나 많았던 거죠. 앞뒤 잴 것 없이 여성 모임을 만들어 매주 일요일 미사 끝나고 만나기로 했어요. 다 같이 회비도 걷어서 자금을 마련했어요. 그래야 회원들이 자기 일을 하려고 할 때 재정적으로 보탬을 줄 수 있으니까요."

모임에서 공부를 병행한 얘길 해주세요.

"처음 우리 모임은 열 사람으로 시작했는데 금방 서른 명이 됐어요. 나라에서 만든 문맹퇴치연구소가 있어서 거기서 수업을 받았죠. 우리 회원 대부분은 쓸 줄도 읽을 줄도 모르고 셈도 못했죠. 하지만 공부를 시작한 뒤 얼마 지나지 않아

> “보수적인 여성의 역할에서 우리 스스로를 해방한 것, 경제적인 자립을 이뤄낸 것, 자신을 발견하고 능력을 펼친 것이겠죠. 송타바 초창기에 우리 회원들을 본 사람이 지금 다시 우리를 보면 아마 몰라볼 겁니다. 예전엔 가난하고 천대받는 신세였지만 지금은 스스로 모든 일을 결정하는, 존중받는 인격체가 됐습니다. 이것이 내가 뿌듯해하는 성공입니다.”

금방 자기 이름도 쓰고 간단한 계산도 척척 해냈답니다. 남편들과 불화도 많았지만 굽히지 않고 공부를 계속했고, 점점 수업에 여자가 많이 참가했어요. 결국 30명 중에서 28명이나 교육이수 수료증을 받았답니다.”

경제적인 자립을 위해 움직이기 시작한 건 언제였죠?

“우리에겐 그렇게 얻은 능력을 즉시 어딘가에 쓰고 싶다는 구체적인 욕구가 생겼어요. 그래서 큰 투자 없이 할 수 있는 작은 장사를 시작했는데, 우리가 직접 음식을 만들어 파는 게 대표적이었죠. 어느 날 카리테 나무 씨앗으로 비누를 만들어보자는 말이 나왔어요. 시골로 찾아가 비누를 직접 만들어 쓰는 여자들을 만나 얘기했죠. 이런 식으로, 돈을 벌면 새 재료만 사는 데 그친 게 아니라 일정 부분 회비를 내서 다른 더 큰 사업을 벌일 수 있게 다 같이 기여한 점이 특히 자랑스럽고 멋지다고 생각해요.”

여러분에게 도움을 준 사람들이 있나요?

“농림부에서 우리 단체를 많이 후원해줘서 나날이 전문성을 갖춰갔죠. 곧 사무실도 차리고 회장도 뽑고, 경리담당과 사무장도 선출했어요. 이런 식으로 우리 단체의 조직력이 점차 발전한 거죠.”

독일의 고등학생들과 송타바 직원 사이에 실시간 웹채팅을 시도하는 중.

남편들 반응은 어땠습니까?

"남편들과는 날이 갈수록 갈등이 커졌어요. 여자들이 뭔가 한다는 것 자체가 남자들에겐 참을 수 없었나 봐요. 끔찍한 협박이 거듭되기도 했고 그 탓에 회원이 다시 열 명으로 줄어들기도 했죠. 하지만 우리가 옳은 일을 한다는 확신이 강했기 때문에 신념을 갖고 하던 일을 밀어붙였죠. 그러다 보니 어느새 우리 단체가 다른 수많은 여자들에게 희망과 용기를 주는 모범 사례가 되었더군요."

오늘날 송타바가 이렇게 성공한 이유가 뭐라고 보세요?

"성공의 일등공신은, 나와 초기 회원들이 우리 일에 가졌던 깊은 신념이었던 것 같아요."

향후 10년, 혹은 50년 후의 송타바는 어떤 모습일까요?

"송타바가 없어지거나 지금 우리가 세상에서 사라져도, 우리 단체의 정신만은 다른 여성들이 반드시 이어서 실천할 거라고 봅니다."

개인적으로 어떤 점을 성공으로 보시나요?

"보수적인 여성의 역할에서 우리 스스로를 해방한 것, 경제적인 자립을 이뤄낸 것, 자신을 발견하고 능력을 펼친 것이겠죠. 덧붙이자면, 남자들도 이런 감수성을 갖게 되고 심지어 여성들을 지지하게 된 것도 내겐 큰 성과입니다. 송타바 초창기에 우리 회원들을 본 사람이 지금 다시 우리를 보면 아마 몰라볼 겁니다. 예전엔 가난하고 천대받는 신세였지만 지금은 스스로 모든 일을 결정하는, 존중받는 인격체가 됐습니다. 글을 읽고 쓰는 건 물론이고, 일부는 외국어도 할 줄 알아요. 우리 여자들이 열심히 배워서 사회를 이끄는 선구자가 된 것이 가슴 터질 듯 자랑스럽습니다. 현재 무려 천 명이 넘는 회원이 왕성히 활동 중입니다. 이것이 내가 뿌듯해하는 성공입니다. 게다가 내가 없어도 우리 송타바는 전혀 문제없이 잘 굴러갈 정도로 발전했습니다."

모든 걸 다시 처음부터 할 기회가 생기면 어떻게 하겠습니까?

"아마 소규모 자영업자들을 양성하는데 더 주력할 거 같아요. 그게 가장 빨리 경제적인 자립을 이루는 방법이거든요."

일 때문에 포기하고 희생한 것이 있나요?

"네, 물론이죠. 시간과 자유를 많이 포기했어요. 그 때문에 우리 가족이 가장 고생했고요. 게다가 경제적으로도 꽤 희생했습니다. 초창기 내 수입의 절반을 우리 회계에 집어넣었어요. 다른 회원들은 전혀 돈을 못 벌었거든요. 어쨌든 뭔가 작은 장사나 자기 일을 시작하려면 돈이 드는데 어쩌겠어요. 하지만 내가 이루고 싶은 게 확실히 있었으니까 그걸 위해 뭔가 내놓는 게 나에겐 무척 당연한 일이었습니다."

'사회적 기업가' 란 어떤 사람이라고 생각하세요?

"사회적 기업가는 어떤 사회적 목표나 생태적 목표를 위해 투쟁하는 이를 말합니다. 사회적 기업가는 더 나은 사회를 만들기 위해 몇 가지 기본틀은 확실히 갖춰야 합니다. 거기엔 사업 전체를 유지할 재정을 보장하고 일하려는 분야에서 어느 정도 기초 경험을 쌓는 게 포함되겠죠. 사회적 기업가는 자신의 사업과 같이 삽니다. 그것이 곧 삶의 열정이며, 거기서 자아실현도 이룹니다. 나 또한 서너 명 직원을 두고 회사를 차린 다음 열심히 돈을 벌어 내 배만 불렸을 수도 있겠죠. 그러나 그런 일신의 이익을 기꺼이 포기하는 행동이 곧 사회적 기업가를 낳는 과정이겠죠."

지금 막 직장생활이나 사회생활을 시작하는 젊은이들에게 한 말씀 부탁드립니다.

"젊은 친구들의 가슴 속에 이 말을 새겨주고 싶어요. 더욱더 많이, 크게 타인에게 무엇인가 베풀고, 타인을 위해 일하겠다는 마음을 가지세요. 여러분이 더 행복하게 살고 더 훌륭한 사람으로 발전하기 위해서도 반드시 필요한 일입니다. 그리고 또 하나, 선택의 여지가 있다면 자신이 진심으로 몸과 마음을 다해 '내 일'이라고 여길 만한 일을 좇으세요. 어떤 계획이 성공하려면 대부분 시간이 걸립니다. 그때까지 끈기 있게 일하며 참고 기다리는 게 최고의 방법입니다."

좀 더 알고 싶으세요?

송타바 Songtaaba

1992년 마르셀린 웨드라오고가 설립한 송타바는 부르키나파소의 여성들이 처한 보수적인 성역할을 타파하기 위해 여러 활동을 벌여왔다. 송타바 회원들은 서로 도와 읽고 쓰기를 배우고, 카리테 열매 씨앗으로 버터와 화장품을 만들어 판매한다. 현재 여덟 군데 마을에 최소 30명 이상의 단위조합이 퍼져 있고, 1천 명 넘는 여성조합원들이 조합 내에서 공동노동하며 소득을 올린다. 조합에서 만든 제품은 해당 마을 주민들에게는 물론이고 시내 슈퍼마켓과 조합원들이 각자 운영하는 가게에서 소비자에게 판매된다.

● 홈페이지	www.songtaaba.net
● 위치	부르키나파소, 와가두구
● 활동가 현황	상근 활동가 5명, 시간제 활동가 60명, 자국인 자원 활동가 20명, 외국인 자원 활동가 2명.
● 도움이 필요한 일	농학, 식료품 관련 컨설팅, 화장품 관련. 각 분야마다 사전 경력 요망.
● 숙박 및 식사	와가두구 내 호텔이나 호스텔. 협의에 따라 민박 가정을 구할 수도 있다. 부르키나파소의 대표적 요리는 '토Tô(수수나 옥수수로 만든 죽)'다.
● 사용 언어	프랑스어
● 이메일	songtab@fasonet.bf

어머니 아프리카여 희망을 주소서

Tim
팀의 이야기

독일인 인턴들이 일하는 아프리카의 고아원

우리 머리 바로 위, 천장에 매달린 선풍기가 떨어지지나 않을까 걱정될 만큼 윙윙 소리를 내며 힘차게 돌아간다. 어쨌든 오늘 밤 나를 지켜주는 놈은 너 하나뿐이다. 답답한 인터넷 카페에서 탁한 공기를 들이마시다 돌아온 나는 모기장이 쳐진 호텔 침대에 몸을 내던졌다.

오랜만에 정신을 바짝 차리지 않으면 큰일 날 만큼 더운 그런 나라에 왔다. 말리로 들어가는 데 필요한 비자를 신청하고, 사회적 기업가들과 만날 일정을 짜고, 독일에서 여름방학이 끝났을 테니 다시 학생들과 실시간 채팅을 할 만반의 채비를 갖추고 나니, 더위와 습기까지 더해 내 기운이 바닥나고 말았다.

땀에 푹 젖은 옷을 갈아입고 탈탈거리며 돌아가는 선풍기 바람을 만끽한다. 길에서 사온 오렌지에 입을 대고 달콤한 즙을 빨아마셨다. 과즙이 몸에 들어올 때 힘찬 기운도 내 몸에 다시 흘러넘친다고 상상한다. 이제 시원한 샤워 한바탕 하고 나면 오늘 할 일은 끝이다. 조금은 서늘해진 몸으로 깊고 달콤한 잠에 푹 빠져든다.

문득 눈을 떠보니 아직 주위가 어둡다. 귓가에 리드미컬한 노랫소리가 스민다. 호텔과 벽을 맞댄 이슬람 사원에서 새벽 5시 기도 시간을 알리는 무에진의 소리가 넘어왔나 보다. 왠지 그 목소리에 마음이 끌린다. 올라갔다 내려갔다 고저장단이 반복되는 곡조에는 신비한 마력이 서린 것 같다. 다시 스르르 정신이 꿈속으로 빠져든다. 다시 눈을 떴을 땐 그다지 근사하지 않은 마티의 요란한 자명종 소리가 6시 반을 가리키며 울고 있다.

얀과 마티도 반쯤 잠든 상태에서 무슬림의 새벽기도 소리에 귀를 기울였다고 한다. 우리 세 사람은 거의 동시에 우리가 있었던 인도, 방글라데시, 인도네시아 같은 종교적 주술성이 강한 나라를 자연스레 떠올렸다.

기대에 부풀어 독일인 사회적 기업가 카트린 로데Katrin Rohde를 만나러 출발한다. 로데는 이슬람으로 개종하면서 이곳 아프리카에서 10년 넘게 학교, 고아원, 진료보건소, 공방 등을 잇달아 개설한 공로자다. 사람들의 소중한 생명을 보호하며 그들에게 희망을 심어주는 AMPO 복지관도 설립했다. AMPO는 고아, 약물에 중독된 거리 청소년, HIV에 감염되어 어디에도 의지할 데 없는 젊은 여성 등 3백여 명이 편안한 쉼터로 삼는 곳이다. 이곳은 이름부터 아름다운 메시지를 내포했다. 'Association

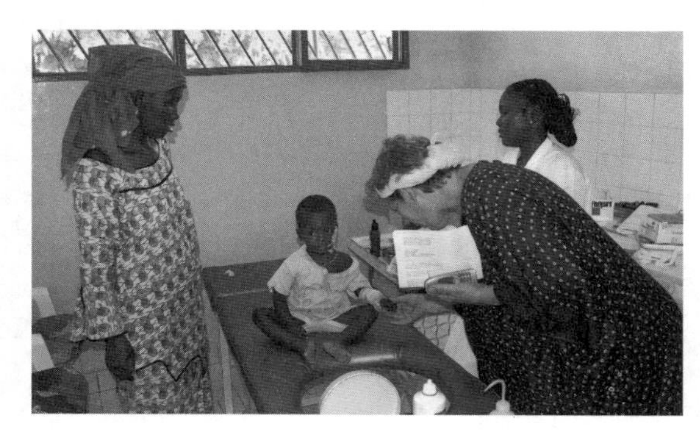

카트린 로데가 진료소에서 아이를 돌보고 있다. 진료비는 15센트(유로화)이며 약은 무상으로 지급된다.

Managré Nooma Pour la Protection des Orphélins'라는 긴 이름은 '고아 보호협회 – 선한 것은 사라지지 않는다'라는 뜻이다.

카트린 로데 – '열병환자에서 '백인 어머니'로

와가두구는 부르키나파소의 수도다. 이곳에는 많은 어린이와 청소년이 집 없이 거리에서 떠돈다. 부모가 부양할 능력이 안 되거나 아예 부모가 없어서다. 그들의 하루하루는 생존을 위한 전쟁이다. 의지할 가족도, 먹을 것도 없고, 일하고 싶어도 일할 기회조차 주어지지 않는, 아무런 미래가 없는 그런 삶이다. 청소년 범죄, 알콜 중독, 구걸, 착취와 아동 성매매 등은 어쩌면 당연한 결과다.

바로 이 아이들 때문에 카트린 로데는 독일 북부에서 잘 나가던 두 곳의 서점을 접고 안정된 생계를 포기했다. 지금으로부터 10년도 더 된 어느 날, 부르키나파소를 여행하던 그녀는 심하게 아팠고 국경 부근에서 고열로 쓰러졌다. 그곳 세관원이 카트린을 집으로 데리고 와, 가족이 함께 그녀의 건강을 회복하도록 도왔다. 카트린은 그때 처음으로 찢어지게 가난한 이 나라를 제대로 체험했고 많은 것을 보았다. 그런데 그중 한 가지가 유난히 마음에 걸렸다. "와가두구엔 셀 수 없이 많은 아이들이 길에서 살았어요. 그냥 여기저기 막 떠돌아다니는 애들이었죠." 그때마다 너무 궁금했다. 어떻게 이런 일이 있을 수 있지? 왜 쟤들은 집에 안 갈까? 집이 없는 걸까? 밥은 어디서 먹고? 아프면 어떻게 하지? 그러다 서서히 아이들이 어떻게 사는지 알게 되자, 카트린의 마음속에 단순히 동정심만 생긴 게 아니었다. 카트린은 눈이 번쩍 뜨이며 이런 생각이 들었다. '이 아이들은 정말 대단해! 어쩜 그런 생명력을 가진 걸까! 애들과 함께라면 뭘 해도 할 수 있겠어!'

카트린은 독일로 돌아와, 자신을 돌봐준 세관원이 사는 동네에 학교를 지을 돈을 여기저기서 끌어모았다. 돈이 모이자 건축 현장을 체크하러 몇 번이나 부르키나파소로 날아왔다. 1997년에는 아예 모든 걸 정리하고 아프리카에 살려고 왔다. 그냥 학교 한 채만 짓고 끝내는 게 아니라 이곳에 눌러 앉아 더 많은 것을 하기 위해서다.

"일이 될 거라는 건 확실히 알았어요. 다만 얼마나 노력과 비용을 쏟아부어야 하는지만 몰랐죠." 그때를 회상하며 카트린이 한 말이다. 들어간 비용과 시간, 노고는 엄청났다. 아프기도 많이 아팠고, 완전히 절망에 빠졌던 밤도 부지기수다. 데리고 온 아이들이 학교 식비를 몽땅 들고 튄 적도 있다. 초반에 카트린은 그럴 때마다 노발대발했다. 그러나 자신을 '개발 도우미'라고 부르는 카트린은 이제 와서는 웃음을 터뜨리며 말한다. "요즘엔 그런 것쯤 익숙해졌어요. 그냥 처음부터 다른 관점에서 시작해요. 그래서 어떤 결과나 반응이 돌아오든 다 굉장한 것이 되는 거죠." 성녀가 되겠다는 것도, 사명을 완수하는 선인이 되겠다는 것도 아니다. 그냥 돕고 싶을 뿐이다. 현지인들은 카트린을 가리켜 '마마 텡가'라고 부른다. '어머니 조국'이란 뜻이다. 카트린이 부르키나파소를 위해 정부조차 못하는 일을 정력적으로 해왔기 때문이리라.

AMPO : 국가가 거부한 곳에서의 광범위한 구호 활동

고아원 ____ 소년 고아원은 1996년 3월에 세웠고 현재 6세에서 18세의 남아 55명을 돌본다. 아이들은 간소한 침상과 끼니를 제공받는다. 신입이 들어오면 나이가 좀 더 많은 아이들이 옆에서 도와주고 가르쳐주므로 서로 간에 믿고 의지하는 관계가 금방 형성된다. 말하자면 형제처럼 되는 것이다.

소녀 고아원은 1999년 9월 개설했고 50명을 수용한다. 운영방식과 조직은 소년 고아원과 비슷하다.

진료소 ____ 고아원과 같은 부지에 있는 진료소는 매일 빠짐없이 환자를 받는다. 입구에는 늘 아이들을 데리고 온 엄마들이 떼를 지어 기다린다. 어떨 땐 하루에 백 명 넘게 오기도 한다. 진료와 처치에 15센트(유로화. 약 200원)를 내야 하고, 약품은 무상으로 지급된다. 여기서는 누구든 도움이 필요하고 다른 곳에서 처치를 받을 가망이 없다고 판단되면 차별 없이 치료를 해준다.

직업교육 ____ 이곳 학생들은 여러 가지 기술과 장사 등을 배워 한 사람의 성인으로서 스스로 생계를 책임질 기반을 얻는다. 어린이와 십대 사내아이들은 고아원에서 글과 산수를 배우고 주변 학교에 다닌다. 여자아이들은 보건위생과 성교육, 요리, 바느질, 다림질, 보육 등의 가사를 배운다. 이런 기초 교육 외에도 단체 내 직업교육장이나 사무국, 진료소에서 전문 교육을 하기도 한다. 여자아이들은 특히 학교를 마치고 기초 교육까지 끝냈다면 의상실, 조리학원, 식당 등에 견습생으로 들어가 실무경험을 쌓은 뒤 조리사, 재단사, 가사도우미 등으로 취업한다. 간호사나 조무사 교육을 받는 경우도 종종 있다. 제대로 된 직업훈련을 마친 소년소녀들은 전문 인력 자격으로 취업 알선을 받고, 노동법에 따라 연금보험과 사회보험에 가입되어 기초생활을 보장받는다.

여성의 쉼터 ____ '미아Mia'는 도움이 필요한 여성들을 위한 쉼터다. 우리는 이곳에서 운영하는 식당에 들러 맛이 기가 막힌 라자냐도 먹어봤

'미아Mia' 쉼터에서 작업하는 여성들.
각종 기술과 장사 방법 등을 익혀 앞날의 생활을 꾸릴 준비를 한다.

다. AMPO 활동가이자 쉼터 운영을 책임지는 술리Souley가 우리를 안내했다. 2003년 6월 문을 연 쉼터 미아는 아이를 가진 뒤 가족에게서 버려진 미혼모들과 에이즈에 감염되었으나 갈 곳이 없는 젊은 여성들에게 피난처를 제공한다.

통텡가 농업학교와 기숙사 ____이틀 뒤 AMPO에서 일하는 독일인 실습생들과 트럭에 올라타고 와가두구에서 25킬로미터 떨어진 통텡가Tondtenga(농업학교)를 찾아갔다. 이 학교는 2005년 11월 문을 연, AMPO에서 가장 최근에 추진하기 시작한 사업이다. 이곳에는 십대에서 이십대 남성 청년 백여 명이 함께 살면서 농업 전문지식을 배우고 실습과 작업도 한다. 채소 재배, 가축 사육, 곡물 경작 등이 구체적인 내용이다. 7헥타르의 학교 부지에는 여러 용도로 쓰이는 학사와 축사 등이 자리했다.

도착하자마자 학교 안을 둘러볼 기회가 왔다. 콩고 라수아네Congo Rasuane 교장의 안내로 맨 먼저 학생들이 전답을 관리하고 작물을 재배하는 법을 배우는 실습장부터 가봤다. 여기서 물대는 법, 배수시설, 비료 사용, 파종시기 등 구체적인 농사법를 전부 배운다. 실습장 말고도 학생들이 직접 작물을 심어 재배하는 밭도 있다. 통텡가가 가르치고 돌보는 학생들은 14세에서 20세 사이의 남성 청소년들로, 바닥에 얇은 요를 깔고 잠을 잔다. 학교와 기숙사에는 다른 편의시설이 거의 없다. 카트린 로데는 시내 고아원 운영과 마찬가지로 여기서도 학생들이 편리하고 안락한 환경에 젖도록 배려하지 않는다. 어차피 학교 밖을 나가면 그런 생활이 불가능하므로 처음부터 현실에 적응하도록 한다는 취지다.

가축 사육시설은 특히 많은 면적을 차지하고 중요한 과목으로 취급된다. 이곳에서는 돼지, 염소, 닭, 토끼, 식용쥐 등을 키운다. 부르키나파소에서는 쥐요리가 별미란다.

"근처 열 군데의 촌락에서 온 학생들은 입학과 동시에 통텡가 기숙사에서 2년간 숙식하며 공부합니다. 2년 뒤에는 살던 마을로 돌아가 작업반을 꾸리고, 처음 2년간은 계속 통텡카의 지원과 관리를 받습니다. 이렇게 총 4년이 지나면 완전히 자립해서 모든 일을 알아서 해결하고 농사를 짓습니다. 우리 학교 졸업생들은 유럽식 개념으로 따지면 결코 부자가 되진 못할 테지만, 이 나라에 드리운 저주에 희생당하지는 않을 겁니다. 적어도 자기 아이들을 학교를 보낼 정도는 충분히 여건이 되지요."

우리는 카트린 로데가 이토록 광범위하고 지속가능한 차원으로 여러 사업을 발전시키고 확장했다는 점에 크게 놀랐다. 인터뷰를 진행하면서 더 자세한 이야기를 들어보고 싶었다. AMPO가 이처럼 커지고 수많은 이를 도울 수 있었던 비결이 뭔지 그녀에게 물었다.

카트린 로데

"그 지역, 그 사람들을 먼저 잘 알아야 합니다"

단순하고 소박했던 구상이 이토록 큰 연합체로 성장하게 된 배경은 무엇입니까?

"좋은 질문이네요. 사실 여기 왔을 땐 조용히 집 없는 아이 10여 명을 데리고 와서 집 한 채에 같이 살면서 마약을 끊게 하고, 간단히 읽고 쓰기를 가르치고,

어디 마땅하게 먹고살 길을 찾아주자 하는 마음이었어요. 그런데 어디서 듣고 왔는지 겨우 넉 달 만에 아이들이 스물아홉 명으로 늘었죠. 게다가 사람들이 꾸역꾸역 몰려와 이걸 해달라, 저걸 해달라, 뭘 좀 도와달라, 약을 달라 손을 내밀더군요."

원래 서점을 운영하신 분이 그런 일에 부담을 느끼지 않았나요?

"그랬어요. 그런데 어느 순간 이걸 다 해줄 수는 없다는 걸 알았죠. 그래서 일단 활동을 접고 골똘히 고민했죠. '이걸 더 해 말아?' '독일로 돌아가버릴까?' 물론 돌아가는 건 불가능했죠. 처음 데려온 애들에게 한 약속이 있으니 말이에요. 좋든 싫든 거절하는 법도 배웠어요. 여기 있다 보면 거절하는 게 제일 힘든 일이에요. 정말 거절하기 힘든 경우가 왕왕 생겨요. 아무리 내가 힘들어도 안 된다는 말이 안 나오는 거죠."

어떻게 해서 여기 사람들을 돕는 것을 사명이라고 생각하게 되셨나요?

"어떻게 도와줘야 하는지 알려면 그 장소에 충분히 오래 있어봐야 해요. 난 여기 오래 머물렀기 때문에 그걸 알았죠. 쾌적한 사무실에 편히 앉아 기발한 착상을 떠올리며 탁상공론하는 사람들보다 내가 아는 게 훨씬 더 많았어요. 그런 사람들은 실제 이곳에 맞지도 않고 시행해서도 안 되는 일을 만들어놓고 수백 수천 달러를 쓰죠. 다행히 내 경우엔 아프리카 친구들과 활동가들이 있어서 모든 일을 이곳 방식으로 움직이는 게 가능했어요. 그게 나한테는 엄청난 힘이었습니다. 이곳에서 나는 발언권이 아예 없습니다. AMPO가 성공한 이유가 그겁니다. 첫 번째, 모든 걸 아프리카 방식대로 해나가기, 두 번째, 일을 할 땐 언제나 작게 시작하기."

> “여기 오는 사람들은 즉시 자기와 똑같은 말로 이야기하는 사람, 자기와 다를 바 없는 평범한 사람을 마주합니다. 여기 우리 단체에 찾아오는 여자들을 제일 먼저 대하는 우리 활동가가 있는데, 그 자신부터가 다섯 아이를 데리고 길거리 하수구에서 먹고 자고 했던 과부죠.”

그 덕분에 지금 AMPO가 성공한 거군요?

“AMPO는 특별한 점이 있습니다. 누가 도와달라고 부탁하러 여기 올 때, 처음 오는 낯선 건물 계단을 밟고 힘겹게 3층, 4층으로 올라가지 않아도 됩니다. 책상머리에 앉아서 안경 너머로 훑어보며 외국어로 ‘뭣 땜에 오셨죠?’하고 묻는 담당자에게 어렵사리 설명하지 않아도 됩니다. 여기 오는 사람들은 즉시 자기와 똑같은 말로 이야기하는 사람, 자기와 다를 바 없는 평범한 사람을 마주합니다. 여기 우리 단체에 찾아오는 여자들을 제일 먼저 대하는 우리 활동가가 있는데, 그 자신부터가 다섯 아이를 데리고 길거리 하수구에서 먹고 자고 했던 과부죠.”

저희가 알아보니, 단순 소박한 생활을 엄격히 요구하시던데요.

“여기 우리 아이들은 바닥에 얇은 요를 깔고 군용 담요를 덮고 잡니다. 침대는 없어요. 이곳 아이들은 요 위에서 태어나고 요 위에서 자랍니다. 침대가 갖고 싶으면 학교에서 공부를 열심히 해서 좋은 직장을 갖고 돈을 벌어 직접 사야겠죠. 아이들이 가진 건 각자 작은 사물함, 바지 한 벌, 속옷 몇 장, 티셔츠 두 장, 운동화 서너 켤레가 전부입니다. 그에 비해 예방주사만은 종류별로 철저히 맞힙니다. 모든 아이들이 다 예방접종이 돼 있어요. 부르키나파소 사람들은 수명이 짧아서 병에 대한 관심이 아주 큽니다. 나 역시도 몇 년간 참 많이도 아팠거든요.”

딱 10년 전쯤 아프리카로 오셨는데, 10년 뒤에는 AMPO가 어떤 모습일까요?

"지금 난 쉰이니까 운이 좋으면 10년쯤 더 살지도 모르죠. 독일에는 '카트린 로데 재단'이 설립됐어요. 내가 죽은 다음을 조금이라도 준비해놓고 싶어서죠.

1년에 한두 번씩 세계 각지를 돌며 기부금을 거둬요. 내가 할 일은 쉴 새 없이 떠드는 거죠. 라디오, TV, 강연, 학교, 로터리클럽, 어디든 갈 수 있는 데는 다 가요. 학교에 가는 일이 제일 많고요. 하지만 이것도 점점 줄어들 겁니다. 내 기력이 예전 같지 않거든요. 여기 열대에서 사는 건 나 같은 사람에겐 기운을 쏙 빼는 일입니다. 체력이 무섭도록 빨리 소진되더군요."

선생님에게는 어떤 것이 '성공'입니까?

"나한테요? 나에게 성공은, 여기 우리 아이들이 학교에서 공부 잘하는 거죠. 그런데 이곳에서는 그러기 특히 힘들어요. 여기 학교들은 끔찍합니다. 죄다 암기하는 것 말고는 없어요."

선생님이 돌보는 아이들에게 '성공한 삶'이란 어떤 모습일까요?

"사흘 전, 예전에 여기 같이 있다 나간 남자아이가 우릴 보러 들렀더군요. 10년 전에 거리에서 데리고 온 애였습니다. 이름이 아흐메드Ahmed였는데 열두 살치고 어찌나 마르고 작고 볼품이 없었는지 몰라요. 뭘 물어보는 법도 없고 그냥 조용하기만 했어요. 학교도 다닌 적이 없었고요. 그래서 직업훈련을 받게 할 겸 기계공장 견습생으로 내보냈고 야간학교에 등록하게 했답니다. 아흐메드는 별로 똑똑하지 않았지만 학교를 용케 끝까지 마친 데다 실력이 썩 좋은 기계공이 되었어요. 운전면허도 따고, 내가 선물한 공구를 가지고 여길 떠났어요. 그때 열아홉 살이었는데 곧장 어디 운전기사로 취직했죠. 끝내주지 않아요? 그 친구가 사흘 전에 온 거예요. 지금 당신보다 머리 하나는 더 크고, 어깨가 떡 벌어진 장대 같은 청년이 들어오더군요. 지금 아흐메드는 스물두 살이고 결혼해서 아이도 있는 데다 자기 집도 지어서 산대요. 여전히 같은 일자리에서 근무하고요. 이것보다 더 좋은 게 떠오르지 않네요. 그 애가 누구한테도 손 벌리지 않고 스스로 인생에서 해낸 일을 보세요. 그걸 다 혼자서 한 거예요. 믿기지 않는 일이죠. 그런 게 나한텐 큰 성공이에요. 그것보다 더 멋진 건 나도 알지 못해요. 그런 게 내 목표입니다."

'사회적 기업가' 란 어떤 사람인지 설명해주실 수 있나요?

"그 단어를 지금 처음 들었는데요. 하지만 할 말은 있을 것 같아요. 두 발을 단단히 땅에 붙이고, 꿈에 매달리지 마세요. 끊임없는 반성과 통제만이 최선입니다. 여러분 주변에서 일어나는 모든 걸 일일이 검사하고 확인하세요. 여러분이 만나는 나라와 그곳 사람들에 대해 검증된 지식을 갖추세요. 그리고 납득할 수 없어도 그냥 많은 걸 받아들여야 할 때도 있습니다. 겉으로만 톨레랑스를 외치는 게 아니라 진심으로 받아들여야 합니다."

아프리카에서 사회적 기업가가 받아들여야 하는 것이 무엇인가요?

"간단한 예를 들죠. '할례'는 아직도 아프리카에서 흔한 일이고 여성들 3분의 2가 이 일을 감내하고 삽니다. 그 일에 관심을 갖고 반대 의견을 펼칠 순 있죠. 나도 할례란 있어선 안 된다고 생각해요. 하지만 이걸 원하는 사람들과 살려면 일단 받아들여야 해요. 벌써 수백 년 전부터 있어온 일에 대해 날이면 날마다 그것의 나쁜 점을 종알종알 떠들 수는 없는 노릇이잖아요. 모든 것은 변하는 데 시간이 걸려요. 늘 염두에 둘 문제입니다."

그런 문화충격에 어떤 식으로 대처해야 할까요?

"건전하고 충분한 심리적 거리를 두어야죠. 안 그러면 신경쇠약에 걸릴 겁니다. 여기선 절대 '취소'란 게 없어요. 그래서 항상 답을 하기 전에 철저히 고민하고, 단호히 거절하는 버릇을 들여야 해요."

스스로를 사업가라고 생각하십니까, 아니면 이타심으로만 일하십니까?

"기본적으로는 사업가로 살아야 해요. 에너지를 쏟아 부었을 때 그만큼 효과가 나오는 게 뭔지 잘 계산해야 합니다. 무턱대고 사회보조를 남발해서는 안 됩니다. 무언가 나한테서 나가면 역시 뭔가 되돌아와야죠. 한 아이를 학교에 보내고 수업료를 낼 때는 그 애가 수료증을 받아오길 요구하죠. 늘 엄정해야 하고, 셈을 잘 해야 해요. 쓸 수 있는 돈은 한정되어 있으니까요. 무엇을 위해 돈을 쓰는지 정확히 알아야 하고, 특히 내가 가치를 두는 것이 무엇인지 똑똑히 인식하고 있어야 합니다."

'곧은 이들의 나라'를 떠나며 ____AMPO는 지금껏 보아온 어떤 사업과도 비교하기 힘든 독특한 프로젝트다. AMPO가 다루는 문제의 성격이나, 이곳이 상상키 어려운 절대빈곤 국가라는 점에서도 그렇지만, 우리가 만난 사람들이 남다르다는 점에서도 그렇다.

본인이 사회적 기업가라는 말을 처음 들었다고 해도 우리가 보기에 카트린 로데는 대단히 뛰어난 사회적 기업가다. 각 기관을 설립하고 운영하는 원칙이며 논리에 우리 역시 수긍하고 공감했다. 어린이와 청소년들이 사는 건물이며 생활환경 등도 아프리카의 여건에 잘 맞췄다고 본다. 필요한 자금이 적재적소에 올바로 쓰인다는 인상도 받았다. 특히

AMPO 농업학교 농장에서 현지 교사들, 독일인 실습생들과 함께.

AMPO의 여러 사업이 서로 도와가며 발전한다는 원칙은 생산지향, 발전지향적이다.

좀 더 알고 싶으세요?

암포 AMPO

거리 청소년 열두 명을 데리고 기본적인 도움을 주려고 했던 독일의 서점 경영자 카트린 로데는, 10년 사이 광범위한 구호단체로 활동 영역과 규모를 발전시켰다. 고아, 약물중독 거리 청소년, 에이즈 감염으로 가족에게서 버림받은 젊은 여성 등 3백여 명을 위한 피난처이자 쉼터, 희망의 터전이 그녀의 손에서 생겨났다. 소년 고아원과 소녀 고아원으로 나뉘는 아동구호 센터에서 아이들은 글을 배우고, 인근 학교에서 정규 학업을 받으며, 기술이나 장사 등 직업훈련도 거친다. 같은 곳에서 운영 중인 진료소에는 매일 엄마 백여 명이 아이들의 건강 문제 때문에 도움을 청하러 온다. 그 밖에도 미혼모를 위한 여성의 쉼터와 기숙사가 딸린 농업학교도 운영 중이다.

● 홈페이지	en.sahel.org
● 위치	부르키나파소, 와가두구 및 근교 지역
● 활동가 현황	상근 활동가 100명, 시간제 활동가 10명, 5명의 외국인 자원 활동가가 매년 돌아가며 근무한다.
● 도움이 필요한 일	각종 교과목 수업 인력, 각종 기술자, 웹디자인, 의료 등. 문화적 차이가 생각보다 크므로 그것을 감수할 역량이 반드시 전제되어야 함.
● 숙박 및 식사	AMPO 건물 구내에 간소한 잠자리가 있다. 매우 간소한 아프리카식 식단이 제공된다. 휴일이나 명절에는 AMPO 요리사가 만들어주는 세계 최고의 라자냐를 맛볼 수 있다.
● 사용 언어	프랑스어
● 이메일	info@sahel.de

말리 —— 아자 AJA

청년실업 퇴치를 위해

Jan 얀의 이야기

말리, 얼마나 특별한 나라인가!

AMPO의 독일인 실습생들과 즐거운 시간을 보낸 우리는 다시 본연의 임무, 여행 일정으로 돌아왔다. 아프리카의 이색적인 매력에 푹 빠지기도 했고 동시에 너무 다른 것들에 적응하느라 약간 멍해진 기분도 든다. 말리로 가는 첫 번째 길에 올랐다. 아스팔트가 고르게 깔린 도로 위로 우리가 탄 버스가 시원스레 달리는 동안 그동안 제대로 못 잔 잠도 조금 보충했다. 말리 국경 가까운 지점에서 버스에서 내렸다. 이제 다른 차로 갈아타야 한다. 그런데 이날이 하필 말리 독립기념일인 때문인지, 거리에 보이는 건 일반 승용차뿐이다. 어쩔 수 없이 합승해서 목적지까지 가는 부시 택시bush taxi를 잡아탔다. 승객은 우리를 포함해 여섯 명이었는데, 택시기사가 있지도 않은 '빈 좌석 세 개'의 요금도 부담하라고 고집을 피운다. 싸워도 보고 끈질기게 버텨도 보고 갖은 수단을 썼지만 결국 두 손을 들었다. "C'est l'Afrique!(아프리카에선 원래 이래요!)"라는 말이 택시기사가 대는 이유의 전부다.

택시는 열대초원 사바나Savanna를 향해 '미끄러지듯' 내달린다. 그

●● 말리의 전통 가옥. ●● 말리 젠네의 진흙 모스크.

런데 이 '미끄러짐'이 얼마 안 가 '덜컹거림'으로 바뀌었다. 평평하고 고르게 마감된 자갈길이 군데군데 움푹 패고 흙먼지 피어나는 비포장도로로 바뀌었다. 차가 이토록 좌우상하로 마구 흔들리는데도 우리는 차창 밖에 펼쳐진 아름다운 풍광에 넋을 잃었다. 평소 같으면 겨우 풀 몇 포기뿐 심하게 메말랐을 이곳이 우기를 맞아 싱그러운 푸름으로 가득하다. 차가 달리는 중에도 계속 키 크고 육중한 나무들이 눈에 띄었다. 아무리 가뭄과 건기가 극심해도 굵다란 줄기를 뻗어 눈부시게 자란 모양이다. 이따금 농부들이 보이기도 하고 옥수수밭에서 놀던 아이들이 택시를 보고 신이 나서 손을 흔드는 모습도 보인다.

드디어 몹티Mopti에 닿았다. 니제르Niger 강 유역의 상업중심지인 이곳에서 이번 주말을 보내기로 했다.

몹티 – 중세로의 시간 여행____ 말리가 이전에 보아온 나라들과 다를 거라는 건 전에 읽어둔 여행책자에서도 나와 있었다. 그러나 이 나라가 실제로 얼마나 독특한 아름다움을 지녔고 얼마나 숨은 매력이 많은지는 우리 셋 다 전혀 예상하지 못했다. 몹티는 말리의 젖줄인 니제르 강 유역에서 매우 중요한 상업도시다. 니제르 강은 기니, 말리, 니제르를 초승달 모양으로 통과하고 끝으로 나이지리아를 거쳐 바다로 흘러든다. 수천 킬로미터의 강줄기는 건조한 사막 지역인 말리 북부에 없어서는 안 될 중요한 생명수이자 운송로이다. 우리는 말리라는 나라와 이곳 사람들을 조금이라도 더 이해하고 친해지려고 안간힘을 기울인다. 자명종도 최대한 일찍 맞춰 이른 아침에 시장이 열리는 시내 중심가로 향한다.

겨우 8시인데도 이 아담한 시장에 제법 많은 사람이 몰려들어 붐빈다. 제일 많이 파는 것은 역시 먹을거리다. 어물전에는 살아 있거나 말려진 생선이 갖가지 놓였고, 육고기를 파는 노점에서는 혈기왕성한 청년이 아슬아슬하게 도끼를 휘두르며 손님들이 달라는 대로 고기를 썰고 자른다. 고기 파는 매대를 지날 때마다 도끼날이 내 귓가를 오싹할 만큼 가까이 스치며 날아다닌다.

이곳 재래시장에 우리 외국인 세 사람이 나타나자 호기심과 당혹스러움이 뒤섞인 따가운 시선이 사방에서 쏟아진다. 여기저기서 아이들이 몰려와 "타부부!"라고 외친다. '흰둥이'라는 뜻이다. 눈이 마주쳤을 때 살짝 미소를 지어보이니까 곧바로 똑같은 반응이 돌아온다.

말리는 보면 볼수록 어안이 벙벙하고 감이 잘 잡히지 않는다. 어젯밤에 타임머신이라도 타고 온 걸까? 몇백 년 전으로 시간여행이라도 온 듯, 말리 사람들의 옷이며 생활방식, 주변 풍경이 모두 옛것 그대로다. 길에 다니는 유럽산 자동차 몇 대를 제외하고는 서구 문물은 거의 찾아보기 힘들다.

니제르 강가의 특별한 날

니제르 강 선착장 쪽으로 비좁은 진흙 골목을 구불구불 누비며 걸어간다. 선착장에서 조그만 통나무 배(피로지Piroge라고 불린다)를 타고 니제르 강과 인근 마을들을 둘러보기로 했다. 한 마을에 내렸을 때도 먼 옛날 속에 잠긴 듯한 삶이 눈에 들어왔다. 강 한가운데 작은 섬에 있는 이 마을은 건기가 되면 강물이 줄어 뭍으로 오갈 수 있는 길이 생긴다. 어떤 주민들은 강변에 배를 대놓고 거기서 생활하고, 나머지는 섬에 자그마한 흙집을 짓고 산다. 갑자기 천둥이 치고 소나기가 내리는 바람에 흙집 한 곳에 들어가 비를 피했다. 젊은 집주인은 말리 국민 중 대다수를 차지하는 바수Basu족이다. 해질 무렵까지 우리는 세 낸 통나무배에 올라탄 채 잔뜩 흐린 하늘 곳곳에서 펼쳐지는 빛의 잔치를 넋 놓고 구경했다.

몹티로 돌아온 다음, 팀은 조그만 기념품 가게에 들어가더니 나올 줄을 모른다. 가게 안에서 굉장한 흥정이 오가는 동안 나는 문 앞에서 기다리기로 했다. 지난 여덟 달 동안, 기다리는 게 최선일 때가 있다는 걸 우리 셋 다 몸으로 체험했다. 바로 그때 뭔가 신기한 일이 일어났다. 기다리기로 작정한 그 순간, 두 개의 눈동자와 마주쳤다. 처음엔 아무 생각 없이 눈을 돌리려고 했지만, 실제로 그렇게 되지 않았다. 이 두 눈이 나를 붙들고 놓아주지 않은 채, 지금껏 한 번도 경험해보지 못한 알 수 없는 감정을 내 속에 불러일으켰다. 내가 보는 이 눈은 사막의 깊고 검은 눈이다. 건너편에 앉은 투아레그Tuareg족 남자 한 사람과 단 몇 초간 눈이 마주쳤을 뿐인데, 이 짧은 순간 내 안에서 일어난 동요는 결코 잊지 못할 것이다. 겨우 몇 초 동안이지만 그 두 눈이 그의 지난 삶을 나에게 이야기해주었다. 사막에서 온 그와 나의 삶은 철저히 다른 것이다. 그때, 내가 언젠가 반드시 여기 다시 올 것이고 투아레그족과 함께 낙타를 타고 사막의 삶을 속속들이 경험할 거라는 직감이 강하게 왔다.

젠네의 이슬람 대사원 ____ 다음 날 아침 모래길을 달리고 초원을 지나 다음 목적지인 젠네Djenne로 이동했다. 젠네는 흙으로 지은 세계 최대 모스크mosque로 유명한 곳이다. 더구나 강 위의 섬에 있어서 위치 면에서도 독특하다. 우리가 묵는 집도 모로코 양식으로 건축해서 이 도시의 다른 고전적인 진흙집과는 사뭇 구별되는 건물이다. 천천히 해가 지는 시간, 우리는 어느 테라스에 서서 주홍빛으로 물드는 하늘과 커다란 진흙 모스크의 위용을 동시에 감상했다. 며칠 동안 생소한 사물과 풍경에 자못 지친 우리는 당나귀, 염소, 양, 많은 사람들이 지나는 골목길을 지나 건물 벽으로 둘러싸인 안뜰에 도착했다.

오늘밤 이곳에서 우리가 잘 장소는 옥상이다. 밧줄 하나를 매고 거기에 모기장 하나를 걸어두니 방이 완성이다. 그것 말고는 우리와 맑디맑은 별 하늘을 갈라놓는 그 어떤 벽도, 창문도 없다. 살면서 이처럼, 내가 살아 있음을 온전히 느끼는 그런 순간을 만나기란 별로 쉽지 않다. 서늘

말리 몹티 시의 거리 풍경.

한 밤공기가 우리를 시원하게 감싸주며 단잠 속으로 밀어넣는다. 이른 새벽 기도시간을 알리는 무에진의 노래가 간밤의 신비에서 우리를 불러내 현실로 되돌려놓았다. 저기 지평선 너머에서 태양이 아주 조금씩 머리를 들어올리며 온 세상을 환한 빛으로 덧칠하는 게 보인다.

바마코의 팍팍한 현실 ____ 지난밤의 마력에 약간 몽롱히 취한 채 바마코Bamako로 가는 중앙 교차로로 향했다. 오래 기다릴 걸 예상하고 아프리카식으로 편하게 마음을 먹었다. 어떤 움막 밑 그늘에 배낭을 내려놓고 그걸 매트 삼아 벌렁 드러누웠다. 아프리카에서 쉽게 지치고 절망하지 않으려면 빨리 이곳 분위기에 적응해야 하고 시간이라는 게 한정 없이 늘어날 수도 있다는 걸 받아들여야 한다. 그런데 이번엔 의외로 기다림이 오래 가지 않았다. 붐비는 교차로에서 바마코로 가는 버스에 오른 우리는 운 좋게 빈자리도 하나 발견했다.

바마코는 예상 외로 나무와 풀이 많은 도시였다. 니제르 강이 도시를 끼고 흐르기 때문에 기온도 심하게 높지 않다. 앞으로 한 주 동안 군데군데 풍성한 녹지가 펼쳐진 조용한 도시에서 지낼 수 있으리라 내심 기대해본다. 하지만 예상은 다시 한 번 빗나갔다. 거리엔 무수한 원동기가 내는 따발총 같은 소음과, 대중교통으로 쓰여 사람을 가득 태운 녹슨 소형 화물차들이 쿨럭거리며 내뿜는 검은 연기로 눈과 귀가 먹먹할 정도다. 거기다 엄청난 배기통이 달린 국제개발 지원단체 소유 차량들도 이 뒤죽박죽된 풍경에 한몫 더한다. 도로 가장자리에는 쓰레기가 산처럼 쌓였고 빗물이 고인 물웅덩이와 뒤섞여 말라리아의 주범인 모기떼가 득실거린다.

말리, '훈련 세대'가 몰려온다 ____ 말리는 인구 1200만의 최빈국이다. 국토 3분의 2가 사막이다. 워낙 건조한 기후 때문에 농업자원은 한정되며 일자리도 충분히 나오지 않는다. 이렇게 어려운 노동시장에다 인구 증가까지 가세해 상황은 더욱 악화일로를 걷는다. 지금 말리 인구의 큰 비중을 차지하는 미성년자들이 가까운 미래에 노동시장으로 한꺼번에 밀어닥칠 것이 불 보듯 훤하다.

이런 상황이 지속되다 보면 워낙 교육수준이 낮은 대부분의 젊은이들은 향후 직장을 잡고 생계를 유지하는 일이 하늘의 별따기가 될 정도로 심각한 난관에 부딪칠 것이다. 그리고 이런 상황을 악용해서 젊은 훈련생들을 착취하는 제조업체가 부지기수다. 일자리를 찾는 청년들은 직업훈련을 발판으로 제대로 된 직장을 잡고 싶어 여러 제조업체를 전전한다. 하지만 실제로 기술을 가르치고 역량을 키워주는 곳은 드물다. 오히려 공짜에 가까운 저비용으로 훈련생들의 노동력을 착취하는 경우가 대부분이다. 훈련생들은 임금은커녕 하루에 딱 식사 한 끼만 제공받고 만다. 그렇게 몇 년간 형편없는 저임금으로 일하고 나서도 정식 기술자로 채용되는 일은 아주 드문 일이다. 업체들은 그냥 다시 또 다른 신입 견습을 뽑아 무비용으로 일을 시키면 그만이기 때문이다.

술리만 사르 – 변혁의 직업훈련가

술리만 사르Souleymane Sarr는 1960년 바마코의 가난한 미술가 집안에서 태어나서 자랐다. 공립학교를 다녔지만 졸업 후에도 직업을 구하지 못했다. 하는 수 없이 아버지가 운영하는 작은 공방에서 일을 돕기 시작했다. 술리만의 아버지는 금속 미술품을 제작하는 기술자였다. 이때 미술공방에 대해 많이 알게 되었고, 청년들이 이쪽 업계에서 발붙이고 일하기가 얼마나 어려운지 뼈저리게 경험했다.

얼마 안 가 정부 관청이 주관하는 사업에 참여할 기회가 생겨, 그 사업에 관련된 젊은 기술자들이 직업을 안정적으로 구하도록 도울 수 있었다. 몇 년간 관청 사업을 하고 나서, 술리만 스스로 단체를 만들어 비참한 노동시장 상황을 개선하기로 마음먹었다. 그렇게 설립한 조직이 곧 'AJA(Association Jeunesse Action)', 이른바 '청년운동연합'이다.

술리만과 이야기를 나누다 보니 그가 가장 크게 영향을 받은 유명한 인물들이 있었다. 마틴 루터 킹, 체 게바라, 인디라 간디 세 사람이다. 그들이 가진 용기, 투혼, 그리고 대안을 찾고 그 길을 걸어갈 줄 아는 능력이 특히 그를 감화시켰다고 했다.

술리만 사르

"얽매이지 않는 것, 그것이 중요합니다"

술리만 씨가 존경하는 세 분에게서 무엇을 배웠습니까?

"세 가지 미덕이죠. 그들의 강인함, 운동방식, 그리고 얽매이지 않는 태도입니다. 특히 나한텐 세 번째가 혁신을 이끌어내는 데 가장 중요한 덕목 같아요. 마틴 루터 킹은 늘 무슨 일을 하든 선하게 행하라고 했어요. 인디라 간디에게선 세상에 진실은 여러 가지가 있으며 모든 개인이 사물을 받아들이는 방식을 존중해야 한다는 걸 배웠죠. 체 게바라는 엄청난 고민과 사유를 실천한 것은 물론이고, 사람들과 살을 맞대고 살면서 거기서 직접 체험한 것을 자신의 행동으

“당신이 젊고, 무엇 하나라도 할 줄 안다면, AJA를 통해서 일할 기회를 얻을 수 있습니다. 더 이상 겨우 한 끼 식사 같은 헐값에 자신의 노동력을 팔아넘기지 마십시오. 우리 청년들은 어떻게 해서든 기술을 배워서 일하고 싶어 합니다. 다만 그에 비해 훈련생을 고용해 일을 가르쳐주려는 업체는 너무나 드뭅니다. 이는 곧 소중하고 값진 가능성과 잠재력을 낭비하는 게 아니고 무엇이겠습니까?”

로 옮긴 사람입니다.”

어떤 계기로 이 덕목들을 배웠습니까?

“나는 무척 가난한 환경에서 자랐습니다. 이런 환경의 젊은이들은 자기 삶에서 별다른 전망을 발견하지 못합니다. 나부터도 공부할 기회를 갖기 위해, 그리고 그것을 지속하기 위해 거의 투쟁하다시피 했습니다. 그래서 남들도 앞날을 내다볼 수 있게 해주고 최소한 내가 걸었던 것과 비슷한 과정이라도 밟게 하겠다는 목표를 정했어요. 말리에서는 할 수 있는 일이 없다는 건 거짓말이에요. 오히려 그 반대입니다. 젊은 친구들에게 수많은 일을 할 기회를 주고 능력을 계발하도록 돕고 싶어요. 또 하나 내가 스스로에게 부여한 과제는, 우리가 사회적 권리와 문화적 권리를 누릴 자격이 있고 개개인 모두 가치 있고 존엄한 존재라는 걸 청년들이 스스로 깨닫게 하는 일입니다. 말리의 젊은이들이 가난하려고 태어난 건 아니잖아요.”

그래서 AJA를 설립하셨군요. 술리만 씨가 보기에 10년 후나 50년 후 AJA의 미래는 어떨 것 같은가요?

“우리 단체가 재정적으로 자립하는 게 장기적인 목표입니다. 내 생각엔 모든 사회 참여활동은 재정 문제가 먼저 해결되어야 합니다. 또 한 가지 바람이라면, 앞으로 AJA의 프로그램을 마친 젊은이들이 자신이 배운 걸 후배들에게 다시 전달했으면 하는 거예요. 그것이 기하급수적으로 굉장한 효과를 낳지 않을까요?"

훈련생만 배우지 않는다 ____ AJA의 주된 활동 영역은 수도인 바마코에 집중돼 있다. 워낙 많은 청년 노동력이 수도로 유입되기 때문에 노동시장 상황 역시 유달리 심각하다.

바마코 수공업 업체들은 10여 곳씩 협력 체계를 이루어 일하는데, 주문을 함께 따내서 업체끼리 작업을 나눠 납품하는 식이다. 이런 연합체 중 여섯 개가 AJA와 가장 활발히 관계를 맺고 일을 한다. 그리고 이미 수공업 업체에서 직업훈련을 시작한 훈련생들을 적극적으로 채용하는 연합체만도 네 곳이나 된다.

AJA는 훈련생들의 문제도 다루는 한편 훈련생을 고용하는 업체들 입장에서도 문제에 접근한다. 우선 훈련생들은 기술 외에도 글 읽고 쓰기와 계산 능력을 겸비할 수 있는 수업을 받는다. 그리고 훈련을 마친 뒤 괜찮은 직장을 선택할 준비도 따로 강좌를 통해 병행한다. 전문기술 말고도 직장생활에서 처음 맞닥뜨리는 난관을 되도록 큰 갈등 없이 넘길 수 있게 미리 대비하게 하는 강좌다. 수업은 대개 훈련생들이 일을 마치고 오는 오후시간에 열린다. 1999년에서 2003년까지 AJA의 이 직업훈련 및 교육 프로그램을 거쳐간 청소년들은 360명이나 된다.

AJA는 동시에 훈련생들의 힘든 처지를 업체들에게 적극적으로 알리고, 숙련 기술자들 역시 기초소양을 쌓을 수 있도록 강좌를 제공한다. 훈련생들을 어떻게 처우하고 이끌어줘야 할지 깨닫게 하려면, 우선 숙련 기술자들의 생각과 태도를 바꾸도록 유도해야 한다. 대부분의 숙련 기술자가 훈련생들이 기술을 배우든 말든, 소양을 쌓든 말든 개의치 않는 이유도 사실은 그들 스스로가 그런 교육 기회를 전혀 접하지 못했기 때문이다.

문맹을 몰아내고 배움의 길로 이끌다 ___ 바마코에서 AJA는 두 가지 사업을 더 시행하고 있다. 한 가지는 학교 교육을 전혀 받지 못한 9세에서 16세 청소년을 모아 기초교육을 제공하는 것이다. 학생들은 읽고 쓰기, 산수 등을 배우고 이것이 끝나면 AJA에서 각자 상황에 맞게 직업훈련을 받을 수 있는 업체를 알선해준다.

두 번째는 학교를 마쳤거나 다니다가 그만둔 뒤 전혀 직업교육을 받지 못해 현재 실업 상태인 18세에서 25세의 청년을 대상으로 한다. 이들은 18개월 동안 각자 소질에 맞는 분야를 찾아 현장 훈련을 받는다. 현재는 금속 및 목재를 이용한 수공예품 제작기술과 재봉기술이 활발하게 전수되고 있다. 특히 재봉은 여자 훈련생들이 반가워하는 직업기술이다.

바다 건너에서 오는 주문 ___ AJA는 수작업으로 생산된 여러 상품을 바마코의 부티크 두 곳을 통해 판매하기도 한다. 그러나 가장 많은 매출을 올려주는 건 인터넷으로 주문하는 해외 고객들이다. 판매대금은 아무런 공제 없이 그대로 제작자에게 돌아간다. 신참 기술자들에게 처음 수입을 올리는 행복을 만끽하도록 해주기 위해서다.

인신매매에 반기를 들다 ___ AJA는 그 밖에도 열세 군데 마을에

AJA 직업학교.

인신매매 근절을 위한 사무소를 차려 활발히 운동을 전개한다. 생계가 절대적으로 힘든 지역들에서는 생활고에서 벗어날 수 있는 잘못된 방법으로 인신매매가 횡행한다. 인신매매꾼은 아이들이 능률과 비용 면에서 효과가 좋다는 명목을 내세워, 가난한 부모에게 자녀를 팔도록 유도한다. 팔려간 아이들은 노동현장에서 형편없는 취급을 받는 것은 물론이고 워낙 어릴 때부터 노동을 시작한 탓에 교육이나 직업훈련은 꿈도 꾸지 못한다. 그리고 그 때문에 성인이 돼서도 인간적인 조건에서 안정된 수입을 올리는 건 더더욱 먼 얘기가 되고 만다.

AJA는 부모들에게 자녀를 팔면 어떤 끔찍한 결과가 빚어지는지 구체적으로 알린다. 다른 한편, 아이들에게는 공부를 가르쳐서 사람다운 대접을 받으며 안정적으로 소득을 올릴 수 있는 직장을 얻도록 준비를 시킨다.

이런 다방면의 활동을 위해 많은 자금이 필요하다. 교육에 투입되는 교사의 급여, 수업 교재와 각종 재료 등이 자금을 필수로 요하는 부분이다. 훈련생이나 숙련공들이 제작한 상품을 판다 해도 대금이 모두 제작자 손에 들어가기 때문에, AJA는 여러 비용을 충당하기 위해서 모금활동을 지속적으로 펼친다. 특히 국제 구호단체 연합 옥스팜이 AJA를 가장 많이 돕는 든든한 후원처다.

요약하며 - 적은 비용으로 최대의 효과를

AJA는 말리의 청년실업 문제를 해결하는 데 중요한 역할을 한다. 더구나 이곳의 운영자 술리만 사르는 비교적 적은 자원과 비용으로 말리 청소년들에게 장기적인 개선과 지원책을 마련한다.

술리만 사르는 향후 말리 정부와 협력사업으로 AJA의 프로그램을 확대하고 더욱 전문화할 계획이라고 밝혔다. 이것이 성공한다면 말리의 미래는 한층 더 안정되고 밝아지리라 기대해본다.

좀 더 알고 싶으세요?

아자 AJA

말리 수도 바마코의 청년실업률은 심각할 정도로 높다. 술리만 사르는 자신이 설립한 단체 AJA를 통해 청년들에게 취업이나 직업훈련 기회를 제공한다. 청소년들에게 글과 산수 등 기초교육을 시켜 직업 선택의 가능성을 열어주는 한편, 공방 운영업체와 숙련기술자들을 교육해, 훈련생들을 양성하고 정당하게 처우해주는 것이 업계 전체에도 큰 이익이라는 점을 홍보한다. 특히 청소년들이 무임금 노동력으로 착취당하지 않도록 업체들을 다양한 수단으로 설득한다.

● 홈페이지	www.ajamali.org
● 위치	말리, 바마코
● 활동가 현황	상근 활동가 15명, 시간제 활동가 20명, 외국인 자원 활동가 3명.
● 도움이 필요한 일	웹사이트 구축, 사무전산화, 일반 컨설팅, 비영리 단체 경험 우대, 소액의 수당 지급 가능.
● 숙박 및 식사	술리만 사르 자택에서 숙박 제공, 기타 민박 가정 알선, 단체 건물이나 바마코의 게스트하우스 등에도 숙박시설 있음.
● 사용 언어	프랑스어
● 이메일	ajamali@datatech.net.ml

세네갈 —— 오세아니움 Océanium

청정보호해역을 지켜라 – 어민들과의 연대

Matti 마티의 이야기

세네갈의 바다는 도움을 기다린다

세네갈인들은 자국의 땅과 바다에서 매일같이 일어나는 엄청난 환경훼손을 비교적 잘 인지하는 편이다. 그러나 유독 연안에서 조업하는 어민들은 바다와 해양생물에 여러모로 치명적인 손상을 입힌다. 가난 탓이기도 하고 몰라서 그렇기도 하다. 어선에 사용했던 폐엔진오일을 그냥 바다에 버리기도 하고, 세네갈 법규상 항구를 제외한 모든 해역에서 조업을 할 수 있다 보니 곳곳에 남획이 일어나 어장이 재생불능 상태에 빠지기도 한다. 어장이 극심하게 빈약해진 것도 문제지만 산호초를 비롯해 바다 생태계가 전반적으로 파괴된 것이 더 큰 문제다. 특히 어민들이 다이너마이트나 청산가리 등을 사용해 고기를 잡는 일도 수시로 벌어진다.

따라서 이런 훼손 행위를 막기 위한 법규 제정이 절실히 필요한 상태다. 하지만 정작 입법제안이 시급한 지역 현지에는 그런 권한이 전혀 없고 오직 중앙정부 수산부 소관으로 제한돼 있다. 그러다 보니 법규와 시행령령이 아예 부재하거나 있더라도 사후땜질인 경우가 많아 충분히 감시와 통제가 이뤄지지 않는다.

하이다르 엘 알리 - 잠수하는 환경운동가 ____ 하이다르 엘 알리Haidar El Ali는 세네갈에서 태어나 자랐고 일찍부터 학교와 안정된 직장보다는 자연과 바닷속 세상에 더 관심이 많았다. 하이다르는 다이빙 학교를 열고 수천 명에게 생애 첫 다이빙 경험을 만끽하도록 도와준 전문 다이버다. 그렇게 바닷속 세계를 매일같이 드나들며 어업으로 망가진 해양생태계를 두 눈으로 직접 목격했고, 심각한 현실을 보다 못해 해양보호단체인 '오세아니움'을 설립했다. 그는 어민들에게 바다가 얼마나 피폐해졌는지 열정적으로 얘기하며 다녔지만 대부분은 그 말을 이해하지도 못했고, 이해하려들지도 않았다. 하이다르는 수중 카메라와 동영상 장비를 들고 직접 문제의 현장을 촬영하고 기록했다. 그렇게 확보된 '증

오세아니움의 로고.

거'를 가지고 다시 일일이 어촌을 돌며 주민들을 설득했다. 이번엔 어민들도 그들이 한 일 때문에 자신들의 생계 기반이자 수입원인 바다 생태계가 망가져간다는 걸 알고 서서히 심각성을 깨닫기 시작했다.

하이다르는 지치지 않고 끊임없이 홍보하고 사람들을 설득했다. 결실은 있었다. 어민들은 물론이고, 공공사회, 정부 당국이 움직였다. 자원순환이 안 되고 물고기가 식별하기 힘든 촘촘한 플라스틱 어망을 사용하지 않기로 했고, 다이너마이트 조업도 중단됐다. 어민들과 당국은 공동으로 보호해역을 지정해서 5년 단위로 치어를 보호하도록 규정을 만들었다. 바닷속에 폐타이어를 가라앉혀 인공 어초를 형성하는 사업도 벌였다. 나중에는 하이다르의 건의로 해양공원에 생태관광 센터도 건립했다. 이 프로그램이 운영되자 생태 해설가와 어촌 주민들에게 상당한 부가수입이 돌아가게 됐고, 그로써 조업 금지구역 지정으로 생긴 일종의 '손해'를 충분히 무마하고도 남았다.

2002년에는 아쇼카에서 선정한 보조금 지급 대상이 되었고, 하이다르의 활동에 세네갈 국내는 물론 해외에서도 많은 관심과 지지가 쏟아졌다. 각종 국제기구, 대학, 학술연구소 등 여러 기관도 몇 년 전부터 하이다르와 손잡고 여러 사업을 진행하며 그가 20년 넘게 쌓은 바다 경험을 부지런히 활용한다.

바다 사나이 하이다르를 '해양 센터(Center of the Sea)'에서 만났다. 우리가 시밀란 군도에서 잠수했던 경험은, 부족하기 짝이 없는 수준이긴 하지만 그와 동지의식을 나누기엔 충분해보였다. 그의 모험 같은 삶 이야기를 직접 들어보기로 하자.

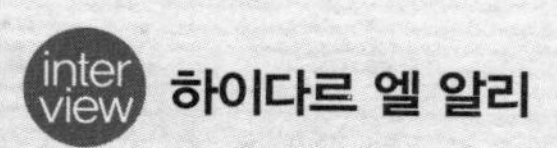

"어민들도 뭐가 문제인지 알아차렸죠"

성장 과정을 좀 얘기해주세요.

"저희 부모님은 1940년대에 레바논에서 나와, 미국으로 이주하기 위한 중간 경유지로 이곳을 택했습니다. 하지만 미국으로 이동하던 우리 부모님은, 당시 세네갈 식민지를 유지하기 위해 '비非아프리카계' 주민이 필요했던 프랑스 식민정부에 붙들려 이곳에 눌러앉아야 했습니다. 1960년이 되어서야 세네갈은 프랑스에서 독립했습니다. 난 1953년에 태어났고 여기서 시골 깡촌에 살았어요. 내 주변 친구는 모두 세네갈 현지인뿐이고, 항상 이곳 토착민들과 살을 맞대고 살았어요."

어떻게 해서 다이버 강사가 되셨죠?

"내가 어렸을 땐 세네갈에 법이 거의 없었어요. 거의 무정부 상태였고 꽤 힘든 시기였죠. 그런 데다 일찍부터 공부는 내 길이 아니라고 생각해서 교실에 앉아 있기 무척 힘들었답니다. 그래서 종종 '진짜 삶'을 경험하려고 밖으로 뛰쳐나갔죠.

당시 젊은이들 사이에서는 스물다섯 살쯤 확실한 직장을 잡고 결혼해서 가정을 꾸리는 게 지상원칙 같은 거였어요. 나 역시 가구점에서 일했고, 결혼해서 애도 둘이나 있었어요. 하지만 태생이 이곳이 아니라서 그런지 뭔가 이단아 기질이 늘 내 속에 들어 있었어요. 대다수가 추구하는 삶의 방식에 나를 맞추는 게

> 요즘엔 다들 크게 일을 벌이는 게 유행인 것 같더군요. 하지만 그러다 보면 결국 주변엔 온통 전문가만 즐비하게 됩니다. 이들은 현지 주민들의 이해관심사와는 무관한 자기 목표만을 추구하느라 바쁩니다. 주민들과 연대해서 해법을 모색했을 때에만 행동도, 실천도 가능하죠. 시민단체는 '과연 복지가 무엇인가' 라는 질문에서부터 출발해야 합니다. 같은 걸 받는다고 모두에게 다 쓸모 있는 것은 아니니까요.

참 어려웠답니다. 정작 나를 잡아끌고 매료시킨 건 자연이었고 바다였어요."

오세아니움을 설립한 계기는 무엇이었나요?

"1984년과 85년 즈음, 내가 워낙 야외로, 바다로 나돌다 보니 직장 일이 순조롭지 않았어요. 그런데 딱 이때쯤 프랑스 생물학자 한 사람을 만났는데, 이 사람이 세네갈 해양생태계를 연구하고 싶어 하더라고요. 내가 그동안 쌓은 바다 경험과 현지 어민들과의 관계를 활용해 그의 연구활동을 돕기로 했습니다. 그렇게 4년 동안 이 생물학자에게 협조하며 일하다가 드디어 그가 조사를 마치고 돌아갔어요. 그리고 나는 그동안 해오던 일을 오세아니움이라는 이름으로 계속하기로 마음 먹었죠. 바다에 대한 지식 탐구는 물론이고, 이 거대한 풍요를 껴안은 해양생태계를 보호하는 것이 오세아니움의 목표였죠."

오세아니움이 큰 성과를 본 이유는 뭐라고 보세요?

"1985년부터 이미 세네갈에는 환경보호가 중요한 이슈로 떠올랐어요. 그때 어류 남획과 마구잡이 산림 남벌이 극한으로 치달았거든요. 이 문제에 대해 나 역시 어민들과 터놓고 대화를 나눴죠. 하지만 어민들은 내 얘기를 받아들이지 않았어요. 그래서 내가 수중카메라를 들고 물속으로 들어가, 다이너마이트와 미세 어망을 사용해서 생긴 결과와 기업식 트롤어선이 가져온 손실을 일일이 찍었죠. 구체적인 '증거'를 보여주자 어민들도 금방 뭐가 문제인지 깨달았어요. 우리는 함께 해법을 고민하기 시작했습니다. 바로 이 작업이 오세아니움을 움직인 가장 중요한 요소였고 지금도 그것엔 변함이 없습니다.

함께 고민하고 생각해낸 방법들을 어민들이 곧바로 실천에 옮겼습니다. 이를테면 어민들과 의논해서 여러 곳에 해양보호구역을 지정했어요. 어민들도 어디선가 고기가 충분히 자라고 산란할 공간이 있어야 한다는 걸 인정한 거죠. 20여 년 전 내가 썼던 방식은 무척 원시적인 것이었습니다. 다만 내가 하는 일에 확실한 신념이 있었고, 그에 못지 않은 끈기와 지구력이 있었기에 지금까지 그 방법들을 무리 없이 실천해온 것 같습니다."

오세아니움을 처음부터 다시 창립하고 일을 할 기회가 주어진다면 무얼 바꾸고 싶으세요?

"아무것도 안 바꿀 겁니다. 평소에도 오세아니움 같은 단체가 너무 커지는 건 소용이 없다고 생각했어요. 요즘엔 다들 크게 일을 벌이는 게 유행인 것 같더군요. 하지만 그러다 보면 결국 주변엔 온통 전문가만 즐비하게 됩니다. 이들은 현지 주민들의 이해관심사와는 무관한 자기 목표만을 추구하느라 바쁩니다. 나는 지역분산적인 조직, 주민들 가까이에 밀착해서 일하는 작은 단체를 열렬히 애호합니다. 주민들과 연대해서 해법을 모색했을 때에만 행동도, 실천도 가능하니까요. 같은 시간과 비용을 들이더라도, 마을 주민들이 필요한 우물을 직접 파게 도와주느냐, 아니면 원하지도 않는 풍력발전기나 세워놓고 전기가 나오길 기다리라고 하느냐의 차이죠. 시민단체는 '과연 복지가 무엇인가'라는 질문에서부터 출발해야 합니다. 같은 걸 받는다고 모두에게 다 쓸모 있는 것은 아니니까요."

오세아니움의 10년 후, 50년 후를 상상해보신다면요?

"우리에겐 아무리 애써도 달성하기 힘들 만한 목표가 하나 있어요. 바로 이 지구의 생태계를 다시 복원하는 일이죠. 우리에게 이 목표만큼 중요한 일은 없습니다. 많은 사람을 설득해서 같은 목표를 추구하도록 독려해야 합니다. 그러면 다음 세대도, 그 다음 세대도 계속 목표에 가까이 다가갈 수 있어요. 지금 세대는 언젠가 세상을 떠나지만, 이 염원만은 영원히 지속될 겁니다. 누구든 이 원대한 목표를 이루기 위해 작은 힘을 보탤 수 있어요. 내가 오세아니움을 세워 그것에 동참하듯 말이죠."

오세아니움 때문에 희생해야 했던 것이 있나요?

"네. 1993년에 아들과 같이 바다에 들어갔다가 아들을 저세상으로 떠나보내야 했습니다. 우리 아들은 나와 무척 닮았고 내가 하는 일이며 바다며 좋아하는 것까지 똑같았어요. 그런데 아들이 죽고 나서도 내가 이 일을 계속하자 아내가 나를 떠나더군요. 물론 지금은 친구처럼 연락하고 지내지만, 그때 입은 큰 상처는 시간이 흘러도 아직 다 치유되지 않았답니다."

그런 타격이 있었는데도 사회적 기업가로서의 사명을 버리지 않으셨군요. 선생님이 보기에 '사회적 기업가'란 어떤 사람인가요?

"사회적 기업가는 비전을 추구하는 사람이죠. 그 비전을 주민들에게 끊임없이 제시하고 그들을 움직이게 만드는 사람입니다. 사회적 기업가는 딱 필요한 때에 나타납니다. 다만 엄청난 끈기와 지속력이 있어야 합니다. 주로 '시류에 거슬러 헤엄치는' 역할을 하기 때문에 자신의 이념을 끈질기게 좇을 만한 힘이 많이 필요하죠. 이 힘은 굉장한 열정에서 끌어내야 하는 겁니다. 그리고 이 열정이 있어야만 자신을 이기고 새롭게 성장하는 거고요."

아드님 같은 다른 젊은이들에게 해주실 말씀이 있다면요?

"아침에 일어나서 잠들 때까지 하루도 빠짐없이 인생에서는 특별한 일이 일어납니다. 하지만 일상에 쫓겨 그것을 놓치기 쉽죠. 이를 놓치지 않고 잘 감지하려면 항상 열린 마음으로 깨어 있어야 합니다. 그래야 희망을 갖게 하는 새 아이디어가 떠오르고, 우리 삶과 이 지구가 정말 특별한 것이구나 하는 걸 절실히 느낄 겁니다."

우리 여행의 마지막 날들 ＿＿ 세네갈에서의 마지막 한 주, 그리고 우리 여행의 마지막 한 주가 흘러간다. 우리도 모르게 남은 날짜를 손꼽아 세는 시간이 다가왔다. 오늘은 이곳을 떠나기 딱 이틀 전이다. 방금 독일의 한 학교 학생들과 마지막으로 실시간 채팅을 끝냈다. 모든 일정이 끝을 향해 치닫는다. 우리 몸에 남았던 에너지도 서서히 소진되고 어깨는 딱딱하게 굳었다. 독일로 돌아갈 생각에 마음이 부푼다. 가족들 얼굴, 친구들 얼굴, 그리고 지난 여덟 달 동안 내 옆에 없어서 아쉬웠던 소소한 것들이 눈에 선하다.

세네갈 수도 다카르Dakar에서 보낸 며칠은 인터넷 카페에서 우리끼리 회의하고 쓰고 작업하느라 고단하게 흘러갔다. 지금껏 보고 듣고 해온 일을 되돌아보고 정리하느라 몇 날을 써도 모자랄 지경이다.

주말이 되자 우리도 휴식이 필요했다. 마침 팀이 스물여섯 번째 생일을 맞았기에 겸사겸사 태양과 여가를 좀 즐기기로 했다. 작은 보트를 타고 다카르 시내에서 멀지 않은 앞바다의 섬, 일드응고르Ile de Ngor로 건너갔다. 섬은 길이 500미터, 폭 250미터의 아담한 곳이다. 야자 그늘에 놓인 플라스틱 매트에 드러누워 쿨쿨 잠 속에 빠져들기도 하고, 바다에 풍덩 들어가 땀을 식히기도 했다. 마지막을 장식하기 위해 섬에서 갓 구운 생선을 먹었다. 아쉽지만 다들 몸이 많이 축난 상태라 생일파티는 이 정도로 단출하게 끝내기로 했다. 많이 지쳤지만, 다행히 우리는 무사히 여행을 끝마쳤다.

이튿날 22시 55분 비행기로 아프리카를 떠났다. 마드리드에서 비행기를 갈아타고 독일 프랑크푸르트 국제공항에 도착했다. 2006년 10월 12일. 8개월 전 인도를 향해 출발했던 바로 그곳에 우리는 다시 돌아왔다. 이제 우리는 집으로 간다.

오세아니움 Oceanium

다이빙 학교를 운영하던 바다 사나이 하이다르 엘 알리는 지나친 어업으로 바다 밑 생태계가 엄청나게 망가진 것을 거의 매일 두 눈으로 목격했다. 그는 사진과 동영상을 직접 찍어 어촌 주민들에게 이같은 사실을 알리고, 어민들이 나서서 환경파괴를 중단해야 한다고 설득했다. 이렇게 십수 년간 끈질기게 설득하고 홍보한 결과, 어민들이 조업 방식을 바꾸게 하고 정부당국이 보호해역을 지정하게 만드는 쾌거를 올렸다. 또한 멸실된 산호초를 대체할 폐타이어를 바닷속에 가라앉혔고, 마구잡이 조업을 줄이는 대신 더 많은 소득을 보장하는 생태관광 프로그램을 개발해 주민들 손으로 운영하고 있다.

● 홈페이지	www.oceanium.org(2011년 7월 현재 접속 안 됨)
● 위치	세네갈, 다카르
● 활동가 현황	상근 활동가 5명, 시간제 활동가 4명, 자국인 자원 활동가 5명, 외국인 자원 활동가 1명.
● 도움이 필요한 일	산림복구, 영상제작, 모금활동, 일반 조직운영, 소액금융 등. 자원 활동가는 소액의 경비지원을 받을 수 있다. 여타 단체와 마찬가지로 능동적이고 자기확신이 강한 사람을 원한다.
● 숙박 및 식사	단체 건물에 숙소 공간이 있고, 다카르 내 민박가정 알선도 가능하다.
● 사용 언어	프랑스어
● 이메일	oceanium@arc.sn

경제를 보는 다른 시선을 찾아서

우리가 지난 8개월간 돌아다닌 세계여행은 25개국의 '사회적 기업가들'을 만난 여정이었다. '사회적 기업가'란 특정한 사회문제 해결을 우선 목표로 삼는 사람들이다. 이들은 집 없는 아이들을 돕기 위해, 해안생태계를 보존하기 위해, 혹은 쓰레기 처리나 하수 정화를 위해 혁신적인 아이디어를 개발한다. 그리고 그 과정에서 제한된 자원으로 최대한의 사회적 부가가치를 얻기 위해 기업가의 방식으로 생각하고 행동한다.

경제를 보는 대안적 시선과 새로운 이해관념을 직접 확인하기 위해 우리는 총 8만 5천 킬로미터를 이동했다. 차로, 비행기로, 발로 이동한 시간은 총 580시간, 열대우림, 사막, 대도시 등 정말 각양각색의 공간을 누볐다. 그곳에서 만난 사업가들은 자기 한 사람의 범위를 넘어서는 책임을 어깨에 짊어지고 자신의 이상을 현실로 실현하는 사람들이었다.

이들을 만나러 다니는 길에서 잊지 못할 풍경을 보고, 근사한 사람들을 만났으며, 깜짝 놀랄 에피소드를 겪고, 지식도 얻었고, 우리의 생각과 행동을 변화하게 하는 귀중한 경험도 했다. 우리가 기존에 가졌던 태도와 신념을 뒤집고 다시 새로 고민해야 했던 적도 많았다. 여기 지면을 빌어 가장 핵심적인 것들을 정리해보기로 한다.

잊지 못할 순간들 : 사회적 기업가들과의 인터뷰 ____ 우리가 프로젝트를 방문할 때마다 가장 떨리고 흥미진진했던 순간은 바로 사회

적 기업가들과의 만남과 인터뷰였다. 그들의 일, 끈기, 삶의 열정, 영향력, 소박한 삶, 긍정적인 세계관이 우리를 매번 감동하게 했고, 그들을 따라하고 싶다는 욕심이 저절로 생겼다. 그러고 나면, 다음번에 다른 사회적 기업가를 찾아갈 힘이 새로 생겼고, 이번엔 무슨 얘기를 듣게 될까 더욱 궁금해졌다.

'사회적 기업가'를 만드는 열 가지 특징 ____ 물론 '완벽한 사회적 기업가'를 묘사하기란 불가능하다. 그렇지만 우리 경험을 바탕으로 '사회적 기업가라는 개념 자체'는 어느 정도 가닥을 잡을 수 있을 듯하다. 이 개념은 하나의 이상형이며, 비교적 최근에 등장한 사회적 기업가라는 새로운 유형을 설명하는 일반적인 특징들이다. 우리가 만났던 사회적 기업가들이 공통적으로 가진 열 가지 특징을 다음과 같이 간추려보았다.

1. 지적 토대

우리가 만난 사회적 기업가 대부분은 고등 교육을 받았거나 그 외 다른 방식으로 탄탄한 소양을 쌓은 이들이다. 그들이 가난한 환경에서 자랐든, 부유한 환경에서 자랐든 큰 상관은 없다. 지적인 배경이 있었기에 자신이 고민하는 대상을 총체적으로 바라보고 논리적으로 사고할 수 있었으며, 결국 그 문제를 자기 일로 받아들이고 몸과 마음을 온전히 헌신할 수 있었다.

2. 주위를 바꾸는 끈기

사회적 기업가들은 쉽게 포기하지 않는다. 자신이 가진 비전을 꽉 붙들고 그것을 실현하기 위해 몇 년이든, 몇십 년이든 상관없이 굳은 의지로 노력한다. 이 끈기와 의지는 다시 다른 사람들에게도 용기를 주어 그들 역시 각자 품은 꿈을 끈질기게 추구하도록 북돋운다.

3. 파급력

사회적 기업가들은 주변을 감화케 하고 의욕을 고취하는 인물들이다. 그 누구보다도 자원 활동가들의 열렬한 헌신과 지지를 이끌어내는 데 일가견이 있다. 자기가 하는 활동의 비전과 자기 개인을 동일시하며, 대외적으로 그 비전을 대표하는 주체다. 그들은 움직이는 현수막이고, 걸어다니는 대자보다. 그만큼 주변에 문제를 알리고 동참을 호소하는 재능이 뛰어나다.

4. 재정적인 이득은 멀리

사회적 기업가들이 대가로 받는 것은 금전적인 보상과는 거리가 멀다. 대신 관심, 명예, 그리고 사회적인 부가가치를 만들어냈다는 만족감이 그들이 받는 보너스다.

5. 뜨거운 가슴으로 일하기

어떤 사람이 어떤 문제를 발견하고 머리를 잘 회전하여 그것을 파고들었다고 치자. 이 사실만으로 그 기업가가 곧바로 사회적 기업가가 되는 걸까? 아니다. 단순히 사회적 문제를 골라 거기에 매달려 일한다고 해서 자동으로 사회적 기업가로 불릴 순 없다. '뜨거운 가슴', 이것이 동반되어야 그 사람은 진정한 성공을 거둔다.

6. 긍정적인 세계관

사회적 기업가들은 주변의 반대와 갖은 고비를 부정적으로 보지 않고 오히려 좋은 경험과 발전의 기회로 삼는 특출한 능력을 지녔다. 그들이 일하는 곳이 대부분 사회적으로 척박하거나 문화적 격차가 큰 환경이라서, 이런 긍정적 태도는 특히 필요한 덕목이다. 그래서인지, 아무리 부정적인 조건이 차고 넘치는 상황에서도 사회적 기업가들은 매번 새로이 각오를 다지고 의욕을 끌어내는 재능이 있다.

7. 희생정신

사회적 기업가들은 상당한 희생정신을 지닌다. 친구나 가족과의 시간, 개인 시간은 그들에게 거의 사치일 정도다.

8. 풀뿌리 정신

사회적 기업가들은 단순하면서도 시민들이 함께 따라 하기 쉬운 일을 '밑'에서 시작한다. 그러니까 '보통 사람들' 곁에서, 사회문제의 뿌리에서부터 일을 해나가며, 이것이 성사된 다음에야 더 크고 복잡한 사회문제에 맞설 준비를 한다.

9. 단순 소박한 삶

사회적 기업가들은 평소에도 물질적인 면에서 비교적 낮은 수준만 스스로에게 허락한다. 물질적인 결핍 속에서도 자유롭고 유연하게 살기 위해서다.

10. 자기이해

이 항목은 어떤 기업가도 마찬가지다. 사회적 기업가들 역시 그 무엇보다도 가장 잘 알고 이해해야 하는 대상이 있다. 바로 자기 자신이다.

우리에겐 경제를 보는 다른 시선이 필요하다 ____지금 이 세계에는, 자신의 행위가 사회적으로 어떤 결과를 가져오는지를 고민하고 이를 회사 장부에 고스란히 기록하는 경영자가 더욱 많이 필요하다. 그리고 그것을 가장 잘 가르쳐주는 귀감이 바로 사회 전체의 안녕을 첫 번째 목표로 하는 사회적 기업가들이다. 사회가 건강하고 평안해야 그 안에

속한 기업 역시 잘 되고 발전한다. 이런 사회적인 의식 변화를 위해 우리가 다니는 대학들, 특히 경제학부부터 다른 관점으로 경제와 경영을 가르치고 새 개념을 전파하는 데 앞장서야 한다.

'자활을 위한 원조'와 또 다른 '눈뜸' ____ '자활을 위한 원조', 말하자면 '스스로 돕는 자를 돕는다'는 말은 익히 들어온 유명한 개념이었다. 하지만 우리가 여러 프로젝트를 견학하며 직접 눈으로 확인했을 때에야, 비로소 이 말이 진짜 무슨 뜻인지 깨달았다. 현지 주민들을 무시하고 존중하지 않은 채 외부에서 뚝딱 완제품을 만들어 갖다 놓아봤자 효과도 더딜뿐더러 심지어 나쁜 결과를 낳기도 한다. 외부에서 문제를 미리 해결해 들어와선 안 된다. 그 지역에 사는 사람들이 직접 움직여 구상하도록 그리고 몸소 실천하도록 유도하고, 사기를 높여야 한다. 그러는 데 얼마나 많은 인내와 신뢰, 존중의 정신이 필요한지 우리 역시 직접 현장에 가서 보고 듣고서야 깨달았다.

우리가 더 깊은 뜻을 알게 된 건 '자활'의 개념만이 아니다. 이방인 문화, 자원 부족, 사회적 긴장, 정보 격차 등이 실제로 무얼 의미하는지도 현장 경험을 통해 확실해졌고 그것에 대한 관심도 더욱 강해졌다. 이 주제들은 나날이 세계화되어가는 현대에 반드시 생각해보아야 할 의미심장한 과제들이다.

실시간 접속이 낳은 '세계-교실 재단' ____ 우리만 사회적 기업가들의 특징을 알아내고 얘기를 들으려고 이번 여행을 떠난 건 아니었다. 다른 젊은 친구들 역시 우리를 통해 세계화, 사회적 기업, 지속가능한 발전 등을 실질적으로 접하고 함께 고민했으면 했다. 이번 여행 전에도 우리는 해외 체류 경험이 있었고, 우리가 다닌 비텐-헤어데케 대학에서 경제학을 공부해왔기 때문에 방금 얘기한 개념들이 곧 21세기를 좌우하는 핵심 주제라는 걸 익히 파악했다. 그래서 독일 내 18개 학교, 학생 5백여 명에게 수업을 통해 '사회적 기업가'라는 개념을 소개하고, 세계화된 경제 체제하에서 책임있게 행동하려면 어떻게 해야 할지 전달하려 애썼다.

여행 출발 전부터 미리 세심하게 계획을 짜고 사전 준비를 한 덕에 사회적 기업을 방문할 때마다 학교와 온라인 연결을 시도하여 성공리에 실시간 현장 수업을 했다. 학생들은 미리 선생님들과 함께 우리가 미리 얘기해둔 사회적 기업에 대해 발표와 토론을 거쳐 공부를 해두었고, 실시간 접속이 되면 교실에 앉은 채로 멀리 있는 우리나 사회적 기업 활동가들에게 직접 질문을 던지고 궁금증을 해소했다.

이 시범 수업 성과가 꽤 좋아서 우리는 같은 형태의 프로젝트를 확장해보고 싶었다. 물론 이제 해외 르포를 진행하는 사람은 우리가 아니라 학생들이다. 이들이 직접 해외에 나가 같은 또래 친구들에게 현지 상황을 생생히 알리고, 개발정책을 주제로 토론을 유도하는 역할을 할 것이다. 그 비용을 지원하는 주체는 새로 설립된 '벨트:클라세Welt:Klasse 재단', 즉 '세계-교실 재단'이다.

세계-교실 재단은 우리가 돌아오자마자 바로 프로젝트에 착수했고 1년도 채 지나지 않아 중국과 태국에 첫 학생탐방단을 파견했다. 학생 24명이 현지에서 각종 조사를 벌이고, 그곳 학생들과 공동 프로젝트를 진행하기도 했다. 그리고 우리 '세계를 만나다' 프로젝트가 했듯, 파견 학생들 역시 독일에 남은 학교 친구들에게 실시간 영상채팅을 통해 자기들이 보고 경험한 것을 전달했다.

또한 우리가 그랬던 것처럼 세계-교실 재단의 활동 역시 여러 기업의 후원과 협력을 받아 진행되었다. 대도시가 아닌 작고 조용한 지역의 어린 세대에게도 세계화에 적응할 기회와 여건이 마련되어야 하며, 그 책임을 누군가는 반드시 져야 한다는 걸 깨닫게 한 좋은 계기였다. 그 책임은 바로 우리 모두가 짊어져야 할 몫이다.

이번 여행은 우리에게 상상을 초월할 만큼 많은 것을 남겼다. 여행 후 우리는 완전히 다른 사람이 됐다. 우리가 겪은 모든 것과 사회적 기업가들을 다룬 이 글이, 읽는 여러분 머릿속에도, 혹은 가슴속에도 무언가 새롭고 놀라운 것을 불러일으키길 바란다. 그 순간 우리의 여행은 충분히 보람 있는 것이 되고, 우리도 성공했다고 자부할 수 있을 테니까 말이다. 여러분도 자신의 일을 시작하라. 그리고 꼭 성공하길 바란다.

얀:

"나의 인생목표를 다시 생각해보다"

지난 몇 시간, 지난 며칠, 지난 몇 달간 무언가 많이 변했다. 내 안의 변화일 수도 있고 나를 둘러싼 세계, 그러니까 독일의 현실이 변한 것일 수도 있다. 내가 달라진 눈으로 이 현실을 보기 때문일 수도 있다. 지금껏 휴양 천국이나 찾아다니던 내 눈이 비참하고 눈물 나는 사회적 부당함을 속속들이 보아서일지도. 우리는 사회적 기업가들, 불굴의 의지로 변화를 불러오고, 비전을 위해 싸우는 그들의 사업과 운동을 일일이 찾아다녔다. 이들을 만나 인터뷰하면서 깊은 이야기를 나누고 오랜 여운이 남는 감동을 얻었다. 이들의 사업과 활동 덕에 좀 더 인간다운 삶을 영위하는 사람들도 만났지만, 도움이 절실히 필요한 이들도 보았다. 그런 이들에게 내가 어떤 구체적인 도움을 줄 수 있는지, 줄 의지가 있는지 잘 모르겠다. 그러나 한 가지는 분명하다. 이 지구에서 지금보다 더 많은 사람들이 좀 더 나은 삶을 살고 덜 고생하며 사는 방법이 있다면, 나 역시도 그것에 적극 찬성하며 동참할 거라는 사실이다. 그러려면 내가 가진 어떤 견해는 미련 없이 던져버리기도 하고, 어떤 태도는 수정하며, 아직은 조금 미숙한 인생목표를 다시 생각해보는 것도 지금의 내겐 필요한 일인 것 같다.

마티 :
"돌려주어야 할 의무"

여덟 달 반의 굉장한 시간이 지나갔다. 2월 1일 인도로 출발한 날부터 경험이 풍부하게 쌓이지 않은 때는 단 하루도 없었다. 준비단계는 물론이고 여행을 떠난 후에도 무리가 아닐까, 가능할까 우려스러운 모험의 연속이었다. 그러나 정작 모든 걸 끝내고 보니 무얼 보나 눈부신 수확이다. 우리가 일부러 그렇게 하려고 했어도 아마 불가능했을 것이다. 아무리 우리의 인터넷 르포와 홈페이지, 실시간 대화로 많은 걸 보고 들은 학생들과 독자들이라 할지라도 이 프로젝트에서 우리 세 사람보다 더 많은 것을 얻은 사람은 없을 것이다. 이런 생각에서 여행이 끝난 뒤에도 내가 받은 굉장한 것들을 누군가에게 돌려주어야 한다는 의무감이 자라났다.

여행하는 동안 나는 반드시 스스로 창업해서 일하겠다는 뜨거운 열정을 재확인했을 뿐 아니라, 독일 교육부문에 대한 나의 관심과 열의도 다시 한 번 발견했다. 이제 겨우 교육현장 한복판에 있는 '젊은이'의 처지이지만, 바로 그렇기 때문에 무언가를 바꿀 수 있다고 확신한다. 이런 생각으로 '세계를 만나다' 프로젝트를 확장하여 더 많은 사람들이 실제로 보고 겪고 느낄 수 있도록 추진하고 있다. 자, 이제 우리 '세계를 만나다' 프로젝트의 여정이 다른 청년들에게 비슷한 경험을 하게 해준다면 그보다 더 좋은 일은 없을 것이다.

팀 :

"비전이 전염되다"

세계 여행길에서 나를 바꾸고 내 마음속에 또렷이 남은 것은 사소한 것들의 아름다움과 비전의 힘이다. 한 브라질 어린이의 눈부신 미소, 말리에서 들었던 무에진의 신비한 외침, 하노이 시장의 몽환적인 분위기까지. 그 소소한 기억들이 영원히 내 가슴에 남아 있을 듯하다. 우리 셋은 각자의 방식과 느낌으로 사회적 기업가들의 비전과 열의에 기꺼이 전염되었다. 이 바이러스가 이미 내 안에서 부화하고 활동을 시작했는지 아직은 모르겠다.

함께 지구를 돌았던 건 이미 지난 일이다. 얀, 마티, 그리고 나 팀은 이제 각자 자기만의 길을 가려 한다. 하지만 작든 크든 우리가 가진 비전을 실현하기 위해 언제든 다시 서로 만나게 되리라 확신한다. 그때까지 나의 원대한 비전은 아직 조금 더 인내를 필요로 하리라.

www.expedition-walt.de